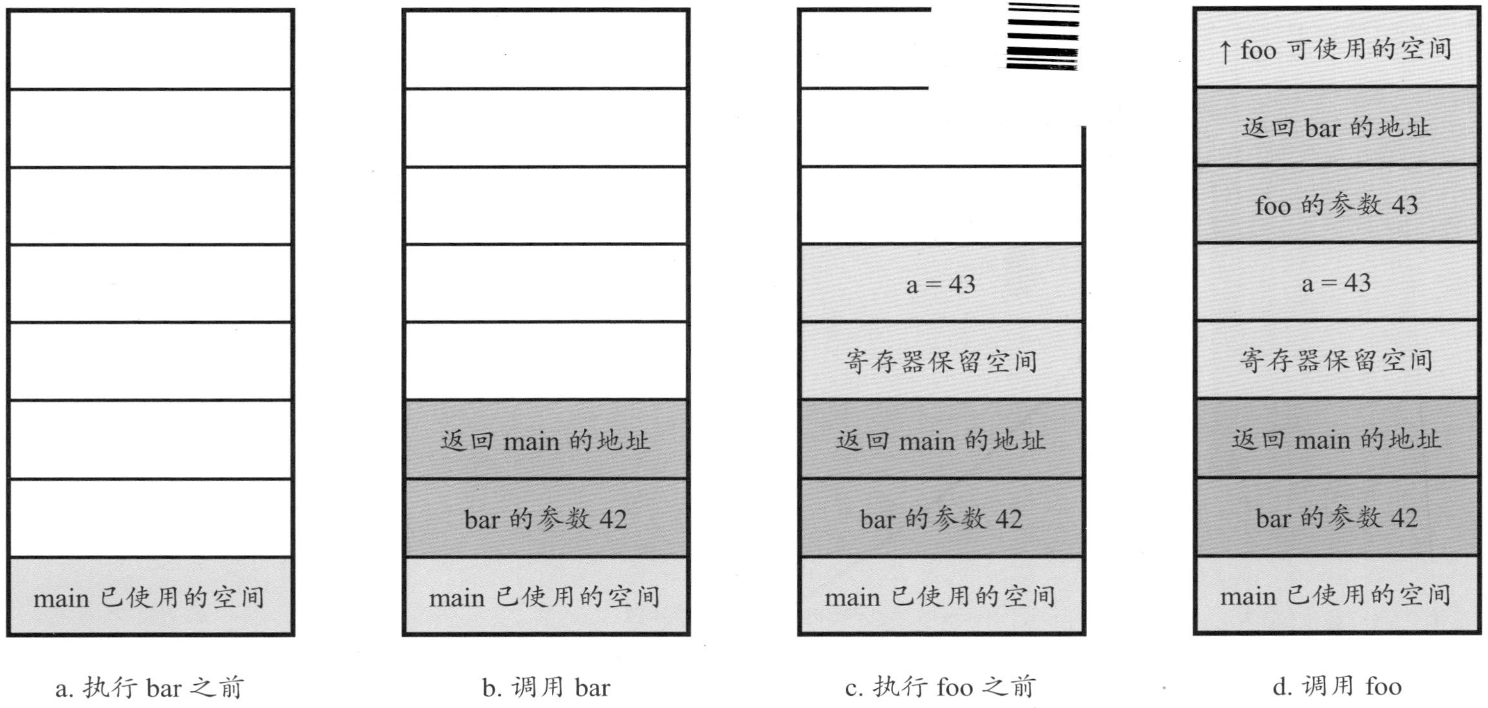
main 已使用的空间
a. 执行 bar 之前
返回 main 的地址
bar 的参数 42
main 已使用的空间
b. 调用 bar
a = 43
寄存器保留空间
返回 main 的地址
bar 的参数 42
main 已使用的空间
c. 执行 foo 之前
↑ foo 可使用的空间
返回 bar 的地址
foo 的参数 43
a = 43
寄存器保留空间
返回 main 的地址
bar 的参数 42
main 已使用的空间
d. 调用 foo

图 2-2：函数调用过程中的栈变化

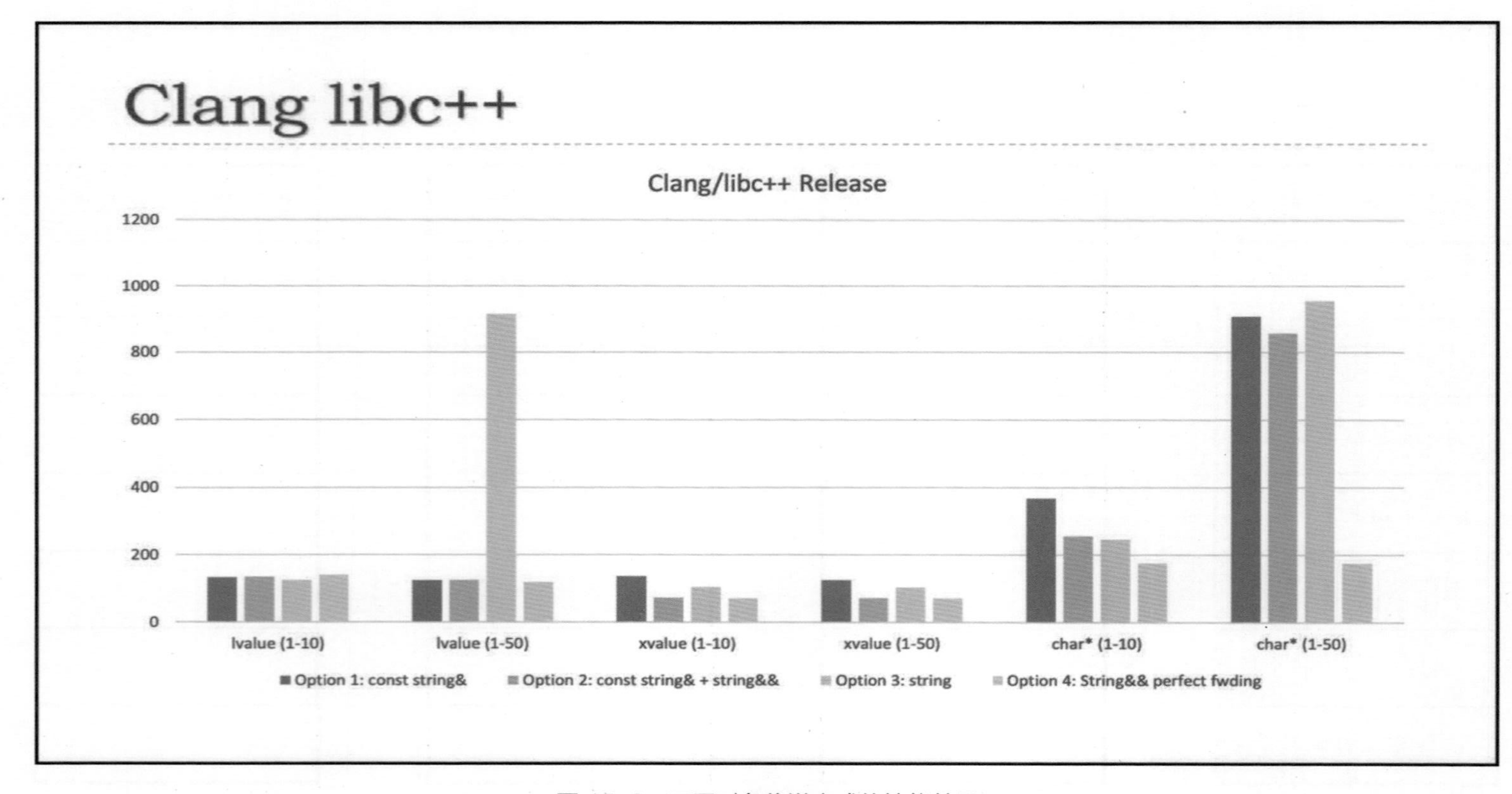


图 15-2：不同对象传递方式的性能差异

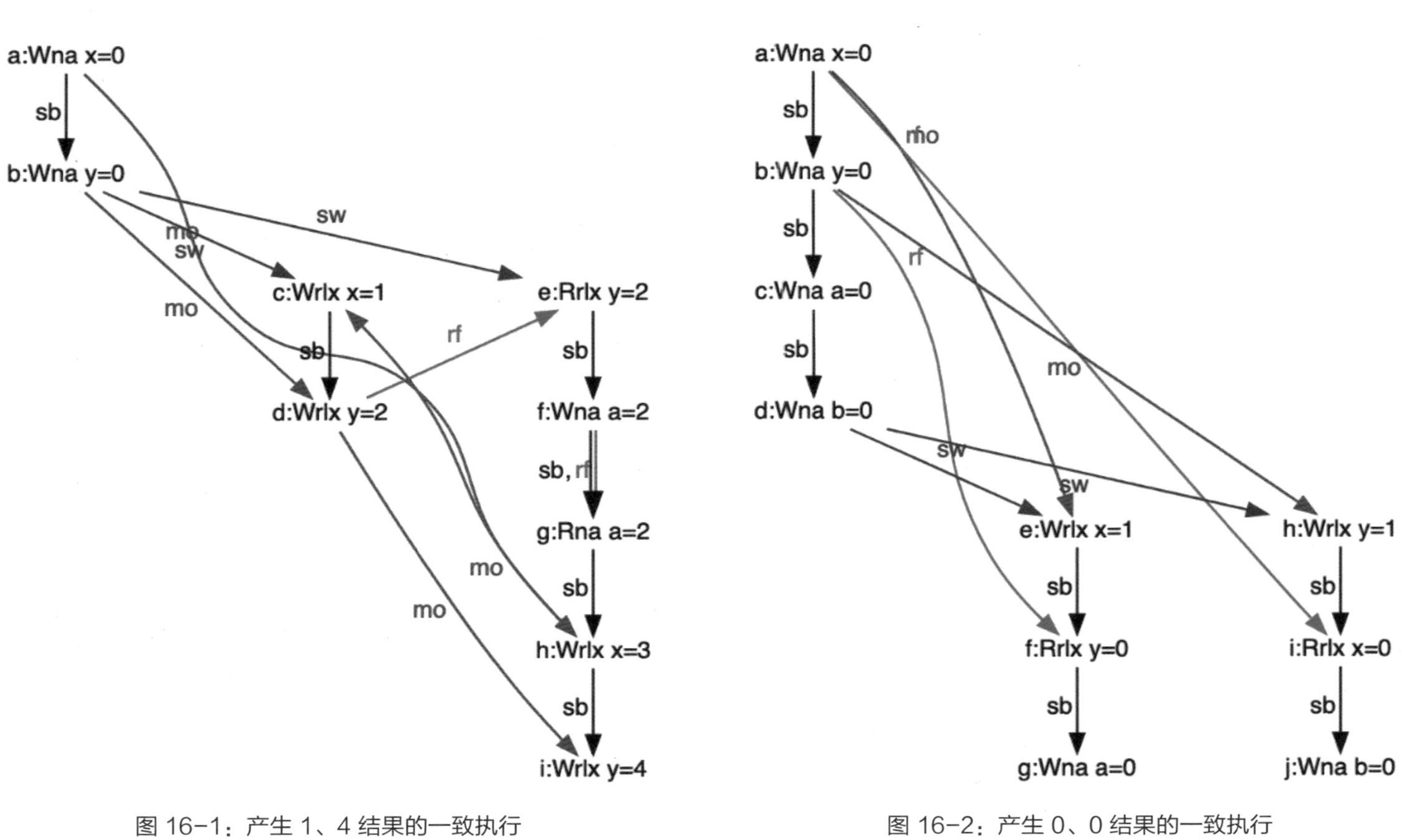


图 16-1：产生 1、4 结果的一致执行

图 16-2：产生 0、0 结果的一致执行

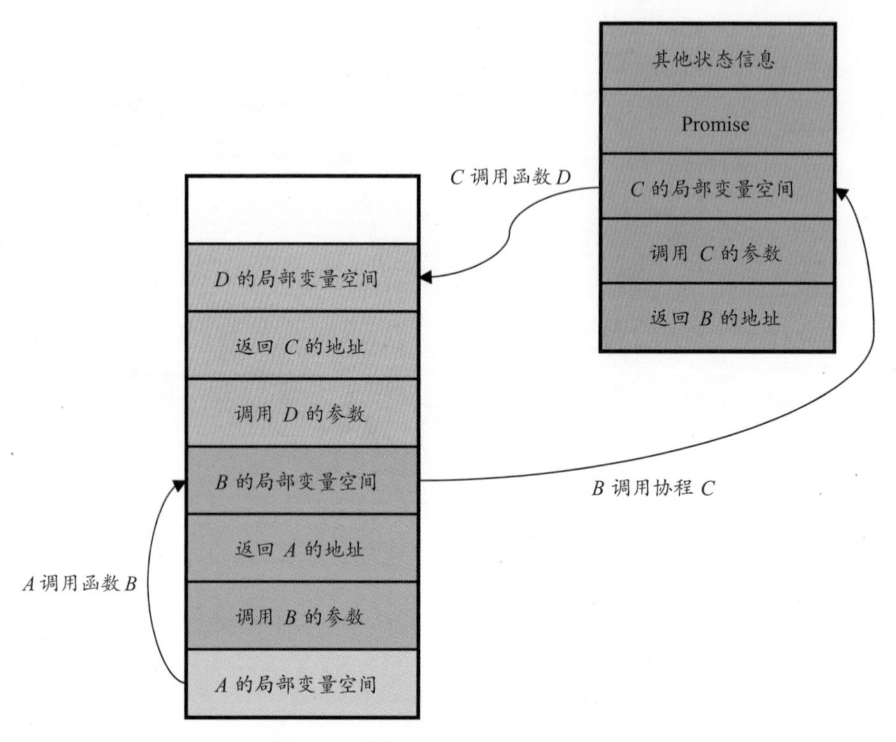


图 17-2：无栈协程调用的内存布局

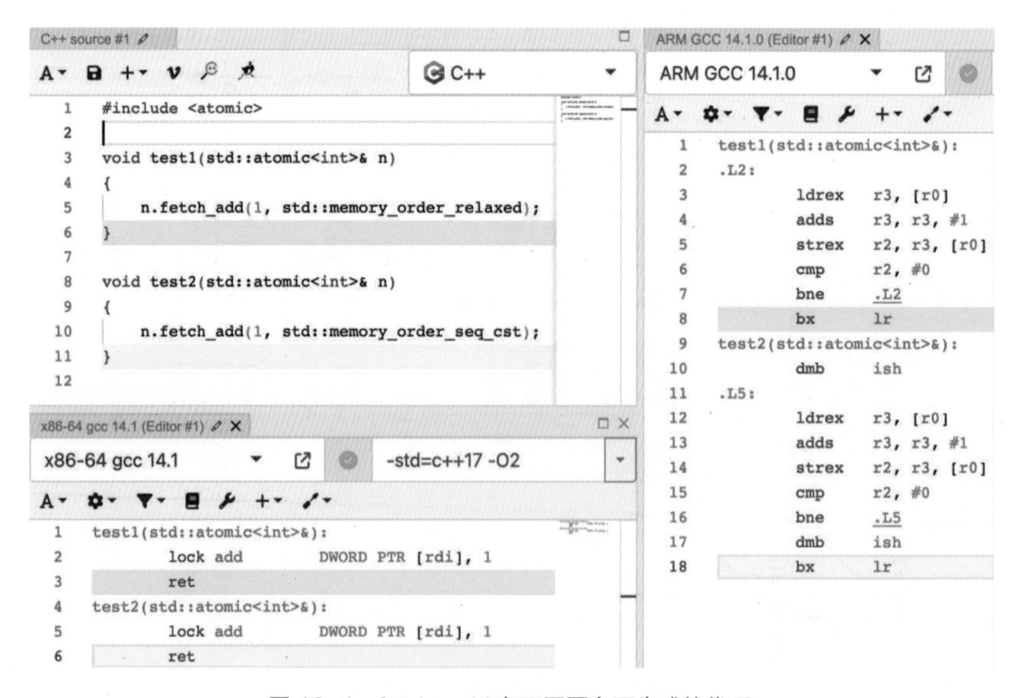


图 18-1：fetch_add 在不同平台下生成的代码

TURING 图灵原创

# 核心技术与最佳实践

吴咏炜 ◎ 著

人民邮电出版社
北 京

图书在版编目（CIP）数据

C++实战 ： 核心技术与最佳实践 / 吴咏炜著.

北京 ： 人民邮电出版社, 2024. -- (图灵原创).

ISBN 978-7-115-65769-5

Ⅰ. TP312.8

中国国家版本馆 CIP 数据核字第 2024XH1337 号

## 内容提要

这是一本面向实战的现代 C++ 指南，由作者结合 30 年 C++ 编程经验倾力打造。书中聚焦开发者日常高频使用的语言特性，重点讲解惯用法（而非罗列语言里的琐碎细节），展示代码示例及其技术原理，旨在帮助大家又快又好地使用 C++。

作者精选了对象生存期与 RAII、移动语义、标准模板库（STL）、视图、智能指针、错误处理、并发与异步编程等核心主题，深入浅出地剖析语言特性，并针对实际开发中的常见问题提供解决方案。

本书面向 C/C++ 程序员（特别是遇到困难、希望深入理解并优化 C++ 开发的读者），以及其他需要提升 C++ 编程能力的开发者。

◆ 著　　　　吴咏炜
　责任编辑　刘美英
　责任印制　胡　南

◆ 人民邮电出版社出版发行　　北京市丰台区成寿寺路 11 号
　邮编　100164　　电子邮件　315@ptpress.com.cn
　网址　https://www.ptpress.com.cn
　三河市兴达印务有限公司印刷

◆ 开本：800×1000 1/16　　彩插：2
　印张：23　　2024 年 12 月第 1 版
　字数：445 千字　　2025 年 1 月河北第 2 次印刷

定价：99.80 元

**读者服务热线：(010)84084456-6009 印装质量热线：(010)81055316**

**反盗版热线：(010)81055315**

**广告经营许可证：京东市监广登字 20170147 号**

# 目　录

# 推荐序

欣闻吴咏炜老师的新书即将出版。自 C++11 以来，C++ 通过引入多种抽象机制不断演进而步入“现代”之列。秉承“零开销抽象”的原则，在追求“极致性能”和“使用抽象管理复杂性”的双重目标下，同时支持面向过程、面向对象、泛型编程以及函数式编程等多种编程范式，现代 C++ 构建了全新而又博大的语言系统。

学习和掌握现代 C++ 这样一门博大精深的编程语言，是非常有挑战的。如果从语言特性集合入手，很容易陷入 C++ 纷繁芜杂的特性字典中。我一直认为，要真正理解和掌握现代 C++，不能仅仅停留在“语言特性”的层面，更要深入到“为何设计”与“如何高效使用”的层面。C++ 语言的每一个特性都是为解决某个具体问题和应对特定场景而发展演进的，如果不理解其背景和设计理念，不理解实战中的应用场景，很容易导致误用或滥用。这本书从“实战”场景出发，不仅讲授基础原理，而且展示在实战场景中的核心原则和最佳实践。这种“实战派”风格的 C++ 教本，是技术修炼过程中不可多得的。

我经常讲，一本书选择“讲什么和不讲什么”很重要，也是作者的功夫所在。这本书并没有长篇大论地罗列所有语言特性，而是在有限的篇幅里简明扼要地抓住现代 C++ 的“主线”，选择那些“重要又常用”的语言特性，深入这些特性的“来龙去脉”，确保“好钢用在刀刃上”。同时，语言特性讲解的次序和脉络也很重要。这本书从 C++ 最核心的基础机制讲起，内容包括对象生存期和 RAII、值类别和移动语义、模板等。了解现代 C++ 的朋友都知道，这些都是现代 C++ 的“基石”。从这里入手，才能循序渐进、渐入佳境。

选择一本图书，就是选择一位老师，因此，图书的作者非常重要。我和这本书的作者吴咏炜相识许久，也共事多年。吴老师既是 C++ 社区备受赞叹的高手，也是在合作伙伴中广受尊重的顾问，还是 C++ 及系统软件技术大会（CPP-Summit）常年的专家讲师和专题出品人。他对 C++ 孜孜以求、精益求精的态度一直为众多同好所称道。我很高兴见证吴老师将他多年在 C++ 领域的宝贵积累整理成书。

阅读这本书，恰似跟高手切磋、向良师问道，我相信大家会有如沐春风之感。我向每一位渴望掌握现代 C++的读者推荐这本书。

李建忠
C++ 及系统软件技术大会主席
ISO 国际 C++ 标准委员会委员

# 前　　言

从 Bjarne Stroustrup[①] 博士把他的"带类的 C"重命名为"C++"开始算，C++ 已经有超过 40 年的历史了。这些年来，虽然也有不少起起落落，但 C++ 一直是一种非常重要的编程语言，是计算机世界里很多基础设施背后的基石。根据 TIOBE 网站，C++ 自 1987 年来的最差排名是第 5 名，并多次占据榜眼和探花之位。在多次起起伏伏之后，C++ 在 2023 年又回升到了第 3 名的位置，超过了 Java，并赢得 2022 年"年度编程语言"（Programming Language of the Year）的称号，展示了它长盛不衰的生命力[②]。

已有好些年，我每年在 C++ 大会上进行演讲，介绍 C++ 方面的知识。在 2019 年，我开始在"极客时间"上开设专栏[③]，专门介绍现代 C++[④] 的一些知识点。在随后的几年里，我也做了不少 C++ 方面的培训和技术咨询工作。于是，在写了几十年的 C++ 代码之后，我终于觉得，可以把自己对 C++ 的认知写成书，让后来者可以少走一些弯路。

## 本书特色与目标读者

当然，C++ 的书籍已经有很多了。本书的特点是什么？或者说，什么样的 C++ 学习者应该学习本书？

简单来说，本书偏向实战，从代码和使用场景的角度来讲解 C++ 特性，而非试图去对所有 C++ 的特性进行系统描述。**我认为编程语言的学习方式应该更接近外语，而不是数学。**我不会像 cppreference.com[⑤] 一样描述所有的语法细节，而是根据我在软件项目获得的

---

① 英文发音一般是 /ˈbjɑː(r)nə ˈstraʊstrʌp/（对于包括我在内的大多数人，丹麦语发音太难了）。注意"本贾尼"绝对是错误的音译。

② 在 2024 年 6 月，C++ 又超过了 C，成为第 2 名。但我觉得这一成绩主要是因为 C 的热度下降，反而意义没那么重大了。

③ 链接是 `https://time.geekbang.org/column/256`。该专栏始于 2019 年 11 月，迄今为止（2024 年 9 月）已有三万多人学习。

④ 即自 C++11 标准以来的"新"C++ 语言，代码风格可以跟 C++98 有相当大的不同。

⑤ 英文版网站的内容最全，主页是 `https://en.cppreference.com/`。但中文版网站的内容也相当全面，主页是 `https://zh.cppreference.com/`。在语法细节方面，本书推荐读者自行参考该网站中的内容，而不会重复地摘抄其中的知识点。

经验，来阐释某种特性存在的原因和适用的场景。当读者了解了我讲解的概念、方法之后，要进一步了解语法上的细节，可自行查阅网站——全面、详尽不是我的意图。

C++ 已经大到不需要学习所有的语言细节，正如我们学英语不需要把整本词典背下来一样。因此，本书是从一个实践者的角度出发，挑出了我认为最值得学习的基本方面：

- 读本书所需的预备知识（复习和快速检查）
- 对象生存期和 RAII（C++ 最重要的特性）
- 移动语义（现代 C++ 最重要的新特性，全面影响代码组织）
- 模板基础（现代 C++ 里到处是模板，即使你不会写，也得会用）
- 标准模板库（STL）和相关知识（效率利器）
- 视图（略新，也有一定使用风险，但至少比指针要好用）
- 智能指针（全面替代有所有权的裸指针和手工 new/delete）
- 现代 C++ 的其他一些重要改进（初学者友好的特性和重要的新库）
- 不同的错误处理方式（契约、异常的概念，及不使用异常的一些方法）
- 如何传递对象（引用传参，还是值传参？）
- 并发编程（应对多核世界的挑战）
- 异步编程（一种不同的思维方式，但可以更好地利用资源）
- C++ 程序员应当掌握的一些基础工具（最后稍稍讨论一下工程问题）

因此，本书的目标受众是有一定编程经验的程序员。我期望你有基本的 C 和 C++ 知识。我也期望你在使用 C++ 时遇到过问题、踩过坑，并希望本书能提供给你一些解决方案。

大部分的读者应该在通过其他渠道学过、用过 C++ 之后再来阅读本书；而如果你有扎实的 C 编程基础，但从来没用过 C++，也可以尝试一下直接上手本书。在第 1 章，我介绍了阅读本书需要的基础知识，也可以作为一个快速的知识复习吧。

本书内容按循序渐进、由浅入深的方式组织，因此推荐的阅读方式是从头到尾、按顺序阅读。在初次阅读时，你可以考虑跳过所有的脚注、插文、交叉引用，以及节标题尾部带上标星号（*）表示难度超出本章其他部分的内容。对于 C++ 老手，也许你会觉得需要跳过一些已经了解的章节，但此时你也有可能会漏掉一些有用的说明信息。因此，我建议对已经了解的内容也快速浏览一下。需要快速查找信息时，本书尾部的索引应该可以给你帮助。

本书是我计划写作的 C++ 系列图书的第一本。这本书是关于“使用 C++”的，是基础，适合任何使用 C++ 进行开发的程序员。这本书的目的是告诉读者使用现代 C++ 的“正确”方式——换句话说，如何用好标准 C++ 提供的“制式武器”，高效地进行开发并避免一些常见的陷阱。

至少我还会写作第二本，主题是“扩展 C++”，算是高级课题，适合于使用 C++ 搭建项目的框架和公用工具的程序员和架构师。在这一本书中，我会讲解 C++ 的高级特性，通过讲解例子介绍 C++ 标准库和类似于 C++ 标准库的工具该如何搭建——换句话说，我们要在用好“制式武器”的基础之上，研究它们是如何打造的，并进一步打造适合特定项目的称手兵刃。

## 引用和拓展阅读

有一个挺有意思的事情是，该怎么处理引用和拓展阅读。以前我读书的时候，觉得部分图书列上好多页的参考资料真是无聊：作者真的参考了这么多资料吗？读者真会去读这些参考资料吗？在真正开始技术写作之后，我知道了，对于前者，回答多半确实是“是”。对于后者，就比较复杂了。对于学术论文，参考资料是必要的，既说明了某概念/思想/理论的来源，也为别人进一步查阅信息提供了方向。而对于技术书籍的读者而言，两者的需要都要弱上不少，特别是，参考资料太多对读者相当不友好（参考资料是英文的话，那更是雪上加霜）。无论如何，书的内容需要较为完整，而不是让读者自己去阅读各种参考资料。因此，我目前的处理方式是：

- 在书中尽量完整描述技术问题，而不需要读者去查阅额外的资料。其他给出的资料和链接，只作为拓展阅读使用。
- 对于 cppreference.com、C++ 核心指南（C++ Core Guidelines）[①] 和维基百科中的内容，只给出来源和词条名称，不直接给链接。读者在需要时自己搜索多半比手工输入链接更快。cppreference.com 的给出方式是 [CppReference: 标题名称][②]；C++ 核心指南的给出方式是 [Guidelines: 条目编号]；维基百科的给出方式是 [Wikipedia: 条目名称]。
- 对于很容易通过标题搜索到的资料，只给出标题。同样，搜索是比键入链接更快、更有效的方式。
- 对于 C++ 的标准文档和标准提案，以 [N*nnnn*] 或 [P*nnnn*] 这样的编号形式给出。读者需要了解，这类文档可以通过在编号前拼接链接“http://wg21.link/”[③]来获得。比

① https://github.com/isocpp/CppCoreGuidelines/

② 一般我给出的是英文标题。但是，和维基百科不同，cppreference.com 上通常每个英文条目都有对应的中文条目，且相比英文条目来说，内容并没有什么缺失。请读者根据自己的需要查阅英文或中文的条目内容。

③ C++ 标准委员会在 ISO 组织里被称作 WG21，因为它的完整名称是 ISO/IEC JTC1 (Joint Technical Committee 1) / SC22 (Subcommittee 22) / WG21 (Working Group 21)。

如，C++23 的标准草案是 [N4950]，这意味着我们可以通过链接 `http://wg21.link/n4950` 来获取该文档。顺便说一句，这也是本书主要参考使用的 C++ 标准文档。

- 对于其他有链接的参考资料，一般直接在提到时（在正文或脚注中）给出链接。
- 我在书末给出了一份推荐阅读材料的清单，供读者进一步学习参考。需要说明的是，本书不一定参考其中的内容。

如果原始资料是英文，在正文里引用时，我会要么使用官方中文版（如果有中文版且没有额外说明的话），要么自己翻译成中文。

传统上对于引用资料要求稳定，因此对于会变化的内容（如网页）还经常会限定访问的时间。但从实用的角度看，对大部分学习者，最新的资料最有用——对上面几种特殊引用尤其如此。自然，我也不会限定这些内容的访问时间。在极少数场合，链接可能会过期（这时候，就需要使用 Internet Archive 这样的手段了）。但大部分情况，其中的内容只是被更新。而习惯这些变化，甚至拥抱变化，是任何一个程序员——或者学习者——都需要去做的事。

## 中文术语

编程术语基本是从英文翻译过来的。有时候，一个英文术语有多种译法，该采用哪种呢？本书的术语选用标准是贴近英文原文、形象、易懂和可组合。有时候你可能觉得某种译法不常见，但这是我的选择，而不是发明。原创并非我的追求：虽然我认为 vector 翻译成“多量”更为合适，但我并没有在本书中这样翻译，因为我觉得此路不通（该词我尽量不译，实在需要也只能译为“向量”）。不过，在可能的范围里（至少包含了常见 C++ 书籍、网络文章和 CppReference），我会选择最符合我的标准的中文术语。比如，我选择使用“转型”（cast），而不是“强制类型转换”，因为前者贴近原文（且考虑到 cast 是单音节词）、形象，且可组合——named cast 如果在中文里说成“有名字的强制类型转换”，那真会令人发疯。我选择使用“名空间”（namespace），而非“命名空间”，因为后者长而没有道理，并不贴近原文——英文里并没有用 naming space 作为编程术语。但我也不是一味求短。我选择使用“部分特化”（partial specialization），而不是“偏特化”，因为前者更贴近用法（部分指定类型）、容易理解。我选择啰唆地说“默认提供”（defaulted），而不是 CppReference 中文版里使用的“预置”，因为前者贴近原文，且不需要解释就可以理解。诸如此类。此外，在某一术语存在常见的其他中文说法时，我一般也会在第一次使用时加以说明。

## 一些约定

本书正文里一般使用等宽字体来表示代码。这应当是大家熟知的惯例了，可以适当强调，也易于对齐代码后面的注释（但在标题、图题等地方，出于排版、美观等原因，不使用等宽字体）。对于一些较长的名字，本书可能会在下划线（“_”）之后插入连字符（“-”）来进行换行，注意在这种情况下连字符不是名字的一部分。

我们讨论的内容大部分是标准 C++，因此，为简洁起见，本书正文里的代码示例中一般不写出标准名空间“`std`”①（但部分可能有歧义或需要强调的地方仍会使用）。在代码示例有所省略的地方，我采用 Scott Meyers 在 *Effective Modern C++* 中引入的惯例，使用“…”表示，以便跟标准 C++ 中的“`...`”（在 C 的变参数函数和 C++ 的变参模板中需要用到）有较为明显的区别。

### 插文说明

在正文中会出现一些插文，以目前这样的灰底文字形式出现。这些插文不是正文的“正式”部分，但会为正文的讨论提供有益的补充。略过插文的内容通常不影响对正文的理解，但我真心希望读者从插文中也能得到知识或者愉悦——兴许兼而有之。

为了尽可能使书中的内容可以在实际的软件项目中使用，我在大部分时间会使用不超过 C++17 标准的语言特性。但从学习的角度看，仍建议读者尽可能使用高版本的编译器，以便试验 C++20 的功能，并在代码有问题时有望得到更友好的错误和告警信息。目前推荐使用的编译器是：

- GCC 13 或更新版本
- Clang 17 或更新版本
- MSVC（Visual Studio 2022 或更新版本）

书中的代码跟正文一样重要。除非我展示的代码你已经非常熟悉，否则请务必像阅读正文一样仔细阅读代码——就像阅读学术论文不能忽略其中的公式一样。当然，正文里的代码由于通常省略了头文件包含和名空间，一般不能直接编译。如果你需要立即可以编译的代码，很多示例在 GitHub 上有完整版本，其链接是：

`https://github.com/adah1972/cpp_book1`

① 发音为 /stʊd/ 或 /ˌestiːˈdiː/。

# 致　谢

首先，我想感谢 C++ 之父 Bjarne Stroustrup，他以其睿智为我们带来了 C++ 这门虽有缺陷却又非常强大的语言——如同世间的每一个英雄。没有 C++，本书完全没有存在的意义。

其次，我要感谢 C++ 技术的布道者们，尤其是 Herb Sutter、Scott Meyers、Andrei Alexandrescu 和侯捷。他们的书籍、文章、演说在我学习、成长时一路相随。

我要感谢 Boolan，她在中国筹办了 C++ 及系统软件技术大会，让我有机会能跟 Bjarne Stroustrup、Stan Lippman、Andrei Alexandrescu 等世界级大师面对面交流，并从一名听众成长为分享嘉宾，逐步走到了今天，乃至可以为 C++ 社区做一点微薄的贡献。

感谢极客时间，让我走上了技术分享这条道路。也是从那时起，我逐渐萌生了从事独立咨询、培训工作及写书的想法。同时，也要感谢我的极客时间专栏的学员、我的咨询客户、其他线上/线下培训的学员、一些技术讨论群的群友，以及在知乎上提出问题的知友——问题和解答都需要来自实践，没有他们的输入，我也无法深入了解 C++ 学习者可能面对的各种困惑。

感谢编辑英子，她很早就来“劝诱”我写书，并直接护持了本书的诞生。嗯，抓本书文字里的“虫子”也是她的工作，希望没有让她太痛苦。

本书的初稿经过了一些朋友和 C++ 爱好者的审读，他们是：倪文卿（IceBear）、罗能（netcan）、冯畅、何荣华、李冠锋、琳哒 6、张德龙、杨凡、吴长盛、杨文波和杨红尘。我收到了各位宝贵的反馈意见，并修正了书中很多技术和文字问题。在此，谨向各位表示深深的谢意。特别鸣谢倪文卿，他给出了最详尽的反馈意见，还花了不少时间跟我讨论。

感谢我的母亲在我上初中时就让我参加计算机学习班，让我走上软件开发的道路。感谢我的妻子的付出和陪伴，让我没有后顾之忧。感谢我的孩子，在让我欢喜让我忧的同时，让我更多地理解了生命的意义。

书里几乎不可避免仍会有错误残留，这当然都是我的责任。如果你在阅读本书过程中发现了问题，请给我发邮件：`wuyongwei@gmail.com`。本书的 GitHub 仓库里届时会记录勘误信息[①]。

---

① 另见图灵社区本书页面：`https://www.ituring.com.cn/book/3410`。

# 绪　论

在进入本书正文之前，我想讨论两个问题：

- 我们为什么要学习 C++？
- 我们该如何学习 C++？

## 为什么要学习 C++

我们学习 C++，通常是因为要用到 C++。用一门语言通常有两种理由。在不同的场合两种理由的占比会不同，但多多少少肯定都存在：

1. 当前的项目里已经用到了 C++；
2. 出于性能或相关的其他考虑，我们需要使用 C++。

换句话说，**历史原因**，以及**技术原因**。

历史原因非常容易理解，如果已有代码是用 C++ 编写的，换其他语言总会增加很多麻烦——不管是重写代码，还是拼接不同语言组成的模块。单一语言比较简单。

技术原因就复杂些了。目前甚至存在某些观点，认为新项目应该不再使用 C++ 这样的“不安全”语言。但这种观点在我看来相当片面。它夸大了 C++ 的不安全性，低估了 C++ 的灵活性和强大功能。事实上，使用现代 C++ 的惯用法，犯内存方面的错误已经相当不容易，而 C++ 在某些领域的优势（如模板和编译期编程），在主流编程语言里尚无竞争对手。

在比较主流的编程语言里，C、C++ 和 Rust 是“唯三”的适合系统级编程的高性能语言。我作为一个拥有 30 年 C 和 C++ 编程经验的开发者，朋友李沫南作为一个 Rust 的拥趸，经常进行对嘲。常规对话如下：

——哦，C++ 没有这个检查吗？垃圾啊。

——咦，Rust 写这个这么费劲？失败啊。

这虽然一半是玩笑，却也有几分真理。Rust 以安全为核心理念，比 C++ 在类型系统上更为复杂。虽然 Rust 不像 C++ 一样有 C 兼容性这个历史包袱，但仍不能算好写。而 C++ 则在庞杂之中给了开发者相当大的自由度：它给了用户强有力的抽象，但又允许用户深入底层细节，控制内存布局之类的细节；但它也缺乏 Rust 那样的安全检查。对于熟稔 C++ 的人来说，C++ 的强大和灵活性是任何其他语言无法比拟的。内存安全性是一柄双刃剑：虽然我们不能说内存安全的语言不好（当然是好的），但它有自己的代价。目前看起来，想要内存安全，要么使用垃圾收集（garbage collection）[①]，要么使用借用检查（borrow checker），两者似乎必居其一。目前 C++ 没有使用其中任何一种方法，而是要求开发者承担起更多的责任，这是语言的选择，也是演化的结果。此外，C++ 的“后继”语言，如 Cpp2 [②] 和 Carbon [③]，都把跟 C++ 的互操作性当作基本要求——要谈 C++ 是否会“过时”，现在还为时尚早。

## C++ 的特点

Bjarne 老爷子认为，C++ 最主要的特点在于对以下两方面的持续关注：

- 语言构件到硬件功能的直接映射
- 零开销抽象

跟 C 语言一样，C++ 提供非常底层的数据操作能力，为开发者提供了灵活性。跟“高级”语言一样，C++ 提供了强大的抽象能力（可以说超越了大部分语言）。但跟大部分高级语言不同的是，C++ 有点太灵活了，也因此容易被误用。后来者在提供抽象能力的同时，也往往施加了很多额外限制，使得语言在保留表达能力的前提下，能够更容易被使用和更不容易被误用。C++ 作为一名历史悠久的“先行者”，在这方面就比较吃亏了——向后兼容性保证导致某些不安全的用法不那么容易从语言中被消除。不过，相比 C，C++ 还是安全得多。在语言诞生的初期就是如此，现在就更不用说了。

### C++ 的类型安全性

C++ 的类型系统比 C 更加严格。虽然一直有 C++ 是 C 的超集的说法，但严格说来，这个说法从来就没成立过。最近（2023 年）我碰到过一个程序崩溃的案例，简化来讲，就是开发者使用了一个 char 的二维数组（char names[MAX_NAMES][MAX_NAME_LEN]），然后把它传给了一个接收 char** 参数的函数……这样的代码当然是错的，但 C 编译器只是

① 本书跟随一般用法，用“垃圾收集”指代跟踪收集器这样的垃圾回收机制，不包括引用计数收集器。
② https://github.com/hsutter/cppfront
③ https://github.com/carbon-language/carbon-lang

给了个告警，编译还是没有失败。如果这是 C++ 代码的话，编译器就会直接报告错误，拒绝编译通过了。[①]

C++ 凭借它的“零开销抽象”，可以让“使用者”非常安全地使用这门语言，同时还可以让“定制者”根据自己的需求来写出更贴近使用场景的库，进一步方便“使用者”。

更具体地说，C++有以下几方面的优点：

1. **和 C 兼容**。这在以前是个很大的优势，这意味着 C 程序员可以自然而然往 C++ 的方向转，同时现有的代码仍然能够在不需要任何改动或只需少量改动的情况下，即可在 C++ 里直接编译使用。这点是 C++ 的大部分其他竞争者所没有的。今天，C 程序员比以前略少了点，优势不那么大了，但毕竟现有的 C 项目的数量仍然是惊人的。在 TIOBE 上，C 也仍然处于第 3 名的位置（2024 年年中）。
2. **接近硬件**。这是和 C 共享的特点。要跟硬件密切交互，完成各种稀奇古怪的底层功能，没有比 C 和 C++ 更合适的语言了。像 CUDA 这样在人工智能年代火热的编程接口，主要编程语言仍然只是 C 和 C++，其他的语言支持多多少少有些限制。
3. **零开销抽象**。声称这一点的，也就是 C++ 和 Rust 两种语言了，也只有 Rust 可以算是 C++ 的真正竞争者。如果你不使用某种抽象，这种抽象就不会给你带来性能损失。这既给了开发者强大的武器，又让开发者在性能方面有最大的控制能力。大家熟悉的 LLVM 是用 C++ 写的，而 GCC 也早就从纯 C 转向了混合使用 C 和 C++。
4. **编译期编程**。我不知道还有哪种语言有像 C++ 一样强大的编译期编程功能，即在编译时而不是运行时完成某种运算。这不仅仅是理论，我可以定义一个用户定义字面量，写下 `"192.168.1.0"_ipv4` 就能让编译器直接为我生成 `IPv4` 地址的常量，字节内容是 `0xC0A80100`——完全没有运行期的开销。
5. **高成熟度**。Rust 可以去芜存菁，但它的工具链没有 C++ 成熟。不是所有使用 C++ 的地方都可以换成 Rust，虽然它们的理论应用场合较为一致。成熟的 C++ 代码，不管是开源还是闭源，数量都是惊人的。在很多地方，对 C 或 C++ 已有完整的支持，而对 Rust 要么不支持，要么存在较多的问题。
6. **高稳定性**。绝大多数完全符合 C++98 标准的代码，也仍然是合法的 C++20 代码。这种稳定性（不同版本之间兼容）有它的代价，但好处也是惊人的。

---

① 这个 `names` 在传参时会退化成为 `char (*)[MAX_NAMES_LEN]`（参见 1.1.9 节），但 C 语言将传递不兼容的指针看作未定义行为，而没有规定为错误。GCC 要到 14.0 才默认把这种情况当作编译错误（除非你指定 C 标准为 C89，此时只告警不报错；使用 C99 或更新标准时，GCC 都会把不兼容的指针类型当作错误）。

我个人非常欣赏 C++ 综合这些优点带来的高度灵活性。尤其是它的模板功能，可以认为，其强大程度在主流编程语言中是独一无二的。在本系列的第二本书（主题是“扩展 C++”）中，将有大量的篇幅讨论模板和模板带来的无限可能性。某种意义上，C++ 的一些特性具有实验性。也许不是每个开发人员都需要触碰这些特性，但是，如果你因为性能或其他原因需要这些特性，就会觉得它们非常有用——一些让很多人觉得没用的 C++ 特性，实际上，可能真的是因为只有少数人需要直接使用它们。但是，很可能发生的一件事是，如果真的去掉这些“不常用”的特性，那另外一些常用的特性也就没法使用了。

当然，“优点”的代价就是 C++ 非常复杂，成为一个合格的 C++ 程序员需要付出极大的努力。不过，抽象机制也是可以掩盖很大一部分复杂性的；C++ 新特性虽然不能从根本上降低语言的复杂性，但至少可以让初学者上手更快。事实上，现代 C++ 的很多特性之所以存在，很大程度上是为了让使用者更加方便：比如 auto（4.2.3 节），比如类模板参数推导（4.6.1 节），比如用户定义字面量（12.3.1 节），等等。

## C++ 的复杂内存模型

写到这里，我觉得一定得引用一下 Bjarne 老爷子提到的一件轶事。他在 HOPL4 论文《在纷繁多变的世界里茁壮成长：C++ 2006—2020》的 4.1.1 节讨论内存模型的时候提到：

“我们知道 Java 有一个很好的内存模型，并曾希望采用它。令我感到好笑的是，来自英特尔和 IBM 的代表坚定地否决了这一想法，他们指出，如果在 C++ 中采用 Java 的内存模型，那么我们将使所有 Java 虚拟机的速度减慢至少一半。因此，为了保持 Java 的性能，我们不得不为 C++ 采用一个复杂得多的模型。可以想见而且讽刺的是，C++ 此后因为有一个比 Java 更复杂的内存模型而受到批评。”

要在不牺牲灵活性的前提下，正确地用好 C++，我们需要语法之外的使用指南。C++ 核心指南就是这样的一份重要资料，我在本书中也常常会引用。C++ 的工具也在一直进化，很多不违反语法的编程错误，现在编译器已经可以直接发现[①]，另外很多问题也可以使用静态扫描工具检查出来，如开源的 Clang-Tidy（参见 18.2.2 节）。

C++ 不是一门停滞不前的语言，它还在不断地向前发展。有人说 C++ 过于学术化——这话肯定不对，因为 C++ 一直是一门注重实际的工程化语言。但是，C++ 相比其他语言，在语言里能玩的“花样”确实多一点——C++ 确实有玩花样的能力。要说跟学术界靠拢，

① 有些需要开高告警级别，如 GCC/Clang 的 `-Wall -Wextra`，及 MSVC 的 `/W3`。

那 C++ 没法跟另外一些编程语言比，毕竟在 C++ 里实用是第一位的。

任何一门语言里都有要做和不要做的事情（do's and don'ts）。对于 C++ 而言，C++ 社区积累下来的最佳实践就是要做的事情，它们是经验积累，也是社区的共同财富；而各种编码规范里禁止（并且静态扫描常常会告警）的写法，则是不要做的事情，它们往往代表着一种历史包袱——出于向后兼容性的原因，C++ 不能从头再来，修复语言中所有已知的问题，把"不好"的写法宣布为非法。而新来者则有着更大的自由，从 C++ 里汲取历史教训，修正已有的问题。不过，问题容易修正，财富则不那么容易继承……

跟任何语言一样，C++ 语言的发展受到两种动力的影响：一是要更简单、更自然、更符合直觉；二是要符合规则。相比人类的语言，计算机语言更加不能容忍不满足规则，因为编译器只能靠规则，不能靠直觉。此外，直觉并不可靠，专家和初学者的直觉也并不相同。对于专家，C++ 里的切片（参见第 43 页的插文）行为也许挺自然、合理；但对于初学者，恐怕切片就是一个黑暗的陷阱了。

这样，总体的后果就是，C++ 里面有很多符合规则、但不那么满足直觉的东西。切片是一个例子，最令人烦恼的解析（参见 4.6.4 节）和很多未定义行为也是如此。

## 有最好的语言吗?

从单一维度去看，语言总是存在问题的。下面我试着从自己关心的一些维度去比较一下 C++、C、Rust、Java 和 Python，使用 1—5 的数字打分（越高越理想），如表 0-1 所示。

表 0-1：几种编程语言的多维度比较

| | C++ | C | Rust | Java | Python |
|---|---|---|---|---|---|
| 学习快速 | 2 | 3 | 1 | 4 | 5 |
| 可读/可维护 | 3 | 3 | 2 | 4 | 5 |
| 抽象能力 | 5 | 2 | 4 | 3 | 3 |
| 安全性 | 3 | 2 | 5 | 4 | 5 |
| 静态检查能力 | 5 | 1 | 4 | 3 | 1 |
| 适用平台广泛 | 4 | 5 | 2 | 3 | 3 |
| 运行性能 | 5 | 5 | 5 | 3 | 1 |
| 编译速度 | 2 | 4 | 1 | 3 | — |
| 向后兼容性 | 4 | 5 | 2 | 4 | 4 |
| 第三方库数量 | 4 | 4 | 2 | 4 | 5 |
| 第三方库易集成 | 2 | 3 | 4 | 4 | 5 |

这当然是很不严肃的个人评估，但也应该做一下简单说明：

1. 虽然 C 和 C++ 在“可读/可维护”上的得分相同，但原因大不相同。C 是代码直白，容易判断背后发生的事情；缺点是简单的事情可能需要写很多代码。C++ 则相反，代码可以看似简单到接近 Python，但背后的逻辑复杂且没有对开发者完美隐藏（抽象泄漏[①]问题较严重），一旦遇到问题，有时寻找问题背后的根源较为困难。
2. Rust 的“安全性”是不使用 `unsafe` 的情况（否则至多打 4 分）。
3. “静态检查能力”不含跟安全相关的检查（已被“安全性”覆盖）。

这个比较的目的并不是评判哪种语言好，哪种语言差，而是展示编程语言特点上的复杂性。对于很多问题，Python 也许是最好的语言（我打 5 分最多的就是它了），但它的运行性能低到在很多场景下完全不会考虑它。如果既需要高性能又需要高度安全，那 Rust 是个不错的选择，但兼顾这两者也使得 Rust 难以上手、可读性下降及编译缓慢。而如果你的使用场景要求高性能、高度抽象、代码稳定兼容，C++ 可能就是最好的选择。

## 如何学习 C++

不过，我不鼓励你去记住 C++ 里所有的语法规则。学习用一门语言跟成为语言律师是不同的——一个不那么完美的比方是写小说不需要成为语法学家。不完美，是因为随着对语言理解、掌握、使用的深入，我们多多少少需要学会像编译器一样看问题，这时候，成为语言律师，或者说了解语言里的语法细节，也慢慢成为一种必要的事情。但无论如何，在很长的一段时间里你不需要成为语言律师。本书也不会教你成为语言律师。我会尽力避免大段地引用 C++ 标准或 CppReference 来讲述语言细节，而更着重于讲解为什么，并给出靠近实际应用的例子。

我的个人观点是，学好编程同时需要语言能力（你的外语成绩如何？）和推理能力（你的数学成绩如何？）[②]。推理能力估计大家都能理解，抽象思维是编程的基础；语言能力可能会有点出乎意料了。但细想一下，应该也不那么奇怪。代码既是写给计算机看的，也是写给人看的——这个人可能是你的同事，也可能是三个月后的你自己。如果每次读代码都

---

① 参见 [Wikipedia: Leaky abstraction]。

② 这句话写完后很久，我才惊讶地发现（谢谢杨文波提醒），著名计算机科学家、图灵奖得主 Edsger Dijkstra 在一篇文章（“"Why is software so expensive?" An explanation to the hardware designer”）中表达过非常相似的观点：“出色掌握母语是我选择有潜力的程序员的首要标准；对数学的良好品味紧随其后。”他的文章主题是软件和硬件设计思维上的区别，虽然写在四十多年前，也非常值得一读。

跟公式推导那样累，那这样的代码，不客气地说，是无法维护的。而阅读代码，跟读外语文章一样，你如果时时刻刻想着语法规则，想着如何分析句子，那效率是极其低下的，是还没有入门的表现。你需要做的事情，是把语法知识内化，把知识变成直觉和肌肉记忆，直到最后获得“语感”。

不管是人类的语言，还是计算机语言，其中的规则（语法）都是为内容服务的。我们需要规则，是因为规则解决了一些不确定性，而人们厌恶不确定性（当然，编译器更加厌恶不确定性）。但语法并非至高无上的东西。在人类语言中，习惯成自然，语法只是事后的描述，不规则之处数不胜数。编程语言要由计算机来解释，不能那么自由，但类似地，语法是一种手段，是为了解决问题而服务的。不同的语言，可以有不同的折中。有些语言追求语法简单，让编译器/解释器能够快速处理；有些语言追求简洁的表达能力，能够非常简短地表达目的；有些语言追求安全性，让程序员不容易写出有问题的代码……没有哪种答案全对或者全错。能在自己的特定领域解决问题，就是一种成功的语言。

那 C++ 属于哪种情况呢？我的回答是，它是一种同时注重抽象表达能力、代码性能和向后兼容性的编程语言。在以前两点作为目的的情况下，我们确实可以做出一些更好的设计，尤其是有了这么多年在编程语言上的经验和教训的情况下。但要加上第三点——向后兼容性——那就没有太多选择了。**跟英语这样的自然语言一样，C++ 是演化出来，而非设计出来的**（实际上，任何关注向后兼容性的系统都大抵如此，如 Unix 和 Linux）。在很多领域，C++ 的地位就跟英语一样——英语不是最完美的语言，但仍不可替代。

好，下面正文正式开始。

# 第 1 章　C 和 C++ 基础

本章概述学习本书需要预先了解的 C 和 C++ 知识。对大家来说，也可以算是一种快速复习吧。

## 1.1　C 基础知识

假设本书的读者都已经学过 C。如果你对自己的 C 知识还感觉信心不足，那我大力推荐你阅读 K. N. King 的《C 语言程序设计：现代方法》。相比由 Brian Kernighan 和 Dennis Ritchie 写的经典书《C 程序设计语言》(常因作者姓而缩写为 *K&R*)，前者更加现代也更加全面，讲解更加详细，因而更适合初学者。

### 1.1.1　代码组织

一个 C 程序通常会用到一个或多个源文件（后缀通常为 .c），以及多个头文件（后缀通常为 .h）。在编译时，C 编译器的预处理（preprocessing）部分会处理宏相关的展开和条件编译，把 .c 文件里包含的所有头文件，以及头文件里包含的头文件，全部包含进来，这样产生的结果称为翻译单元（translation unit）——即源代码加上头文件。随后，编译器对翻译单元才真正进行编译，产生目标文件（后缀通常为 .o 或 .obj）。最后，链接器把目标文件放到一起，生成可执行文件（Windows 上使用 .exe 后缀，其他主流平台不使用后缀）或共享库（Windows 上使用 .dll 后缀，Linux 上使用 .so，macOS 上使用 .dylib）[①]。这个过程如图 1-1 所示。

① 此处不讨论静态库——它实际上只是目标文件的简单集合而已，跟共享库（动态库）有较大的不同。

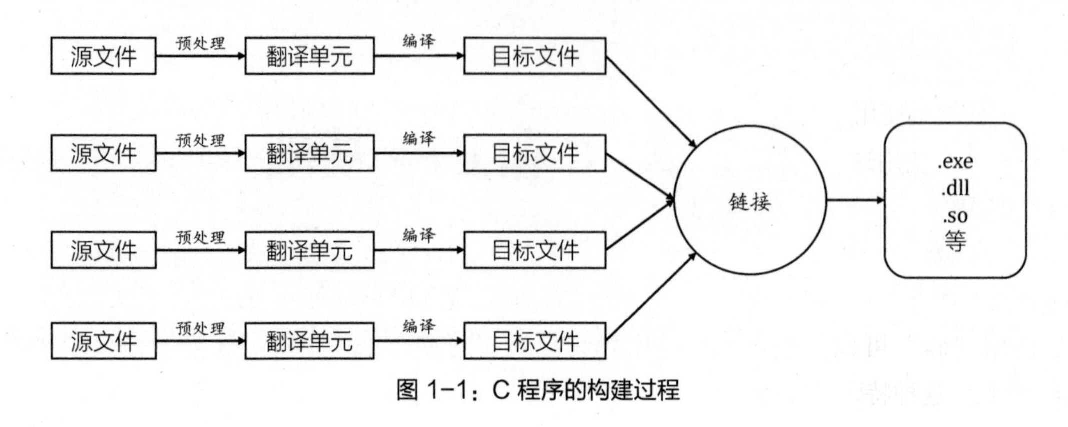


图 1-1：C 程序的构建过程

## 1.1.2 预处理

预处理是先于编译的一个过程。预处理程序并不真正理解 C 代码，而只是对特殊的预处理指令（宏定义、条件编译和文件包含等）进行处理，并在用到宏的地方进行宏展开。

宏定义和宏展开

宏定义的形式是：

```
#define 宏名称 宏定义
```

和

```
#define 宏名称(参数列表) 宏定义
```

第一种形式定义的是一个无参数的“对象式”宏，后面遇到这个符号时会根据其定义无条件展开。第二种形式定义的是一个有参数的“函数式”宏，在展开时会要求传递了合适数量的参数（使用逗号分隔），否则编译即会出错。

对于第二种形式带参数的宏，需要注意的是，实参的分隔符是逗号，因此实参本身不能包含逗号。如果实参内有逗号，需要用圆括号把参数括起来。

比如，对于下面的（无聊）宏：

```
#define TEST(x) x
```

你不能使用“TEST(1, 2)”这样的形式去调用，否则会出错。但是，使用“TEST((1, 2))”则可以，展开的结果是“(1, 2)”。

在 C 里常常会使用函数式宏来实现一些简短的通用函数，但由于这是简单的纯文本展开，在参数是表达式的时候可能存在意料之外的副作用。典型案例是：

```
#define MIN(x, y) ((x) < (y) ? (x) : (y))
```

即使这里使用宏的参数已经很小心地加上了圆括号，如果你使用“MIN(++x, ++y)”这样的方式去使用这个宏的话，结果就可能会跟直觉有差异了。C++ 里提供的模板是更好的替代方式。

在带参数宏展开时，形参会被实参替换。此处有两种对参数的特殊处理方法：在一个参数前面加上“#”可以将它转变成一个字符串（x 是 1 时可以用 #x 得到 "1"），在参数前或后使用“##”可以把参数和另一个标识符拼接起来（x 是 1 时可以用 g_var##x 得到 g_var1）。这种特殊处理使得宏在代码生成的场景里有一席用武之地。

条件编译

我们可以根据平台/编译器或者自己定义的宏，利用 #if、#ifdef、#else、#endif 等预处理指令来进行条件编译。我们通常利用这一特性来选择平台或者软件特性，也常常用它来实现头文件防护（header guard）。

这里需要注意的是，条件编译指令不识别字符串，用于宏的值只能是整数。如果希望用到宏的代码可读性稍微高一点，我们可能会把要比较的数值也定义成宏，当成枚举值一样来用。

文件包含

#include 用来包含后面的双引号或尖括号里的文件，把其中的内容作为普通文本替换当前的 #include 指令。双引号和尖括号的区别一般是：双引号会从当前目录开始查找指定的文件，然后再使用配置好的包含文件目录；而尖括号直接使用配置好的包含文件目录来查找指定的文件。

其他

还有其他一些预处理指令，如 #error（报错终止编译）等，在本书中就不展开了。此外，C 和 C++ 代码里也会常常用到某些预定义宏，如代表当前文件名的 __FILE__，和代表当前行号的 __LINE__。

### 1.1.3 函数

C 里面最基本的构件是*函数*（function）。程序主要就是由函数构成的：有程序员自己写的函数，也有自己写的函数调用的库函数。

在最基本的 C 的 Hello World 里，程序员自己写了 main 函数（在有宿主执行环境[①]里的程序入口函数），并在 main 函数里调用了库函数 printf。

```
#include <stdio.h>

int main()
{
    printf("Hello World!\n");
    return 0;
}
```

从 C99 开始，调用一个函数之前必须先进行定义或*原型*（prototype）声明。上面我们已经看到了 main 函数的定义，函数的原型声明形式则是没有函数体（花括号部分），转而以分号结束。比如，C 的 printf 函数大致是这样进行原型声明的：

```
int printf(const char* format, ...);
```

即，调用 printf 函数必须提供至少一个参数（后面是可选参数），返回类型是 int（实际语义是输出的字符数量）。

函数的声明或定义前面不管加不加 extern 说明，函数都具有*外部链接性*（external linkage），即它们可以跨翻译单元使用。函数的声明或定义前可以加上 static 说明（可选），指示函数具有*内部链接性*（internal linkage），即符号名不视为公开，只能在当前翻译单元里使用。

从 C99 开始，main 函数结尾的"return 0;"可以省略（跟 C++ 一样）。

### 1.1.4 语句和表达式

函数内部可以有多条*语句*（statement）。上面的示例里用到了函数调用语句和返回语句，我们还有其他语句，如条件语句、循环语句和赋值语句。语句一般以分号结束，但复合语句除外。

复合语句跟函数定义的形式有点相似，使用花括号把多条语句括起来。当我们在条件语句、循环语句里需要有多条语句时，就必须使用复合语句。目前大部分编码规范推荐，即使条件语句、循环语句里只有单条语句，也同样使用花括号把语句括起来，即

```
fp = fopen("test.c", "r");
if (fp == NULL) {
```

① 也就是通常的编程环境。参见 [CppReference: Freestanding and hosted implementations]。

```
    exit(1);
}
```

比语句更小的代码要素是表达式（expression）。在表达式里我们可以使用基本的运算符（赋值、算术、逻辑、比较、函数调用等），从而对数据进行操作。

### 1.1.5 对象和变量

我们可能听说过，程序 = 算法 + 数据结构。到目前为止，我们在本章讨论的东西还无法表达数据结构。下面的几小节里，我们将讨论一下 C 里面跟数据结构相关的语言特性。

对象（object）是最基本的数据抽象。每个对象（C 里面能表达的数据）都有：

- 大小（可使用 `sizeof` 检查）
- 类型
- 存储期
- 生存期
- 值（可能不确定）
- ……

对象可以有名字（变量名），也可以没有名字（如动态对象和字符串字面量）。对象有确定的大小，这样编译器才能为其分配内存。对象有唯一的类型（我们后面将用好几节讨论类型）。对象的存储期可以分为以下几种：自动（函数内自动分配和释放空间）、静态（在整个程序的运行期间有固定的空间）、动态（使用 `malloc`/`free` 或类似的内存管理函数）和线程局部（跟静态相似，但不同线程使用不同的对象）。在 C 语言中，对象的存储期和生存期是一致的：在声明或定义变量时，其存储期（生存期）即确定为自动、静态或线程局部之一；动态对象的存储期（生存期）则由内存管理函数决定。

我们可以使用“*可选存储类说明符 类型说明 标识符;*”的形式来声明一个有名字的对象（变量）。如果可选存储类说明符是 `extern`，那这个声明仅引入这个标识符，允许后面的代码使用它来访问该对象；否则这个声明同时定义了这个对象，编译器会为这个对象分配存储。如果可选存储类说明符是 `static`，那这个对象具有内部链接性和静态存储期；否则，若对象定义在函数内部则具有自动存储期，定义在函数外部则具有外部链接性和静态存储期。

最后，出于历史原因和性能原因，对象的值可能处于不确定的状态。当代码里没有明确对对象进行初始化时，静态存储期和线程局部存储期的对象内容全部为零，自动存储期和动态存储期的对象则内容不确定。读取一个具有不确定值的对象可能是未定义行为（undefined behavior）[①]——在最好的情况下，它也可能导致程序的运算结果不稳定，是很多的程序错误的根源。

### 1.1.6 基础类型

C 里面的基础类型是整数类型、浮点类型和字符类型。整数类型的长度有多种，每种还分为有符号和无符号两种情况。浮点类型也允许三种不同的长度。窄字符类型[②]只有一种长度（根据定义，sizeof 的结果一定是 1），但根据符号性的不同有三种类型：char、signed char 和 unsigned char[③]。虽然 char 要么有符号，要么无符号，但这三种类型彼此各不相同，被认为是不同的类型。

C 的一个有些让人吃惊的地方是，字符字面量的类型是 int 而不是 char，因而 sizeof('A') 等同于 sizeof(int)，在目前的主流平台上大小是 4。类似地，虽然 C99 标准引入了独立的 _Bool 类型（在 #include <stdbool.h> 后，或者使用 C23 标准，则可以使用更自然的 bool），但 sizeof(2 > 1) 仍然等同于 sizeof(int)。

还有一个特殊的基础类型是 void，表示“空”类型。空类型是不完整的类型，我们无法声明空类型的对象，但可以有指向空类型对象的指针。函数的返回类型也可以是 void，表示不返回任何对象。

类型可以分为对象类型和函数类型。void 是特殊的（不可能变完整的）不完整对象类型。[④]

#### const/volatile 限定

函数类型以外的类型可以用 const 和 volatile 进行限定（在 C++ 的语境里一般称为 cv 限定）[⑤]。const 表示其值不可更改；volatile 表示其值可能会以实现不知道的方式进行更改（因而会禁止优化操作）。const volatile 可以联用，表示不允许代码对值进行修改，但是值有可能在代码之外变化（因而也会禁止优化操作）。

---

① 如果对这一可能的未定义行为有兴趣的话，Stack Overflow 上有一个较为深入的讨论：https://stackoverflow.com/questions/11962457/why-is-using-an-uninitialized-variable-undefined-behavior。

② 此处我们略去对宽字符类型和 Unicode 字符类型的讨论。参见 5.3 节。

③ 虽然 char 是 character 的缩写，它的发音通常是 /tʃɑː(r)/ 而不是 /kɑː(r)/。

④ 此处采用 C11 开始的定义。之前不完整类型不认为是对象类型。

⑤ C 里面还有 restricted 修饰，但本书以 C++ 为主，不讨论该关键字的作用。

注意 volatile 没有多线程同步的语义[①]。但是，使用 volatile 能禁止编译器对相关代码进行优化，因此，在某些平台上对多线程开发有帮助。但是，在另外一些平台上，仅使用 volatile 是不够的。这也是 C++11（以及 C11）引入了原子量和新的内存模型的原因。

对函数类型使用 const 和 volatile 限定没有用处。

### 1.1.7 指针

刨除寄存器（register）变量这种情况，我们可以认为所有的变量在其存储期有效时都放在内存的某个地方，具有确定的内存位置/地址。指针（pointer）就是表示对象的位置/地址的类型。指针可以有明确的指向类型，如 int*；也可以对指向的目标类型不确定，用空类型对象的指针 void* 表示。在 C 里面，void* 和其他类型的指针之间可以自动进行转换。

指针指向的内容和指针自身都可以使用 const 和 volatile 来限定。比如，我们可以把一个指针的类型声明为 volatile char* const，表示一个不可变的指针，指向随时可变的字符数据。此外需要注意指针指向的数据的 cv 限定有两种不同的写法：const char* 和 char const*，两种写法指代同一种类型，都表示指向不可变的字符数据的指针。当 cv 限定左侧有类型时，它限定左侧的类型；否则，它限定右侧的类型。

指向无 cv 限定的对象的指针可以自动转换成指向有 cv 限定的对象的指针（如 char* 转换成 const char*），但反过来不行（volatile int* 不能自动转换成 int*）。换个视角，一个有能力修改对象的指针可以传递给一个承诺不修改对象的指针，反过来自然是不行的。

### 1.1.8 枚举

为了让特殊的整数常量有可读性高的表达方式，C 语言提供了*枚举类型*。枚举名称不是独立的类型名，使用时也需要在前面加上 enum；如果想独立使用枚举名作为类型名的话，通常需要使用 typedef 来定义*类型别名*。

枚举跟整数类型之间能够自动双向转换。枚举类型的大小（sizeof）由实现定义，但通常等同于 sizeof(int)，除非使用了特殊的编译选项（如 GCC 的 -fshort-enums 会导致枚举类型变得更小，只要能放得下所有声明的枚举项即可）。

---

① 在目标架构不是 ARM 时，MSVC 默认对 volatile 有特殊解释。程序员可以使用 /volatile:iso 或 /volatile:ms 来选择符合 C++ 标准或使用微软扩展的行为。不过，微软自己的文档目前都强烈推荐使用标准语义。详见：https://learn.microsoft.com/en-us/cpp/cpp/volatile-cpp。

### 1.1.9 数组

基础类型的变量里面存放单个对象。如果想用一个变量存放多个对象，那我们就需要聚合类型（aggregate type）。最基本的聚合类型就是数组（array），里面可以存放一个或多个[1]同种类型的元素。例如，“`int a[3];`”定义了一个 `int` 类型的数组 `a`，长度为 3。在 C99 之前，数组的长度必须是编译期常量。从 C99 开始，我们可以使用变量作为数组的长度，这就是所谓的变长数组（variable-length array，VLA）[2]。

数组定义时可以在分号前使用“`= {…}`”的形式来进行初始化。在使用数组初始化时，你可以不给出数组的长度，这样编译器可以根据花括号初始化列表的长度来推断数组的长度。例如，“`int a[] = {1, 2, 3};`”声明并定义了数组 `a`，其元素分别是 1、2、3。如果同时给定了长度和初始化列表，那列表的长度必须小于等于[3]数组长度（否则会导致编译失败）；如果列表的长度小于数组长度，那数组的剩余元素会被空初始化（empty-initialized）—— 可以大致理解为全部清零。在 C23 之前，初始化列表里要求至少有一项（但 GCC 不要求），所以你可能会在代码里看到用“`= {0}`”的方式来对整个数组进行初始化。

我们用方括号（也称为数组下标运算符）来访问数组的元素，如 `a[0]` 表示数组 `a` 的第一个元素（按普通人对“第一个”的说法来理解）。

数组不能被赋值：在声明了“`int a[3];`”和“`int b[3];`”之后你不能写“`a = b;`”这样的语句来修改 `a`。函数的参数或返回值也都不能是数组。

但是，C 里面有一条特殊规则，让数组在某种意义上可以方便地“传递”给函数。如果函数的参数是数组类型，编译器将把它看作指向第一个元素的指针，并在调用函数时也会自动把数组类型的参数退化（decay）为一个指针。即 `foo(int a[3])` 与 `foo(int* a)`（以及 `foo(int a[])`）完全等价，都能接受 `int` 数组（或指针）作为参数。

使用多对方括号，我们可以定义数组的数组，即多维数组。比如，“`int m[256][128];`”声明了一个 256 行 128 列的整型数组，即一个矩阵。

多维数组传参的时候也同样会发生到指针的退化。由于多维数组的第一个元素还是一个数组，所以结果的指针是一个指向数组的指针。比如，对于上面的 `m`，退化的结果类型是 `int (*)[128]`。

C 里没有字符串类型，字符串就是字符的数组。唯一的特殊处理是在字符串字面量

---

[1] 至少从标准的角度看是如此。但 C 编译器通常允许数组的长度为零。

[2] C++ 不支持的 C 语言特性很少，变长数组是其中之一。

[3] 本书采用程序员的习惯表达，用“小于等于”代表 `<=`，“大于等于”代表 `>=`，而非“小于或等于”和“大于或等于”。

上。你可以用双引号的方式写出字符串字面量，编译器会近似把它当成字符数组并在最后加上零结尾符，即 "Hi" 相当于 {'H', 'i', '\0'}，类型是 char[3]。跟手写这样的初始化列表的不同之处是，字符串字面量的存储期是静态的，在程序运行期间一直保证有效。因此，你不仅可以用字符串字面量对数组进行初始化[①]，而且可以直接把字符串字面量当成指针来用，这样也是安全的，没有任何问题。此外需要注意，字符串字面量的类型是 char 数组，但在运行中修改这个数组是未定义行为——通常会导致程序崩溃。

### 1.1.10 结构体

结构体（struct）是另外一种常用的聚合类型，里面通常有一个[②]或多个不同类型的元素——称为“成员”（member）或“字段”（field）——用“.标识符”的方式来访问。

跟枚举一样，结构体名称不是独立的类型名，使用时需要在前面加上 struct；因此我们常常会使用 typedef 来定义一个结构体的类型别名。

跟数组一样，我们可以用“= { … }”的方式来对结构体进行初始化[③]。和数组的情况类似，当初始化列表的长度小于等于结构体的成员数量时，剩余的成员将被空初始化。同样，C23 之前的标准要求初始化列表里至少有一项。

从 C99 开始，我们可以使用指派初始化器（designated initializer），对指定的成员进行初始化，形如“= {.day = 12, .month = 7, .year = 2023}”，甚至“= {.day = 12, 7, 2023}”（当 month 和 year 是紧接在 day 之后的成员）。

一个函数不能返回一个数组，但可以返回一个结构体。并且，结构体的成员类型可以是数组——也就是说，我们把数组包在结构体里面，就可以正确返回了。

### 1.1.11 联合体

跟结构体相似，联合体（union）里一般有一个或多个成员（通常大于一个）。但联合体里各个成员的存储是重叠的，编译器分配的存储空间大小等于最大成员的大小。从概念上讲，一个联合体里一次只有一个对象处于“活跃”状态。

当结构体和联合体嵌套使用时，外层成员可以没有名字。这一用法对纯结构体和纯联合体的嵌套也有效，但它最典型的用法是用来实现带标签联合体（tagged union），结构体

① C 语言这里有一个很“谜”的设计：如果用来初始化的字符串字面量的长度超出了数组的长度，编译器居然不会认为是一个错误。

② 零个元素是合法的，但在 C 里面没有实用意义。到了 C++，我们会看到无成员的结构体也可以真正有意义。

③ 在 C++ 里被称为“聚合初始化”，但 C 不使用这一术语。

包联合体的情况。示意如下：

```
struct float_int_char {
    enum { TYPE_FLOAT, TYPE_INT, TYPE_CHAR } type;
    union {
        float float_value;
        int int_value;
        char char_value;
    };
};
```

在声明这个结构体的一个变量 v 后，我们可以使用 v.type 来访问它的类型（作为一个枚举），也可以使用 v.int_value 这样的方式来访问整数值。

## 1.2 C++ 基础知识

本章剩余部分将概述 C++ 的基础知识。如果对于其中的内容，有较大比例你不熟悉的话，请先找一本 C++ 的入门书学习一下。

### 1.2.1 C++ 是 C 的超集吗?

C++ 是一种强调兼容性的语言。它的第一个兼容对象就是 C，我们上面讨论的 C 的内容大部分对于 C++ 仍然是适用的。

不过，严格来讲，C++ 不是 C 的超集。最基本的一点，就是 C++ 有更多的关键字。在 C 语言里我们可以把 class、new 等单词用作变量名，这样的程序到了 C++ 里就肯定不合法了。

不过，更有趣的地方仍然是 C++ 对 C 的改进。本节里我们将会快速讨论一些常见（注意，不是全部）的 C++ 跟 C 相似却不同的地方。

#### 字符字面量的类型

1.1.6 节提到过，C 里面 'A' 的类型为 int，大小一般是 4。这一问题在 C++ 里得到了修正，现在你会获得更自然的结果：'A' 的类型为 char，大小是 1。

#### 字符串字面量的类型

1.1.9 节提到过，C 里面字符串字面量的类型是 char 数组，但程序员不可以在运行时对字符串的内容进行修改。C++ 直接把字符串字面量的类型变成了 const char 数组，因此修改字符串的内容现在在编译时就会报告错误。

这一修正的另外一个后果是，如果一个函数接受 `char*` 作为参数，那在 C 里面你可以直接使用一个字符串字面量进行调用，而在 C++ 里则不行。如果这个函数本身不会修改参数指针指向的内容，那实际上这个函数的参数类型原本就应该声明为 `const char*` 才对。

### 布尔类型

在 C++ 里 `bool` 是内置类型：`bool`、`false` 和 `true` 都是关键字，而不是宏定义。并且，布尔表达式的结果类型也是 `bool`，而不像在 C 里是 `int`。这比起 C89（没有 `bool`）和 C99（有 `bool`，但布尔表达式结果不是 `bool` 类型）都自然多了。

### void* 到其他指针类型的自动转换

在 C 里面，`void` 指针和其他类型的指针之间可以自动双向转换。在 C++ 里，其他类型的指针能自动转换成 `void*`，但 `void*` 不能自动转换成其他类型的指针。也就是说，C++ 的类型系统比 C 更加严格——一个指针能自动“失去”类型，但不能自动“获得”类型。

### 整数到枚举的自动转换

类似地，在 C 里整数类型和枚举类型之间可以自动双向转换。在 C++ 里，枚举类型可以自动转换成整数类型，但整数类型不能自动转换成枚举类型。这同样也是类型系统上的加强——因为整数在代表数字外的特殊含义时，实际上就是类似于 `void*` 的“通用”类型，而我们不希望一个值能自动“获得”类型。

### const 限定

C 和 C++ 都可以使用 `const` 关键字来限定某个类型，表示其值不可更改。但它们的语义不同，使用上有些微妙的小区别：

- C 里的 `const` 变量定义时可以不立即初始化，在 C++ 里则不可以。
- C 里的 `const` 变量不是常量表达式，不能用于要求常量表达式的地方，如 `case` 标签或对静态变量进行初始化。
- 非 `volatile` 的 `const` 变量在 C 里就是普通的变量，没有任何特殊处理；而在 C++ 里这样的变量具有内部链接性。

这几条规则的综合后果是，在 C++ 里我们可以在头文件中用 `const` 定义常量，代替宏的使用。在 C 里我们则只能使用宏，用 `const` 会导致编译或链接时产生失败。

enum、struct、union类型的独立性

如前面在C里描述enum、struct、union类型时提到的，枚举名、结构体名、联合体名都不是独立类型。你必须在前面加上对应的关键字，或者使用typedef来定义类型。

到了C++，枚举名、结构体名、联合体名都是独立类型。因此，它们之间不允许重名，你也不需要使用typedef了（为了跟C兼容，使用也不算错）。

### 1.2.2 引用

从这一节开始，我们快速讨论一下C++的特性。第一个要讨论的就是引用（reference）。

在C里，我们对于数组之外的类型，使用该类型的变量，一定是传递该变量的值/复本——这也就意味着，这个变量本身的值在函数调用时，不会因为我们传递了该变量而发生改变。这确实是一条比较简单的规则，有一个明显的好处是，当我们调用一个函数时，如果看到了取地址运算符&，我们一般能立即判断这很可能是一个出参，因为这是C里允许一个函数修改这个变量的方式。但你也不能太依赖这种方式，因为毕竟有数组这个例外；而且，传递一个大结构体的指针以避免拷贝该结构体的开销，而不是让被调用者来修改结构体，也是完全合理的用法。

为了支持运算符重载，Bjarne在C++里引入了引用的概念：我们调用函数时可以使用subtract(&a, &b)，但让用户根据场景来选择写a - b还是&a - &b不仅麻烦之至，语法上也存在歧义（指针不能相加，但至少可以相减）。当然，一旦引入了引用，引用可以用的地方就多了——使用引用可以大大削减取地址运算符的使用，同时还能做到一些原先在C里做不到的事情。

乍一看，引用像是指针的语法糖。我们原先写：

```
S s;
…
S* p = &s;
p->value…
```

现在可以写成：

```
S s;
…
S& r = s;
r.value…
```

在把变量的类型从S*改成S&之后，我们初始化时不再需要使用取地址运算符，后面也

可以使用更简单的 . 运算符，而不是 -> 运算符。直观来讲，引用就是一个别名，也较容易理解，不像指针要多一层间接。C++ 的很多表达式用到了引用，如：

```
z = y = ++x;
cout << z << '\n';
```

假设 x、y、z 都是 int 类型：

- 上面第一个表达式里，“++x”的类型就是 int&，整数的引用。
- “y = ++x”的右侧是 int&，使用该值来进行赋值。
- 赋值号右结合，“y = ++x”这个表达式本身返回的是 y 的引用，因此“z = y = …”相当于先执行“y = …”再执行“z = y”。
- cout 输出这一行相当于两次调用了 operator<<，每一次调用返回的是第一个参数的引用，因此本质上是先执行“cout << z”再执行“cout << '\n'”，但语法上更加直观。

除了语法上的区别，引用和指针有两个重要的语义区别：

- 对指针赋值是修改指针的指向，不会影响当前指针指向的对象；对引用的赋值是直接修改引用所指向的对象，即在 S& r = s; 后再执行 r = …; 跟执行 s = …; 没有区别。
- 指针可以为空（初始化为 NULL 或 nullptr[①]），但**引用不允许为空**，必须在初始化时立即绑定到一个对象上，并且**引用的绑定关系后续不可更改**。你也不可以利用转型（cast）[②]之类的技巧来让引用指向不存在的对象，这会导致未定义行为。

在实践中，我们常常根据第二点来决定一个函数形参的类型：如果调用者必须提供一个有效参数值，我们就使用引用；如果调用者可以不提供该参数（通常用传递 nullptr 来表示），我们就使用指针。

和使用指针的情况相同，我们用 const 来表示指向的内容不会被这个引用变量所改变。也跟指针的情况相同，我们实际有两种可能的写法：“const string&”和“string const&”，它们意义相同，都表示指向不可更改的字符串的引用。指针还有额外的可能写法，如“string* const”，表示一个指向可更改字符串的不可更改指针。但引用不允许直接这么写（“string& const”），因为引用本来就是不可更改的，不需要多此一举。

---

① 此处 -ptr 发音一般为 /ˈpʊtə(r)/ 或 /ˈpɒɪntə(r)/，即 nullptr 发音可以是 /ˈnʌlˌpʊtə(r)/。

② 一个常见的其他译法是“强制类型转换”。本书采用更简洁、形象的“转型”一词。

由于引用不能修改绑定的对象，它跟 const 对象一样，一般不适合放到其他对象里（如结构体或 1.2.5 节即将介绍的类）。否则，这个对象就无法支持像赋值这样的常见操作。引用是我们看到的第一种主要只适合用于参数传递的类型。

引用类型不是一种对象类型。此外，C++ 的对象类型也不包含 void 类型（跟从 C11 开始的 C 语言里的定义不同）。

**东 const 派和西 const 派**

关于 const 的写法，一直有两种流派，东 const 派（主张 const 写在类型的右边，即“东边”）和西 const 派（主张 const 写在类型的左边，即“西边”）。人群中最流行的是西 const 派（你写“const char*”还是“char const*”？），但在一般跟引用/指针的组合中，东 const 派能更顺畅地表达类型的逻辑顺序。

如果指针/引用按东 const 派的方式写，那你统一从右往左读就能够理解这是什么东西了。理解西 const 派的写法则需要利用一条特殊规则：如果 const 左边没有可限定的东西，那它会限定右边的东西。因此，如果采用西 const 派的写法，你可能需要左右跳着读。以 const char* 和 const string& 为例，里面的 const 限定它们指向的东西，读作：指针（引用），指向不可更改的字符（字符串）。再说远一点，remove_const_t（去除最外层的 const 限定）作用在 const char* 上的结果仍然是 const char*，作用在 const string& 上的结果也仍然是 const string&：这些比较容易上当。如果写成“char const*”估计就容易理解了。

当然，西 const 派也并非一无是处。从可读性角度看，const char* 可以读成“不可更改字符的指针”，这种简单情况也还行。只有到了复杂表达式中才会有点乱，像 const char* const* 这种（你会写这样的复杂类型吗？）。出于习惯和一致性考虑，事实上我写代码也仍然在使用西 const 派的风格。

### 1.2.3 重载

C 的函数名跟链接器（linker）看到的符号名通常有很简单的对应关系。比如，一个原型为 int test(int) 的函数，在 GCC 下生成的符号名就是 _test，前面多了一个下划线。

这是 C 里面函数不能重名的一种合理实现方式。但 C++ 就不同了，两个不同的函数可以起同样的名字，只要它们的签名（signature，即名字加参数类型，不含返回类型）有区别就行。我们完全可以有两个同名函数，如签名分别是 test(int) 和 test(const char*)，那么 C++ 编译器会为它们生成不同的符号名称，称为名字重整（name mangling）。以 GCC 为例，这两个函数在目标文件里生成的实际函数名分别是 __Z4testi 和 __Z4testPKc——这里的“i”和“PKc”就描述了这两个函数的参数类型，足以对它们进行区分。

在编译器看到这两个函数的声明或定义之后，编译器对诸如 test(…) 这样的函数调用形式就会判断哪个函数更加合适，并生成相应的指令，这就是重载（overloading）。如果没有一个函数匹配，或者多个函数的匹配程度相当，那编译器就会报错。这里，实际的规则并不简单，但大部分情况下这些规则的结果完全符合程序员的直觉。

这里特别强调一下 const 在重载中的作用。我们可以有一个函数的两个重载，区别仅仅在于 const 限定，如 test(string&) 和 test(const string&)。当我们手里有一个 string 变量 s，一个 string 常量 cs，以及一个 string 的引用 r 时，那 test(s) 和 test(r) 都会匹配第一个重载，而 test(cs) 则会匹配第二个重载。此外，当我们进行函数调用 test("hi") 时，匹配的也是第二个重载，因为编译器会自动帮你调用 string 的构造函数，而结果是一个临时对象（temporary object，我们后面还会再讨论），在目前这两种引用的情况下只能匹配 const string&——修改一个临时对象是没有意义的，在函数调用这个语句执行结束之后这个对象即会被销毁，因此 C++ 的规则是临时对象不能匹配非 const 的引用。

不仅函数可以重载，运算符也可以重载。实际上很多语言对内置类型也有重载，比如整数的加法、浮点数的加法，以及字符串的拼接，都可能用 + 来表示，而它们并不是同一个动作。C++ 的不同之处在于，它有一个独特的设计理念：用户定义类型和语言的内置类型应当基本没有区别。因此，我们对用户定义类型也可以定义自己的运算符操作。

一种常用的运算符重载是针对用户自定义类型定义其流输出运算符，形如：

```
struct int_pair {
    int v1;
    int v2;
};

ostream& operator<<(ostream& os, const int_pair& pr)
{
    os << pr.v1 << ", " << pr.v2;
    return os;
}
```

重载不仅省去了为不同的类型起不同名字的麻烦，还是 C++ 里泛型编程（generic programming）的基础砖石之一。比如，如果我们用 +、-、*、/ 之类的运算符实现了某个算法，那它可以不仅适用于内置类型，也适用于实现了相应的运算符重载的用户自定义类型，如 Boost[1] 里的高精度数字类型（Boost.Multiprecision）。

### 1.2.4 名空间

在 C 里面，对于一组功能相关的函数，我们往往会加上一个统一的前缀，既可以清晰地进行分组，也可以防止跟其他的代码发生冲突。Unix 的标准编程接口占据了 `open`、`close` 这样的名字，所以 C 标准库就使用了 `fopen`、`fclose` 这样的名字。而到了 OpenSSL 这样的第三方库，就只能使用 `OSSL_STORE_open`、`OSSL_STORE_close` 这样的名字了。

C++ 提供了另外一种代码组织方式。我们可以把代码放到各自的名空间（namespace）[2] 里，而不像 C 一样都在一个全局的名空间里。C++ 标准库的代码放在 `std` 名空间或其子名空间里，我们自己的代码则可以放自己的特殊名空间里，第三方库的代码也有自己的名空间，这样起同样的名字也完全不会打架（名空间也是函数签名的一部分）。常用的 {fmt} 库[3] 在 `fmt` 名空间下有 `print` 函数，你也可以在自己的名空间下（如 `app`）有自己的 `print` 函数。使用时，`fmt::print` 和 `app::print` 显然有着足够的区分度。

名空间可以嵌套。比如，C++ 标准库与时间相关的功能定义在 `std::chrono` 名空间里，像表示秒的类型的完整名字是 `std::chrono::seconds`。

但我们不必一直啰唆地把名字写全。当你使用同一名空间或上层名空间里的名字时，或者在使用 `using` 引入了其他名空间的符号后，你可以用无限定或部分限定的方式来使用。比如，在使用“`using std::chrono::seconds;`”（称为 using 声明）之后，你可以直接使用“`seconds(1)`”这样的写法表示 1 秒钟。又如，如果你使用了“`using namespace std;`”（称为 using 指令[4]），那之后你就可以使用“`chrono::second(1)`”来表示 1 秒钟。

C++ 的特性会相互作用。如果我们前面说的结构体 `int_pair` 定义在自己的名空间中：

```
namespace utility {

struct int_pair {
    int v1;
    int v2;
};

ostream& operator<<(ostream& os, const int_pair& pr)
{
```

---

① https://www.boost.org/

② 也称为“命名空间”或“名称空间”。

③ https://github.com/fmtlib/fmt

④ 这在产品代码中通常应避免使用，因为 using 指令易于导致名称冲突，甚至导致使用错误的重载。

```
    os << pr.v1 << ", " << pr.v2;
    return os;
}

} // namespace utility
```

那我们在其他名空间里可以这样使用：

```
utility::int_pair pr{1, 2};
cout << pr;
```

编译器实际对 `<<` 的解释差不多是“`operator<<(cout, pr)`”……且慢，我们是不是需要写“`using utility::operator<<;`”呢？

如果你写过这样的代码，就知道并不需要。可原因是什么呢？

答案是，编译器会进行*实参依赖查找*（argument-dependent lookup，ADL）。对于没有使用“`::`”进行限定的函数名，编译器除了常规的名字查找（当前名空间、上层名空间、`using` 引入的名字等），还会在实参所在的名空间中进行查找。在这个例子中，就意味着编译器会在 `cout` 的类型所在的名空间（即 `std`）和 `pr` 的类型所在的名空间（即 `utility`）中进行查找，并在 `utility` 里找到了合适的重载。

如果需要对实参依赖查找进行深入了解，可以参考 [CppReference: Argument-dependent name lookup] 和 [Wikipedia: Argument-dependent lookup]。

#### 无名名空间

名空间可以没有名字。这种*无名名空间*（unnamed namespace）是一种特殊用法，其中定义的任何实体都只具有内部链接性，不能通过名字被其他翻译单元访问。相比 C 使用 `static` 关键字的方式，这种方式更加明确和方便，且可使用范围更广——你无法对类型（包括类模板）的定义加上 `static` 说明。

### 1.2.5 类

出于平滑迁移语言的考虑，在 C++ 里类（class）和结构体（struct）没有本质的区别。除了默认可访问性上的区别，对类的描述也适用于结构体。我会用“C 结构体”一词来描述在 C 语言里合法的结构体（它们在 C++ 里有着相同的含义）。

#### 访问控制

跟 C 结构体相同，类是一种组织数据的方式。C 结构体的所有成员（即*数据成员*；因为

C 结构体中只有数据）都是公开的，可以被任何代码访问。但 C++ 里的成员有三种不同的可访问性：public（公开）、private（私有）和 protected（受保护）。public 意味着成员是公开的（跟 C 结构体相同），private 意味着成员只能被这个类的成员（函数等）访问，而 protected 意味着成员只能被这个类或这个类的派生类（见 1.2.6 节）的成员访问。

假想一个 String 类，我们不希望其他代码能够偷偷摸摸地修改 String 对象里的私有数据成员或其中的指针指向的数据。因此，它的数据成员就应该是私有的，如下所示：

```
class String {
    …
private:
    char*  ptr_;  // 指向堆上字符串内容的指针
    size_t len_;  // 字符串的长度
};
```

成员函数

当然，有了非公开的数据成员就意味着我们得有成员函数（member function）了。成员函数赋予了类对象行为。它们可以访问当前类里的所有成员，以及基类里的公开成员和受保护成员。这里的成员包括了数据成员（成员变量）和成员函数。

C 结构体的成员都是非静态的，即每个结构体类型的对象都有一份独立的数据成员。在 C++ 里，数据成员可以是静态的（用 static 关键字加以标注），即对于某一类型，仅存在一份静态的数据成员。成员函数也可以是静态的，它们只能访问静态的数据成员和其他的静态成员函数，而不能直接访问非静态的数据成员和其他的非静态成员函数。这跟访问权限无关，根本原因是非静态成员函数在调用时有个隐含的当前对象指针（this）。

以一个假想的成员函数 String::assign 为例，它的最简单实现可能如下所示（仅作简单示意，没有充分的错误判断，也没有跟后面的代码完全匹配）：

```
void String::assign(const char* s)
{
    free(ptr_);
    ptr_ = strdup(s);
    len_ = strlen(ptr_);
}
```

该代码等效于（this 是一个隐含传递的参数）：

```
void String::assign(const char* s)
{
    free(this->ptr_);
```

```
        this->ptr_ = strdup(s);
        this->len_ = strlen(this->ptr_);
    }
```

静态成员函数不需要这个指针，因此没有这个参数，也就无法直接通过 this 指针来访问非静态成员了。当然，如果它的参数里有该类型对象的引用或指针，它仍可以访问对象的非静态成员，包括私有成员。如下面这个静态成员函数可以用来比较两个字符串是否相等（调用方式形如“String::equals(s1, s2)”）：

```
class String {
public:
    …
    static bool equals(const String& lhs, const String& rhs)
    {
        if (lhs.len_ != rhs.len_) {
            return false;
        }
        return memcmp(lhs.ptr_, rhs.ptr_, lhs.len_) == 0;
    }
};
```

非静态成员函数可以使用 cv 限定（通常只使用 const），表示 this 指针指向的对象具有该限定[①]。如果你持有一个 const String 类型的对象 s，那函数调用 s.assign(…) 不合法，因为从对象只能得到 const String* 类型的 this 指针，而不是 assign 要求的 String*。如果 String 具有一个原型为 const char* c_str() const 的非静态成员函数，它只要求 const String* 类型的 this 指针，因此 s.c_str() 是一个合法的调用。而一个 String 类型的对象同样可以调用 c_str，因为从 String* 到 const String* 的隐式转换是允许的（反过来则不可以）。

成员函数可以定义在类内部（像上面的 equals 的定义方式），也可以定义在类外面（像上面的 String::assign 的定义方式）。如果类的成员函数定义在类的外面，那我们需要在类内部声明该成员函数（如“void assign(const char* s);”），并选择下面两者之一：

- 把成员函数定义在单独的源文件里（使用 .cpp 或类似文件后缀）
- 把成员函数定义在头文件里，放在类定义的下方并加上 inline 说明符

在现代 C++ 里，inline（内联）的主要目的就是在头文件里定义函数（或其他软件实

① 因为有成员函数这种情况，函数类型加上 cv 限定无效这一点在 C++ 里有了些许的变化。非语言律师多半不需要关心这一点，但如果读者有兴趣的话，可参考 [N4950] 里的 9.3.4.6 节 [dcl.fct]。

体），并避免违反 C++ 的单一定义规则（one definition rule，ODR）。内联函数和内联变量不再是 C++98 年代的语义，提示编译器对函数进行内联——`inline` 关键字跟消除函数调用的内联优化已不再有直接关系。

### 单一定义规则

单一定义规则不是什么新东西，而且我期望你在阅读本书之前已经对此有足够的了解。不过，鉴于其重要性，我还是在这里对其进行概要描述。

首先，在编译任何一个翻译单元时，一个模板、类型、函数、对象只能有一个定义。如果一个定义出现了超过一次，在编译该翻译单元时会出错。

其次，整个程序里，每个非内联（没有使用 `inline` 说明符）的函数和对象只能有一个定义[①]。如果一个定义出现了超过一次，在链接（产生可执行文件或共享库）时会出错。

最后，其他允许出现在多个不同翻译单元中的实体（模板、类型和内联函数/对象）的所有定义必须相同。如果不同翻译单元看到了不同的定义，则程序不合规（ill-formed），但编译器不一定能诊断出该问题（no diagnostic required）。如果编译器未能发现问题，运行时行为未定义——什么事都可能发生，且不同的优化级别常常会导致不同的结果。

更正规和详细的描述请参见 [CppReference: Definitions and ODR (One Definition Rule)]。

构造函数

像很多编程语言一样，C++ 的类可以有构造函数，用于在产生对象时对数据成员进行初始化。构造函数可以有参数，也可以没有参数；后者具有特殊性，称为*默认构造函数*（default constructor）。

对于 `String` 而言，下面这两个构造函数可能是必需的：

```
class String {
public:
    String() : ptr_(nullptr), len_(0) {}
    String(const char* s) : ptr_(nullptr), len_(strlen(s))
    {
        if (len_ != 0) {
            ptr_ = new char[len_ + 1];
```

① 不同翻译单元的具有内部链接性（使用 `static` 标注或放在无名名空间里）的同名函数或对象被视为不同的实体，因此不算违反该条规则。

```
            memcpy(ptr_, s, len_ + 1);
        }
    }
    …
}
```

由于一些技术原因，我们推荐尽可能使用上面展示的这种成员初始化列表（member initializer list）的语法对数据成员进行初始化。如果一个构造函数没有对数据成员进行初始化，那原生简单数据类型的对象就会具有不确定的数值，一般而言这相当危险。如果我们的第一个构造函数在目前的类定义下写成“String() {}”，就会得到这样的不正确结果。

另外一个我们常常会用到的构造函数是拷贝构造函数（copy constructor）[①]。String 类的拷贝构造函数可以定义如下：

```
String(const String& rhs) : ptr_(nullptr), len_(rhs.len_)
{
    if (len_ != 0) {
        ptr_ = new char[rhs.len_ + 1];
        memcpy(ptr_, rhs.ptr_, len_ + 1);
    }
}
```

当我们写下“String s2 = s1;”或“String s2(s1);”这样的语句时，拷贝构造函数就会被调用，来构造我们的 s2 对象。（注意在声明变量的同时使用 = 来初始化是构造语法，而不是赋值。）

当用户定义的类里没有提供拷贝构造函数时，只要有可能，编译器就会自动提供一个拷贝构造函数，其行为是对每一个非静态数据成员执行拷贝构造动作。对于整数、指针等原生类型，其拷贝构造动作即为复制其数值。对于含普通指针数据成员的对象，这个默认行为是浅拷贝（拷贝产生的结果对象和原始对象引用同一个底层对象），而不是上面的 String 拷贝构造函数所展示的深拷贝（拷贝过程会产生一个全新的底层对象）。如果指针数据成员有所有权，那这种浅拷贝行为通常是错误的。

#### 析构函数

析构函数是 C++ 有别于其他大部分编程语言的最重要的特性。C++ 在对象生存期结束时（变量超出其作用域时）自动调用其析构函数。我们通常在析构函数里对对象管理的资

① 我不使用“复制构造函数”这一术语，因为与其紧密相关的“复制赋值运算符”过于拗口，且在编程术语中“拷贝构造”和“拷贝赋值”都是惯用说法。本书在这类使用场景下只使用“拷贝”这一术语。

源进行清理。

对于上面的String类，我们可以用下面的析构函数来释放String对象占用的内存资源：

```
~String() { delete[] ptr_; }
```

注意这里我们不需要对 ptr_ 是否为空进行判断，因为删除空指针是一个完全合法的动作——空操作。

拷贝赋值运算符

从 C++98 的年代开始我们就有四个特殊非静态成员函数，编译器在很多情况下会帮你自动生成这些成员函数。我们上面已经描述了其中三个：

- 析构函数
- 默认构造函数
- 拷贝构造函数

下面我们要描述最后一个特殊非静态成员函数——拷贝赋值运算符（copy assignment operator）。它的功能跟拷贝构造函数非常相似，并且编译器也会在用户没有提供该运算符时自动提供一个按成员赋值的（浅拷贝）版本。拷贝构造函数在创建新对象时从一个已经存在的对象进行复制，而拷贝赋值运算符则在一个对象已经存在时从一个同类型的对象复制其内容。

String的拷贝赋值运算符的一个简单实现可能如下：①

```
String& operator=(const String& rhs)
{
    if (this != &rhs) {
        char* ptr = nullptr;
        if (rhs.len_ != 0) {
            ptr = new char[rhs.len_ + 1];
            memcpy(ptr, rhs.ptr_, len_ + 1);
        }
        delete[] ptr_;
        ptr_ = ptr;
        len_ = rhs.len_;
    }
    return *this;
}
```

① 如果你奇怪为什么需要临时变量 ptr 的话，我们会在 1.2.8 节异常里进行快速讨论。

当我们写下“`s2 = s1;`”这样的语句且 `s1` 和 `s2` 都是 `String` 时，拷贝赋值运算符即被调用，相当于“`s2.operator=(s1)`”。注意拷贝赋值运算符的返回值是 `String&`，这样允许我们跟标准的赋值运算符一样执行连续赋值操作，如“`s3 = s2 = s1;`”。

运算符重载

在 C++ 里我们可以对类对象重新定义运算符的行为，就如上面的拷贝赋值运算符修改了赋值号（`=`）的行为一样。这是一种非常强大的能力，可以大大提升代码的可读性；但是，如果滥用这一功能的话，也同样可能损坏代码的可读性和可维护性。我们对运算符进行重载的目的，在绝大多数情况下应该是让代码更加直观（参见 [Guidelines: C.160]，“定义运算符主要是为了模仿传统用法”）[①]。最常见的运算符重载的情况是：

- 对于类算术对象，支持 `+`、`-`、`*`、`/` 等常规计算操作。
- 对于类指针对象，支持 `*`、`->` 等解引用操作。
- 对于可输出的对象，支持 `<<` 流输出操作。
- 对于可比较的对象，支持 `==`、`<` 之类的比较操作。

很多重载的运算符可以是成员函数，也可以是独立函数。对于对称的操作（如 `+` 和 `==`），应当优先使用非成员的独立函数（参见 [Guidelines: C.161]，“对于对称的运算符应采用非成员函数”）。

我们前面定义了 `String::equals`，可以用 `String::equals(s1, s2)` 来进行比较。在定义了下面的运算符之后，我们就可以直接使用 `s1 == s2` 来进行比较了。

```
inline bool operator==(const String& lhs, const String& rhs)
{
    return String::equals(lhs, rhs);
}
```

这个函数一般定义在头文件里，因此需要加上 `inline` 说明符。

### 1.2.6 面向对象编程

C++ 最初是迎合“面向对象”的潮流发展起来的。时至今日，我不再认为面向对象编程是 C++ 里最重要的特性，但它作为一种基本的编程范式，仍不可或缺。

---

① “A Cross-Platform Memory Leak Detector”这篇文章中展示了一个并非出于该目的的运算符重载示例，详见：http://wyw.dcweb.cn/leakage.htm#update2007。但这种不是常规用法。

我们知道面向对象编程最主要的特点是封装、继承和多态，以及随之而来的抽象。类（1.2.5节）提供了封装，本节即会在此基础之上进一步描述面向对象编程需要的继承和多态。

在面向对象设计里，我们会通过*基类*（base class）[①]暴露对象的基本行为。以一个 Shape（形状）对象为例，它的基本行为显然是 draw（绘制）。这个基类的最小定义为：

```
class Shape {
public:
    virtual ~Shape() {}
    virtual void draw() = 0;
};
```

这里我们用 virtual 关键字声明了析构函数和 draw 成员函数，把它们标明为*虚函数*，表示它们可能会在*派生类*（derived class）[②]里被*覆盖*（override）。这样，当一个 Shape* 指向 shape 的派生类对象时，我们仍可以正确删除/析构该对象，及执行正确的绘制操作。如果 Shape 里的某个函数没有用 virtual 说明，那我们在 Shape* 上调用该函数时，就只会执行在 Shape 里定义的该函数，而不是在派生类里定义的覆盖版本。

要覆盖 Shape 里的行为，我们需要在派生类里继承该基类并实现需要的特定绘制动作。在 C++ 里我们使用下面的语法来进行继承：

```
class Circle : public Shape {
public:
    void draw();
};
```

在定义类时，我们使用冒号（:）来指定基类，并使用 public 说明我们使用公开继承（目前暂且忽略其他两种继承方式，因为面向对象设计通常只使用公开继承）。在类的定义里，我们声明了 Circle 有自己的 draw 成员函数，并需要加以实现（通常放在一个单独的源文件里）。

Shape 的析构函数有空实现[③]；Circle 可以定义自己的析构函数，也可以不进行特别定义。但 Shape::draw() 标成了“= 0”，是一个*纯虚函数*，意味着派生类必须提供这个成员函数的实现，否则我们无法创建这个类的对象。

跟 Circle 相似，我们也可以从 Shape 派生出 Rectangle 等其他类。这些对象的指针都

---

① 也称为父类（parent class）或上层类（superclass，中文里不常用）。注意“超类”是错误的翻译：在这里 super- 仅仅是“上面”的意思，跟 sub-（下面）相对应。

② 也称为子类（child class）或下层类（subclass，中文里不常用）。

③ 它必须存在，因为派生类在执行完自己的析构函数后会执行基类的析构函数。

可以赋给 Shape* 类型的变量，并通过这个类型的变量来绘制（或销毁）。比如：

```
void drawShapes(Shape** first, Shape** last)
{
    for (Shape** ptr = first; ptr != last; ++ptr) {
        (*ptr)->draw();
    }
}
```

### 1.2.7　运行期类型识别

C++ 提供运行期类型识别（run-time type identification，RTTI），允许对对象的类型进行一些基本的识别操作。我们可以对类型或表达式使用 typeid 运算符，来得到一个 type_info 对象的 const 引用。这个对象代表类型或表达式的类型，可以输出或进行比较。例如，typeid(*obj).name() 会返回指针 obj 指向的对象的类型名。这个名字的具体形式是实现定义的，如 GCC/Clang 返回的是重整后的名字，对 typeid(int).name()（一个有点无聊的表达式）得到的结果是 "i"。

当 typeid 作用于表达式上且表达式的类型是某个多态（声明或继承了至少一个虚函数）类型的左值[①]时，typeid 得到的是动态（实际）对象的类型。也就是说，在执行了 Shape* ptr = new Circle(); 之后，typeid(*ptr) 得到的结果等于 typeid(Circle)，而不是 typeid(Shape)。

具名转型（1.2.10 节）里的 dynamic_cast 也用到 RTTI，我们到后面再讨论。

### 1.2.8　异常

跟很多高级编程语言一样，C++ 里允许使用异常（exception）来进行错误处理。异常的主要优势在于，用户不需要为传递异常写任何处理代码，因而使用异常可以让代码更为简洁。它的“缺点”则是会让错误处理变得隐蔽（在一部分人看来是缺点），以及一旦异常抛出就会有较大的运行期开销。

不管你喜不喜欢异常，以及你自己的错误处理是使用异常还是错误码，C++ 标准库里有很多地方使用异常。尤其是，如果内存不足的话，标准库里的处理方式就是抛 bad_alloc 异常。图 1-2 展示了标准库里用到的部分异常类型。

---

① 从 C++11 开始修正为泛左值。见 3.2 节。

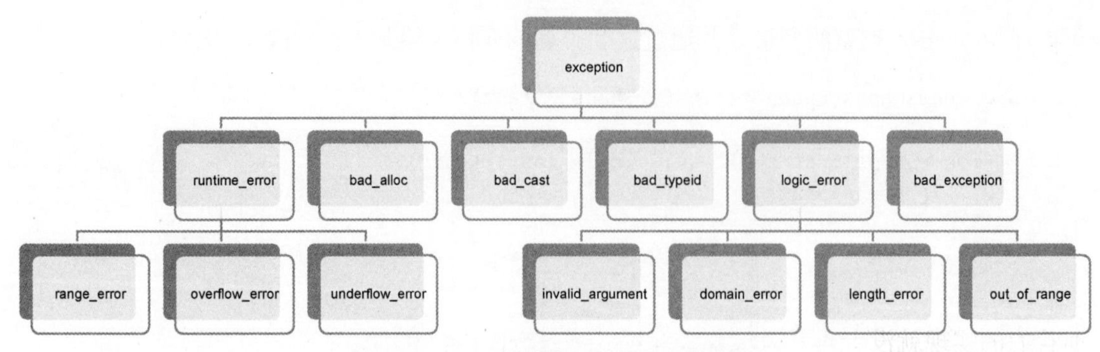


图 1-2：C++ 标准库里的部分异常类型

我们现在来重新看一下 String 的拷贝赋值运算符：

```
String& operator=(const String& rhs)
{
    if (this != &rhs) {
        char* ptr = nullptr;
        if (rhs.len_ != 0) {
            ptr = new char[rhs.len_ + 1];
            memcpy(ptr, rhs.ptr_, len_ + 1);
        }
        delete[] ptr_;
        ptr_ = ptr;
        len_ = rhs.len_;
    }
    return *this;
}
```

这里 new 的地方是可能发生异常的。一旦发生异常，当前对象将不发生任何改变，而异常则向外传播，直到某个地方捕获这个异常（或程序因为没有捕获该异常而崩溃）。当前实现提供了强异常安全保证，即要么全部成功、要么回滚到之前状态的语义。我们之所以要引入 ptr 这个局部变量，就是为了提供强异常安全性。如果我们把这个函数实现成下面的形式：

```
String& operator=(const String& rhs)
{
    if (this != &rhs) {
        delete[] ptr_;
        ptr_ = nullptr;
        len_ = 0;
```

```
            if (rhs.len_ != 0) {
                ptr_ = new char[rhs.len_ + 1];
                len_ = rhs.len_;
                memcpy(ptr_, rhs.ptr_, len_ + 1);
            }
        }
        return *this;
    }
```

那我们的实现就没有了强异常安全保证，一旦分配内存失败，赋值失败的同时会丢失原先的字符串内容——使用异常时，这些都是需要留意的细节（这也是某些人反对使用异常的原因）。但我们后面会看到，使用 RAII 对象、避免使用有所有权的普通指针，加上使用“复制并交换惯用法”（参见第 262 页），可以很完美地解决这一问题，干净并且简洁。

你也许还会想到，我们是不是可以使用不抛异常的内存分配方法，如 new (nothrow)？确实可以，但你会发现有两个问题：

1. 代码变得更啰唆了。
2. 因为赋值运算符需要返回对象的引用，我们无法在代码里表示失败。

一般而言，如果不使用异常，那我们就没法在构造函数和运算符重载里表示错误。通常这会导致更加啰唆、可读性更差的代码。

我们会在第 13 章里详细讨论异常。

### 1.2.9　模板

C++ 里使用模板来实现泛型编程。C++ 里的无数基本功能都需要用到模板。比如在下面的代码里：

```
vector<int> v{1, 7, 5, 8, 4};
sort(v.begin(), v.end());
cout << "Last element is now " << v.back() << '\n';
```

vector 是类模板，sort 是函数模板，cout 的类型是 basic_ostream 类模板对 char 的特化（basic_ostream<char>），而这里的运算符 << 也是函数模板……

我们后面会讨论模板（第 4 章以及本系列的第二本书）。现在读者只需会像上面这样使用模板即可。

## 1.2.10 具名转型

转型是显式的类型转换[①]，它可能安全，也可能不安全。不安全的转型里不安全性的级别也有高有低。C++里提供了四种*具名转型*（named cast）来进行区分，并且不再推荐使用C风格的转型。这四种具名转型是：

- dynamic_cast：这是C里面不存在的转型方式，用来在带有虚函数的“动态对象”继承树里进行指针或引用的类型转换。比如，如果有 Shape 指针 ptr，我们可以使用 dynamic_cast<Circle*>(ptr) 尝试把它转型成 Circle*。系统会进行需要的类型检查，并在转型成功时返回一个非空指针，返回空指针则表示失败（如当 ptr 实际指向的不是 Circle，而是 Rectangle）。对于引用，转型失败则会抛异常。通常认为这种转型方式是安全的。
- static_cast：这是“静态”转型方式，用在一些被认为较安全的场景下。你可以使用它在不同的数值类型之间进行转换，如从 long 到 int，或者从 long long 到 double——当转换有可能有精度损失时，就不能使用隐式类型转换，而得明确使用转型了。你也可以使用它把 void* 转换成实际类型的指针（如 int*）。你还可以用它把基类的指针转换成派生类的指针，前提条件是你能确认这个基类的指针确实指向一个派生类的对象。显然，对于最后一种场景，static_cast 不如 dynamic_cast 安全，但由于 static_cast 不需要进行运行期的检查，它的性能比 dynamic_cast 要高，在很多情况下是个空操作。
- const_cast：这种转型方式有可能不安全。它的目的是去掉一个指针或引用类型的cv限定，如从 const char* 转换到 char*。这种转型的一种常见用途是把一个C++的指针传递到一个 const 不正确的C接口里去。比如，C接口需要字符串参数，不会对其进行修改，那形参应该使用 const char*，但实际有时使用了 char*。这在C里没有问题，因为字符串字面量的类型退化之后就是 char*，但C++里字符串字面量退化后是 const char*（参见第10页）。注意这种转型只是为了“欺骗”类型系统，让代码能通过编译。如果你通过 const_cast 操作指针或引用去修改一个 const 对象，这仍然是错误的，是未定义行为，可能会导致奇怪的意外结果。
- reinterpret_cast：这是对数据进行“重新解释”的最不安全的转型方式，用来在不相关的类型之间进行类型转换，如把指针转换成 uintptr_t。这种转换有可能得

① 类型转换也可以是隐式的，如一个签名为 foo(long) 的函数可以直接接受 int 型的参数 42。

到错误的结果，比如，在存在多继承的情况下，如要把基类指针转成派生类指针，使用 `static_cast` 和使用 `reinterpret_cast` 可能会得到不同的结果：前者会进行偏移量的调整，而后者真的只是简单粗暴的硬转而已，因此结果通常是错的。又如，根据 C++ 的严格别名规则，如果你用 `char` 或 `byte` 之外的类型的指针访问非该类型的对象（如通过 `int*` 访问 `double` 对象），会导致未定义行为。

## 1.3 小结

本章对阅读本书需要的 C 和 C++ 基本知识进行了概要介绍，供读者复习和检查。要继续阅读下去的话，应至少做到对本章的大部分内容感到不陌生才行。

# 第 2 章　对象生存期和 RAII

本章在存储期之外引入生存期的概念，然后讨论 C++ 最独特的惯用法：RAII。

## 2.1　C++ 对象的存储期和生存期

在上一章复习时，我们已经提到过，有四种不同的对象存储期。它们是：

- **静态**：在整个程序的运行期间有固定的空间
- **动态**：使用动态内存分配函数来管理其空间
- **自动**：函数内自动分配和释放空间
- **线程局部**：和静态相似，但不同线程使用不同的对象（C++11 引入）

在此，我们将会对前三种情况深入讨论一下（线程局部情况留待第 16 章再进行讨论）。

与存储期紧密相关的，是对象的生存期（lifetime）[①]。这是 C 程序员不太关心的概念，但 C++ 程序员则需要小心留意：C++ 对象的生存期，即对象有效、可以被安全访问的时间，可以跟存储期不同步——尤其是，我们可以通过手工调用构造函数和析构函数来控制对象的生存期。我们会在下面讨论存储期时同时讨论生存期。

### 2.1.1　静态对象的生存期

当我们声明全局变量或 `static` 变量时，该变量具有静态存储期。链接器会负责为其分配固定的内存空间。在每次程序运行时，该变量的地址是固定的，不会发生变化[②]。

下面是几种静态存储期的变量的展示：

---

① “生存期”有时也称为“生命周期”（life cycle）。

② 事实上，在很多情况下，变量的地址在多次运行时也不发生变化。但是，出于安全考虑，目前的操作系统里越来越多地进行了地址空间布局随机化（address space layout randomization，ASLR），这样，程序在每次执行时，原本“固定”的地址也会发生变化。

```
int count;                                  // (1)

static string msg;                          // (2)

class Obj {
    …
private:
    static string name;                     // (3)
};

string Obj::name;                           // (3)

void func()
{
    static string s;                        // (4)
    …
}
```

代码中标出的四个变量都具有静态存储期，在编译生成的目标文件中能找到这些符号。其中，(1) 和 (3) 是全局符号[①]，如果在链接时发现多个目标文件里有同名符号，那链接器将会认为这是一个错误。(2) 和 (4) 则是局部符号，可以在多个翻译单元中出现[②]。

对于 (1) 的简单类型情况，对象的生存期等同于对象的存储期。这种跟 C 兼容的简单类型在 C++ 里称为*简旧数据*（plain old data，POD），可以在编译时直接对其内容进行初始化（*静态初始化*）。但 (2)、(3)、(4) 因为有构造函数或析构函数，情况就不一样了，需要有一个*动态初始化*的过程：

- (2) 和 (3) 属于同一种情况，因为符号的全局性对对象的生存期完全没有影响。在每一个翻译单元里，编译器会按对象定义的先后顺序来调用对象的构造函数，并同时把调用对象析构函数的代码注册到全局清理代码里。当程序正常终止时[③]，这些注册的代码会按照注册的逆序执行；也就是说，如果 `msg` 跟 `Obj::name` 在同一个翻译单元里按目前这样的顺序出现，那么 `msg` 会先于 `Obj::name` 完成构造，并且会晚于 `Obj::name` 析构。**不同翻译单元里的静态对象没有确定的初始化顺序**，但在一般实现里，进入 `main` 函数之前初始化工作已经全部完成。

---

① 同样是 `static`，意义可以很不一样。这是为了减少关键字的数量而做的特殊取舍。此外，类的静态成员变量一般在类的内部进行声明，在类的外部进行定义（通常在单独的源文件里）。

② 当然，由于 `func` 是全局函数，不允许重名，(4) 实际上并不允许在多个翻译单元中出现。

③ 正常终止含调用 `exit` 的情况，但不包含程序崩溃及调用 `abort`/`quick_exit` 等情况。

- (4) 属于另一种特殊情况。在函数 func 第一次执行到变量 s 的声明时，s 会被构造，同时它的析构代码也会注册到全局清理代码里，并在程序退出时得到执行。C++ 编译器会确保即使在 func 可能被多个线程调用时，上面描述的初始化和注册过程也只发生一次。

## 2.1.2 动态对象的生存期

跟静态存储期几乎完全相反的，就是动态存储期了。从现代编程的角度来看，使用动态内存分配似乎是一件再自然不过的事情了。下面这样的代码，都会导致在堆（heap）上分配内存（并构造对象）：

```
// C++
auto ptr = new std::vector<int>();

// Java
ArrayList<int> list = new ArrayList<int>();

# Python
lst = list()
```

C++ 标准在内存方面没有堆的概念，而是使用自由存储区（free store）来指代使用 new 和 delete 运算符来分配和释放内存的区域。一般而言，这是堆的一个子集：new 和 delete 操作的区域是自由存储区；malloc 和 free 操作的区域是堆；但 new 和 delete 默认底层使用 malloc 和 free 来实现，所以自由存储区也属于堆。鉴于对其区分的实际意义并不大，在本书中我通常只使用堆这一术语。

从历史的角度看，动态内存分配实际上出现得较晚。由于动态内存带来的不确定性——内存分配耗时多长？失败了怎么办？等等——至今仍有很多场合会限制动态内存的使用，尤其在实时性要求比较高的控制系统中（在这样的系统里，堆内存的分配和释放可能只允许在系统的初始化阶段发生）。不过，由于大家多半对这种用法比较熟悉，特别是从 C 和 C++ 以外的其他语言开始学习编程的程序员，所以我们还是先讨论一下这种动态使用内存的编程方式。

在堆上分配内存，有些语言可能使用 new 这样的关键字（如 C++ 和 Java），有些语言则是在对象的构造时隐式分配（如 Python），不需要特殊关键字。程序可能会用到三种不同的内存管理器操作：

1. 让内存管理器分配某个一定大小的内存块

2. 让内存管理器释放某个之前分配的内存块
3. 让内存管理器进行垃圾收集操作，寻找不再使用的内存块并予以释放

C++ 通常会执行上面的操作 1 和 2。Java 会执行上面的操作 1 和 3。而 Python 会执行上面的操作 1、2、3。这是由语言的特性和实现方式决定的。

需要略加说明的是，上面的三个操作都不简单，并且彼此之间相互关联。

- 分配内存要考虑程序当前已经有多少未分配的内存。内存不足时要从操作系统申请新的内存。内存充足时，要从可用的内存里取出一块合适大小的内存，做簿记工作将其标记为已使用，然后将其返回给要求内存的代码。
- 释放内存不只是简单地把内存标记为未使用。对于连续未使用的内存块，通常内存管理器需要将其合并成一块，以便可以满足后续较大的内存分配要求。毕竟，目前的编程模式都要求申请的内存块是连续的。
- 垃圾收集操作有很多不同的策略和实现方式，以达到性能、实时性、额外开销等各方面的平衡。由于 C++ 里通常不使用垃圾收集，此处不再展开讲解。

在绝大部分情况下，可用内存会比要求分配的内存大，所以代码只被允许使用其被分配的内存区域，剩余的内存区域仍属于未分配状态，可以在后面的分配过程中使用。另外，如果内存管理器支持垃圾收集的话，分配内存的操作还可能会触发垃圾收集。

图 2-1 展示了一个简单的分配和释放过程。

注意在图 2-1e 的状态下，内存管理器是满足不了长度大于 4 的内存分配要求的；而在图 2-1f 的状态下，则长度小于等于 7 的单个内存要求都可以得到满足。

当然，这只是一个简单的示意，只是为了让你能够对这个过程有一个大概的感性认识。在不考虑垃圾收集的情况下，内存需要手工释放；在此过程中，内存可能有碎片化的情况。比如，在图 2-1d 的情况下，虽然总共剩余内存数量为 6，但却满足不了长度大于 4 的内存分配要求。

幸运的是，大部分软件开发人员不需要担心这个问题。内存管理器负责管理内存的分配和释放，一般情况下我们不需要介入。我们只需要正确地使用 `new` 和 `delete`。每个 `new` 出来的对象都用 `delete` 来释放，每个 `new[]` 出来的数组都用 `delete[]` 来释放，就是这么简单。

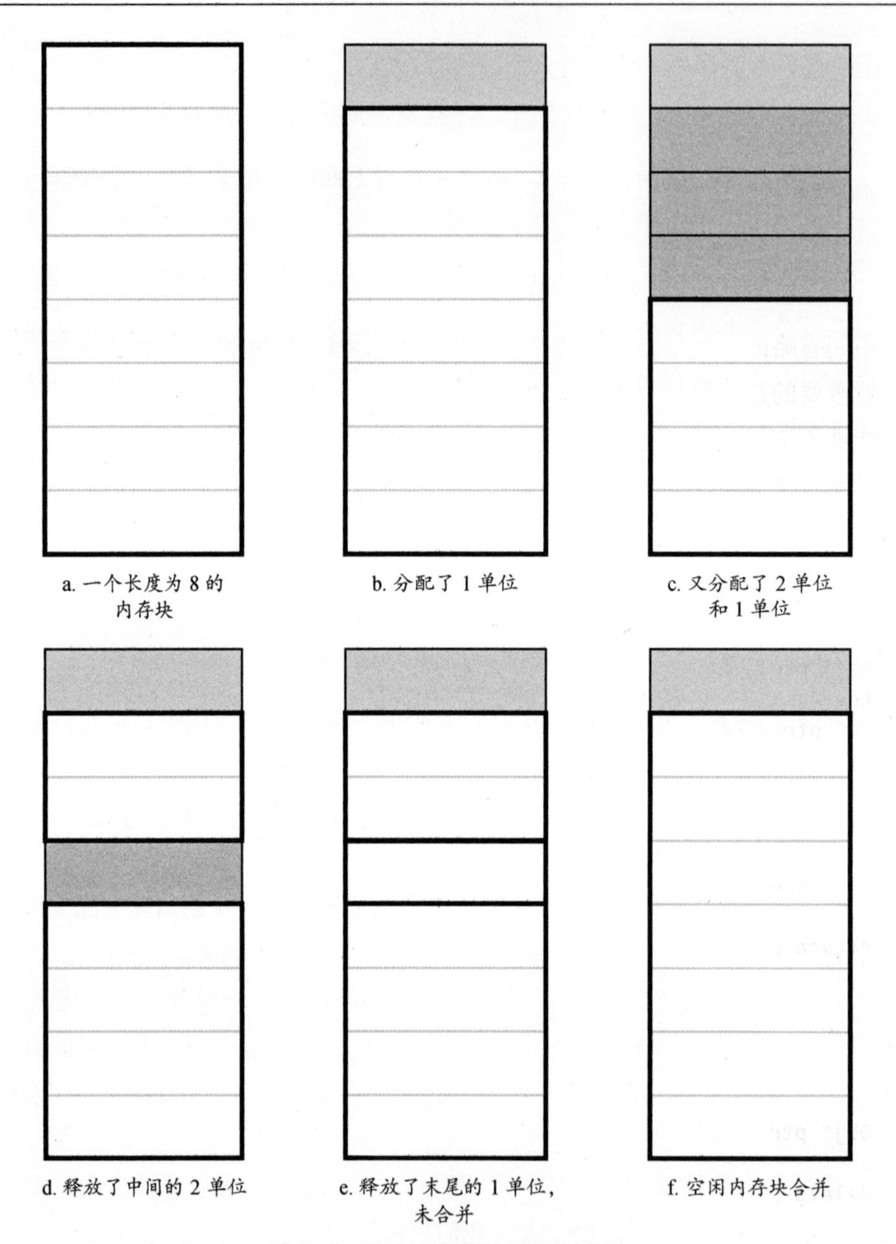


图 2-1：动态内存分配和释放过程

当然，实际也没那么简单。实践证明，漏掉 delete 是一种常见的情况，这叫内存泄漏（所有的 C++ 程序员应该都听说过吧）。为什么呢？

我们还是看一些代码例子：

```
void foo()
{
    Obj* ptr = new Obj();
    …
    delete ptr;
}
```

这段代码很简单，但是却存在两个问题：

1. 中间省略的代码部分也许会抛出异常，导致最后的 delete ptr; 得不到执行。
2. 更重要的是，这段代码不符合 C++ 的惯用法。在 C++ 里，这种情况下有 99% 的可能性不应该使用堆内存分配，而应使用栈内存分配。这样写代码的程序员，估计可能是从 Java 转过来的——但我真见过这样的代码。

如果内存的分配和释放不在一个函数里，那就更容易出问题了。比如下面这样：

```
Obj* makeObj(…)
{
    Obj* ptr = nullptr;
    try {
        ptr = new Obj();
        …
    }
    catch (...) {
        delete ptr;
        throw;
    }
    return ptr;
}

void foo()
{
    …
    Obj* ptr = makeObj(…)
    …
    delete ptr;
}
```

漏调用 delete 损失的不止是内存。如果你在析构函数里有工作要做，那么漏调用 delete 时那些代码也就得不到执行了。在 new 一个对象和 delete 一个指针时[①]，编译器是需要干不少活的，它们大致可以翻译如下：

---

① 按程序员的一般表达方式，即指“用 new 创建对象”和“用 delete 删除指针”。本书后面也会有类似的用法。

```
// new Obj(…)
{
    void* temp = operator new(sizeof(Obj));
    try {
        Obj* ptr = static_cast<Obj*>(temp);
        ptr->Obj(…);
        return ptr;
    }
    catch (...) {
        operator delete(temp);
        throw;
    }
}

// delete ptr
if (ptr != nullptr) {
    ptr->~Obj();
    operator delete(ptr);
}
```

也就是说，new 的时候先分配内存（失败时整个操作失败并向外抛出异常，通常是 bad_alloc），然后在这个结果指针上构造对象[①]；构造成功则 new 操作整体完成，否则释放刚分配的内存并继续向外抛构造函数产生的异常。delete 时则判断指针是否为空，在指针不为空时调用析构函数并释放之前分配的内存。

动态存储期的对象还有很多复杂性，比如我们可以手动分离对象的存储期和生存期。这些复杂性我们暂时先不讨论。

### 2.1.3 自动对象的生存期

当我们在函数里声明非 static 的局部变量时，就在使用自动存储期。自动存储期的变量可以抽象地看作放在栈（stack）上。这个栈和数据结构里的栈高度相似，都满足“后进先出”（last-in-first-out，LIFO）。自动存储期的对象会自动释放其占用的存储空间，而不需要程序员担忧发生内存泄漏之类的问题。

我们先来看一段示例代码，来说明 C++ 里函数调用、局部变量是如何使用栈的：

```
void foo(int n)
{
```

① 注意，上面示意中的构造函数调用并不是合法的 C++ 代码。合法的 C++ 代码需要用到布置（placement）new 的形式：“Obj* ptr = new (temp) Obj(…)”。

```
    …
}

void bar(int n)
{
    int a = n + 1;
    foo(a);
}

int main()
{
    …
    bar(42);
    …
}
```

当然，这一过程取决于计算机的实际架构，细节会有所不同，但原理上是相通的，都会使用一个后进先出的结构。在上面代码的假想执行过程中，栈的变化如图 2-2 所示。

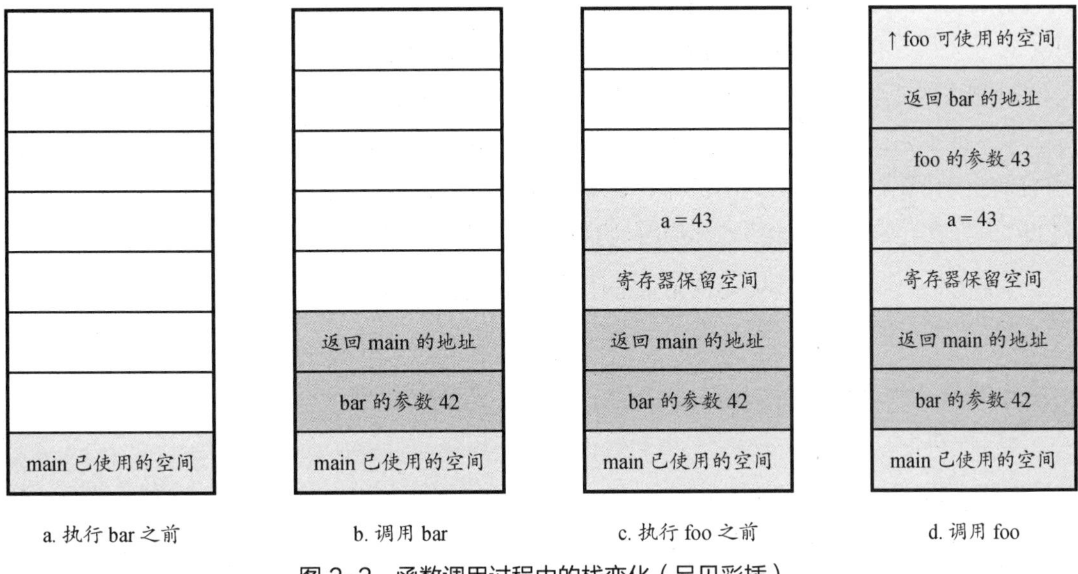


图 2-2：函数调用过程中的栈变化（另见彩插）

在我们的示例中，栈向上增长。在包括 x86 在内的大部分计算机体系架构中，栈的增长方向是朝向低地址，因而上方意味着低地址。任何一个函数，根据架构的约定，只能分配进入函数时栈指针向上部分的栈空间。当函数调用另外一个函数时，会把参数也压入栈里（我们此处忽略使用寄存器传递参数的情况），然后把下一行汇编指令的地址压入栈，并跳转到新的函数。新的函数进入后，首先做一些必需的保存工作，然后会调整栈指针，**分配局部变量所需的空间**，随后执行函数中的代码，并在执行完毕之后，根据调用者压入栈的地址，返回到调用者未执行的代码中继续执行。

请注意，局部变量所需的内存就在栈上，跟函数执行所需的其他数据在一起。当函数执行完成之后，这些内存也就自然而然释放了。我们可以看到：

- 栈上的分配极为简单，移动一下栈指针而已；
- 栈上的释放也极为简单，函数执行结束时移动一下栈指针即可；
- 由于后进先出的执行过程，不可能出现内存碎片。

顺便说一句，图 2-2 中每种颜色都表示某个函数占用的栈空间。这部分空间有个特定的术语，叫作*栈帧*（stack frame）。GCC 和 Clang 的命令行参数中提到 frame 的，如 `-fomit-frame-pointer`，一般就是指栈帧。

前面例子的局部变量是简旧数据。对于有构造和析构函数的非简旧数据类型，栈上的内存分配也同样有效。只是编译器会在生成代码的合适位置插入对构造和析构函数的调用。也就是说，自动存储期的对象也具有自动生存期，对象的生存期和存储期是一致的。

这里尤其重要的是：编译器会自动在变量超出作用域（执行到达变量声明所在的最内层“}”）时调用析构函数，包括在函数执行发生异常的情况。在发生异常时，这种对析构函数的自动调用还有一个专门的术语，叫*栈展开*（stack unwinding）。事实上，如果你用 MSVC 编译含异常的 C++ 代码，但没有使用 `/EHsc` 命令行选项，编译器就会报告：

```
warning C4530: C++ exception handler used, but unwind semantics are not
enabled. Specify /EHsc
```

下面是一段简短的代码，可以演示栈展开（`stack_unwind.cpp`）：

```cpp
class Obj {
public:
    Obj() { puts("Obj()"); }
    ~Obj() { puts("~Obj()"); }
};

void foo(int n)
{
    Obj obj;
    if (n == 42) {
        throw "life, the universe and everything";
    }
```

```
}

int main()
{
    try {
        foo(41);
        foo(42);
    }
    catch (const char* s) {
        puts(s);
    }
}
```

执行代码的结果是：

```
Obj()
~Obj()
Obj()
~Obj()
life, the universe and everything
```

也就是说，不管是否发生了异常，obj 的析构函数都会得到执行。

因此，很多专家认为，C++ 中最重要的特性是“}”，或者，更精确地说，在到达作用域尾部时对自动变量的确定性析构行为。

### 临时对象的生存期

除了有名字的变量，在 C++ 里我们还可以创建临时对象。当直接调用构造函数时，或者当调用一个返回类型不是指针或引用的函数时，我们就创建了一个临时对象。我们可以用这个临时对象来构造一个新对象（如使用拷贝构造），或者把这个临时对象赋值给某个变量。需要记住的是，在产生临时对象的完整表达式（可大致理解为语句）结束执行时，这个临时对象本身的生存期即会结束，它的析构函数（如果有的话）会在那时得到执行。

比如，当我们执行下面的语句时：

```
process_shape(Circle(), Triangle());
```

我们会创建出一个 Circle 对象和一个 Triangle 对象，然后使用它们去调用函数 process_-shape。C++ 标准里没有规定 Circle 对象和 Triangle 对象的创建顺序，但在 process_shape 调用结束时，它们一定会以跟构造顺序相反的顺序被销毁。

我们插入一些实际的代码，就可以演示这一行为（temporary_object.cpp）：

```
#include <stdio.h>  // puts

class Shape {
public:
    virtual ~Shape() {}
};

class Circle : public Shape {
public:
    Circle() { puts("Circle()"); }
    ~Circle() { puts("~Circle()"); }
};

class Triangle : public Shape {
public:
    Triangle() { puts("Triangle()"); }
    ~Triangle() { puts("~Triangle()"); }
};

class Result {
public:
    Result() { puts("Result()"); }
    ~Result() { puts("~Result()"); }
};

Result process_shape(const Shape& shape1, const Shape& shape2)
{
    puts("process_shape()");
    return Result();
}

int main()
{
    puts("main()");
    process_shape(Circle(), Triangle());
    puts("something else");
}
```

输出结果可能会是（`Circle` 和 `Triangle` 输出顺序对调也是完全合法的结果）：

```
main()
Circle()
Triangle()
process_shape()
Result()
```

```
~Result()
~Triangle()
~Circle()
something else
```

临时对象的生存期延长规则*

临时对象还有一条特殊的生存期延长规则：当我们把临时对象绑定到一个引用变量上时，它的生存期会延长到跟这个引用变量一样长。我们很少需要主动使用这条规则，但 C++ 里有时候会隐式用到，因此仍需了解一下。

只要将上面的代码改一行就能演示这个效果。把调用 `process_shape` 的那一行改成下面这样：

```
    const Result& r = process_shape(Circle(), Triangle());
```

我们就能看到不同的结果了：

```
main()
Circle()
Triangle()
process_shape()
Result()
~Triangle()
~Circle()
something else
~Result()
```

现在 `Result` 的生成还在原来的位置，但析构被延到了 `main` 的最后。

### 返回引用或指针的函数

跟返回临时对象相对应的，我们可以返回对象的引用或指针，从而规避可能的复制动作。这是一个潜在危险的动作。这里最关键的地方在于，我们永远不应该返回局部变量的指针或引用。比如下面这样的代码：

```
int* get()
{
    int n = 42;
    return &n;
}
```

正如我们再三强调的，在函数返回时，局部变量的生存期即已结束。如果函数返回局部变量的指针或引用的话，该返回值将指向一个生存期已经结束的对象，这就是所谓的

“悬空指针/引用”（dangling pointer/reference）。通过该返回值来访问这个生存期已结束的对象是未定义行为。如果对象有析构函数，而析构函数包含了清理动作，那我们可能会较快发现这个编码错误；如果对象是简旧数据，那我们的代码可能看似可以工作（当编译器产生的代码恰好还没有使用这块栈空间时），这个错误也许不会立即暴露，但它是个定时炸弹。在我们后续增删代码或者修改优化选项时，这个定时炸弹随时可能会爆炸，导致错误的结果。

所幸现代编译器一般能对这个问题产生告警（这仍然不是一个语法错误）[①]。

## 2.2 RAII 惯用法

RAII 是英文 resource acquisition is initialization（资源获取即初始化）的缩写，但这个完整写法真的不重要。事实上，它也不那么准确，因为 RAII 最重要的点在于，我们可以利用自动对象的确定性析构行为来对所有的资源——包括堆内存在内——进行管理。对 RAII 来说，最重要的是清理，而不是初始化。

对 RAII 的使用，使得 C++ 不需要类似于 Java 那样的垃圾收集，也能方便有效地对内存进行管理。垃圾收集虽然理论上可以在 C++ 里使用，但从来没有真正流行过——RAII 应该就是主要原因。有少量其他语言，如 Ada、D 和 Rust 也采纳了 RAII，但 C++ 是唯一完全依赖 RAII 来做资源管理的主流编程语言。

我们先来看一下 RAII 最重要的用例，即如何使用 RAII 对象来管理堆内存。

我们已经说过，C++ 的惯用法是将对象存储在栈上。但是，在很多情况下，对象不能或不应该存储在栈上。比如：

- 对象很大，有造成栈溢出的风险
- 对象的大小在编译时不能确定
- 对象是函数的返回值，但返回值的实际类型跟声明类型不同，不应使用对象的值返回（见下面的具体说明）

常见情况之一是，在工厂方法或其他面向对象编程的情况下，返回类型是基类（的指针或引用）。下面的例子是对工厂方法的简单演示：

```
enum class ShapeType {
    circle,
    triangle,
```

① 参见 https://godbolt.org/z/fjG5dMPr3。

```
    rectangle,
    …
};

class Shape { … };
class Circle : public Shape { … };
class Triangle : public Shape { … };
class Rectangle : public Shape { … };

Shape* createShape(ShapeType type)
{
    …
    switch (type) {
    case ShapeType::circle:
        return new Circle(…);
    case ShapeType::triangle:
        return new Triangle(…);
    case ShapeType::rectangle:
        return new Rectangle(…);
    …
    }
}
```

这个 `createShape` 方法会返回一个 `Shape` 对象，对象的实际类型是 `Shape` 的某个派生类，如 `Circle`、`Triangle`、`Rectangle`，等等。这种情况下，函数的返回值只能是指针或其变体形式。如果返回类型是 `Shape`，实际却返回一个 `Circle`，编译器不会报错，但几乎可以确定结果是错的。这种现象叫对象切片（object slicing），是 C++ 特有的一种编码错误。但这不是语法错误，而是一种与对象复制相关的语义错误，也算是 C++ 的一个陷阱了，大家需要小心这个问题。

**对象切片**

对于对象切片问题，编译器很可能根本不告警，因为从 C++ 的语法角度来讲，切片完全合法。实际发生的事情是，如果 `Shape` 对象允许存在（我们在 1.2.6 节给出的 `Shape` 因为有纯虚函数，该类型对象不能独立存在），那当一个函数的返回类型是 `Shape` 而函数里的某条语句是 `return Circle(…);` 时，编译器会调用 `Shape` 的拷贝构造函数 `Shape(const Shape&)` 来产生 `Shape` 对象——因为 `Circle(…)` 可以自动转换为 `const Shape&`……

这个问题的解决方法是应用 C++ 核心指南里的条款“C.67：多态类应当抑制公开的拷贝/移动操作”，这样上面的 `return Circle(…);` 就无法通过编译了。详情请参见 [Guidelines: C.67] 和《C++ Core Guidelines 解析》里面对该条款的描述。

在线链接 `https://godbolt.org/z/h1vdq6TYP` 展示了一个切片的例子（以及 Clang-Tidy 对问题的报告）。而 `https://godbolt.org/z/nzdeEcTsK` 则展示了：在抑制公开拷贝操作之后，有该问题的代码直接无法通过编译。

那么，我们怎样才能确保，在使用 `createShape` 的返回值时不会发生内存泄漏呢？

答案就在析构函数和它的栈展开行为上。我们只需要把这个返回值放到一个局部变量里，并确保其析构函数会删除该对象即可。下面简单示意一下：

```
class ShapeWrapper {
public:
    explicit ShapeWrapper(Shape* ptr = nullptr) : ptr_(ptr) {}
    ~ShapeWrapper() { delete ptr_; }
    Shape* get() const { return ptr_; }

private:
    Shape* ptr_;
};

void foo()
{
    …
    ShapeWrapper ptr_wrapper(createShape(…));
    …
}
```

这里再次强调一下，`delete` 空指针是合法行为，因此我们不需要对空指针的情况加以特殊检查。

回到 `ShapeWrapper` 和它的析构行为。在析构函数里做必要的清理工作，这就是 RAII 的基本用法。这种清理并不限于释放内存，也可以是：

- 关闭文件（`fstream` 的析构就会这么做）
- 降低引用计数
- 释放同步锁
- 释放其他你希望管理的系统资源（网络连接、数据库连接，等等）

例如，在用“`std::mutex mtx;`”声明了互斥量之后，我们应该使用：

```
void someFunc()
{
    std::lock_guard<std::mutex> guard(mtx);
    // 做需要同步的工作
}
```

而不是：

```
void someFunc()
{
    mtx.lock();
    // 做需要同步的工作……
    // 如果发生异常或提前返回，下面这句不会自动执行
    mtx.unlock();
}
```

顺便说一句，上面的 `ShapeWrapper` 差不多就是个最简单的智能指针了。当然，它的功能非常不完整，还存在很多缺陷。真正的智能指针还需要考虑很多其他细节。这些我们后面再讨论。

## 2.3 小结

本章里，我们对 C++ 对象的存储期和生存期进行了初步描述，包括静态对象、动态对象和自动对象等多种情况。我们强调自动对象是 C++ 里最“自然”的方式，并且，使用基于自动对象和析构函数的 RAII 惯用法，可以有效地对包括堆内存在内的系统资源进行统一管理。

# 第 3 章　值类别和移动语义

本章主要讨论 C++11 引入的值类别概念，以及因为引入值类别而带来的移动语义。这是现代 C++ 最重大的改进之一，使得我们能在函数里返回“大对象”。此外，本章还讨论三法则、五法则和零法则，遵循这些法则可以让我们更加安全和统一地管理对象用到的资源。

## 3.1　引用语义和值语义

我们先来看一下下面的代码：

```
string a("hello");
string b;
b = a;
b[0] = 'H';
```

问题来了：在执行了这样的代码之后，现在 a 的内容是仍保持为 "hello"，还是会变成 "Hello"？

你可能会想，两个变量的值不一样不该是理所当然的吗？但实际上还真不是。比如在 Java 和 Python 里，类似的代码下 a 和 b 会指向**同一个**堆上的对象。但在这两种语言里，字符串都是不可变（immutable）类型，你不能用类似于“b[0] = 'H'”的方式对字符串进行修改，所以在某种程度上规避了这种可能出错的用法。

跟全部使用引用语义的 Python 和主要使用引用语义的 Java 不同，C++ 同时支持引用语义（reference semantics）和值语义（value semantics），并默认使用值语义。这意味着，和 Python 不同，在你执行 lst2 = lst 这样的代码之后，修改 lst 不会影响 lst2 的内容[①]。

需要留意一点：在 C++ 里使用引用类型一定会得到引用语义，但非引用的类型并不一定意味着值语义，因为指针和智能指针（第 11 章）也都具有引用语义。

使用引用语义的语言通常意味着把对象分配到堆上，并使用垃圾收集机制和/或引用计数。C++ 既支持引用语义，也支持值语义，意味着我们不一定把对象分配到堆上，也不一定需要引用计数（C++ 里没有通用的垃圾收集机制）。我们可以根据应用的实际需要，选择

① 要想在 Python 里得到同样的结果，需要显式使用 copy.deepcopy 函数。

把对象分配在栈上，独占式地分配在堆上（通常使用一个具有唯一所有权的管理对象，如 unique_ptr，见 11.2 节），或共享式地分配在堆上（通常使用一个引用计数的管理对象，如 shared_ptr，见 11.3 节）。

C++ 里偏好使用值语义，是因为使用值语义非常直观，也没有引用语义语言里的堆内存使用的开销。但有些编程范式，如面向对象编程，一般会要求使用堆内存，这通常也是必要的。这种情况下，C++ 一般会使用 RAII 来帮助管理使用堆内存的对象。

不过，默认使用值语义也同时带来了复杂性：对于像智能指针这样的类型，你写“ptr->call()”和“ptr.get()”，语法上都是对的，并且“->”和“.”有着不同的语法作用。而在大多数其他语言里，访问成员只用“.”，但在作用上实际等价于 C++的“->”。这种值语义和引用语义的区别，是 C++ 的特点，也是其复杂性所在。要用好 C++，就需要理解它的值语义的特点。

之前我们提到过对象切片问题，这个问题的来源之一就是 C++ 和典型的面向对象编程语言不同，默认采用值语义。类似的代码在 Java 和 Python 里就没有问题了，因为返回的永远是对象的一个指针/句柄。

值语义的另外一个问题是，我们能不能像一般的面向对象编程语言一样，使用返回值来返回一个“大”对象？在传统的 C 里，以及在 C++98 里，我们都不推荐这么做，因为这种返回动作通常意味着对拷贝构造函数或拷贝赋值运算符的调用，可能发生不必要的深拷贝。我们转而会使用出参的方式，利用大对象的指针或引用，让被调用函数直接把数据写到指针或引用指向的对象里。使用这种惯例，函数原型大概会长这个样子：

```
error_t getObj(int id, Obj& obj);
```

而不是采用下面这种更直观的方式：

```
Obj getObj(int id);
```

如果返回类型是个容器，或者存在对象的嵌套，代码效率可能变得尤其低下：这可能会引发多次的内存分配和对象复制。这种复制也是件很无聊的事，毕竟函数正在返回，被复制的对象马上就要被丢弃了！

类似地，在“obj = getObj(id)”这样的表达式里，我们如果只是做拷贝赋值操作的话，也非常浪费。同样，getObj(…) 返回的是一个临时对象，在当前语句执行结束之后就会被销毁。我们能不能利用这点来优化代码，转移对象里的资源，而不是对其进行复制？

这些问题，在 C++11 里都得到了很好的解答。这一切的基础，就在于 C++11 引入的值类别概念。

## 3.2 值类别

我们有时会听到“左值”和“右值”这样的说法，但实际 C++ 里的概念要更细。一个表达式除了具有类型，还有值类别（value category），如图 3-1 所示。

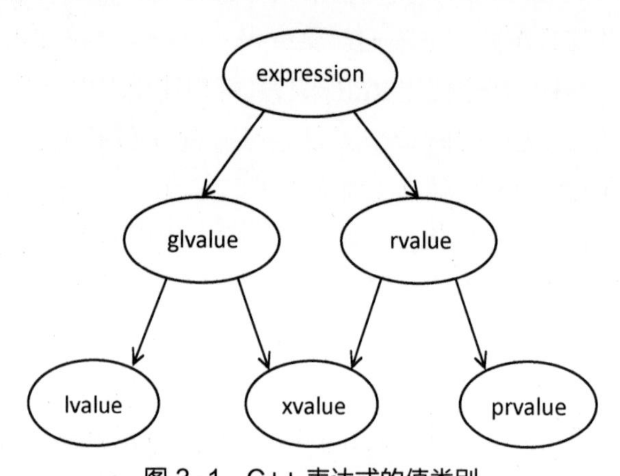


图 3-1：C++ 表达式的值类别

我们先理解一下这些名词的字面含义：

- 一个 lvalue 是通常可以放在赋值号左边的表达式，即左值
- 一个 rvalue 是通常只能放在赋值号右边的表达式，即右值
- 一个 glvalue 是 generalized lvalue，即泛左值
- 一个 xvalue 是 expiring value，即将亡值
- 一个 prvalue 是 pure rvalue，即纯右值

确实稍微有些复杂。下面我们来仔细讨论一下。

### 3.2.1 左值

左值 lvalue 是有标识符、可以取地址的表达式，最常见的情况有：

- 变量、函数或数据成员的名字。这是最简单直白的情况。
- 左值对象的成员，如 `obj.x` 或 `arr[1]`。容易理解，左值结构体的成员和左值数组的元素也一样是左值。
- 返回左值引用的表达式，如 `++x`、`x = 1`、`cout << ' '`。在 C++ 里我们可以让函数或运算符重载返回一个引用。当 `x` 为 `int` 类型时，`++x` 的类型为 `int&`，指向 `x` 执行

增一操作之后的结果；x = 1 的结果是 int&，使得我们可以写出“y = x = 1”这样的表达式，因为后一个 = 返回了 int&，可以用于前一个 = 操作（使用右结合，因此前式相当于“y = (x = 1)”）。流输出运算符一般返回 ostream&，使得我们可以连续写 <<，因为前一个 << 返回的 ostream& 可以用于后一个 <<（使用左结合，“cout << x << y”相当于“(cout << x) << y”）。

- 字符串字面量，如 "hello world"。字符串字面量跟其他字面量不同，在编译时即会占用固定的存储空间，在代码里使用字符串字面量相当于隐式地使用了它的引用。这是一种延续自 C 的特殊情况。

在函数调用时，左值可以绑定到左值引用的参数。一个常量只能绑定到 const 左值引用，如 const Obj&；非 const 左值（设其类型为 Obj）则既可以绑定到 Obj&，也可以绑定到 const Obj&。

一般而言，非 const 左值可以放到赋值号的左侧，是名副其实的左值，而 const 左值虽然也是左值，实际并不能放到赋值号的左侧。

### 3.2.2 右值

右值包含纯右值和将亡值两种情况。

纯右值

我们之前已经提到过“临时对象”，这就是纯右值了。它们没有标识符，也不能取地址。更具体来说，常见的纯右值是：

- 返回非引用类型的表达式，如 x++、x + 1、make_shared<int>(42)。如果 x 的类型为 int，那前两个表达式的结果类型是 int，而最后一个表达式的类型是 shared_ptr<int>。注意 ++x 和 x++ 的返回类型不同：前者是 int&，指向 x；后者则是 int 类型的临时对象（已经和 x 的当前值不同）。
- 除字符串字面量之外的字面量，如 42、true。通常，字面量不会占用固定的存储空间，只有字符串字面量是例外。

将亡值

纯右值不是唯一的右值情况。我们还有其他一些不能算作纯右值的右值表达式情况，被称为将亡值。这些表达式同样不能或不应该放在赋值号的左侧。比如：

- 右值对象的成员，如 `getObj().x` 或 `getObj().arr[1]`
- 返回右值引用的表达式，如 `std::move(obj)`

这里我们引入了右值引用的概念。从 C++11 开始，如果 `Obj` 是一个实际类型名，那 `Obj&&` 就是这个类型的右值引用类型。而 `std::move`（定义在 `<utility>` 头文件里）实质上是一个转型操作，用来把一个左值转换成相应的右值引用。如果 `obj` 的类型为 `Obj`，那表达式“`obj`”的类型为 `Obj&`，而表达式“`std::move(obj)`”的类型则为 `Obj&&`。

C++ 里有些规则会把左值和将亡值放在一起考虑，并称为泛左值。但从本书的角度看，泛左值的概念并没那么重要，我们在大部分情况下不会提到。

### 使用右值引用的重载

跟两种右值的情况相关，C++11 修改了重载的规则。在原本右值可以匹配 `const` 左值引用的基础之上，我们有了一条新的规则：

- 纯右值/将亡值优先绑定到右值引用

这意味着，如果我们有一个原型为 `void func(const Obj&)` 的函数，那它对于左值和右值都能够工作。但是，如果我们还有一个原型为 `void func(Obj&&)` 的函数，那它对于纯右值（类型为 `Obj`）或将亡值（类型为 `Obj&&`）的实参会是一个更好的匹配。这就是 C++11 里移动语义的语法基础了。

此外，C++ 的语法允许 `const` 右值引用和非 `const` 右值引用（跟左值一样），但从实用的角度出发，在绝大部分情况下，我们完全不需要考虑 `const` 右值引用。

**右值可以放在赋值号左侧吗？**

右值通常不应该放在赋值号的左侧。但是，在很多情况下，C++ 的语法并没有禁止这样的代码。如果我们有一个原型为 `Obj getObj()` 的函数，那么“`getObj() = Obj();`”这样的代码通常没有意义，但编译器并不会禁止这样的代码通过编译。

C++11 引入了一个功能，就是可以在成员函数后面标“`&`”和“`&&`”，来限制这个成员函数仅在左值或右值对象上被调用（类似于 `const` 成员函数）。如果我们使用这种技巧，把拷贝/移动赋值运算符声明成像“`Obj& operator=(const Obj&) &;`”这样的形式，那 `Obj` 的右值就不能放在赋值号的左侧了。

# 3.3 移动语义

## 3.3.1 提供移动操作的重载

右值引用本身只是提供了一种语言机制。我们利用右值引用这种语言机制，可以区分对象的拷贝和移动——这才是它的意义所在。

在 1.2.5 节里我们描述了 C++98 就有的四个特殊非静态成员函数。在有了右值引用之后，我们就又增加了两个特殊非静态成员函数：*移动构造函数*（move constructor）和*移动赋值运算符*（move assignment operator）。

也就是说，对于一个 Obj 类型，我们原本有：

```
Obj::Obj(const Obj& rhs);
Obj& Obj::operator=(const Obj& rhs);
```

现在可以额外添加：

```
Obj::Obj(Obj&& rhs);
Obj& Obj::operator=(Obj&& rhs);
```

如果你的类原本有拷贝行为，那右值引用的引入并不会给程序行为带来任何变化，因为右值仍然可以匹配到 const 左值引用——也就是拷贝构造函数和拷贝赋值运算符。但是，我们可以让拷贝和移动具有不同的行为，以达到优化的目的。

以容器 vector 为例，常见的实现里有三个数据成员：

- begin_，指向首项元素的指针（vector 未分配空间时是空指针）
- end_，指向末项元素加一的位置（因而 [begin_, end_) 这个半闭半开区间表示有效的元素）
- end_cap_，指向已分配空间结束位置加一的位置（因而 [begin_, end_cap_) 这个半闭半开区间表示已分配的空间）

它的拷贝构造函数的实现大致如下：

```
vector(const vector& rhs) : …
{
    size_type size = rhs.size();
    if (size != 0) {
        begin_ = allocate(size);                       // (1)
        try {
            copy_construct(rhs.begin_, rhs.end_, begin_);  // (2)
```

```
        }
        catch (...) {
            deallocate(begin_, sz);                    // (4)
            throw;                                     // (5)
        }
        end_cap_ = end_ = begin_ + size;               // (3)
    }
}
```

我们可以看到，当被拷贝的 vector 对象非空时，(1) 拷贝构造函数需首先分配内存，(2) 然后在目标空间上逐个拷贝构造产生所有的元素，(3) 最后设置 end_ 和 end_cap_ 的值。在有异常的情况下，(2) 处的 copy_construct 需要负责析构所有已经成功拷贝构造的元素，继续往外抛异常；然后 (4) 释放内存，(5) 继续往外抛异常。当元素很多，或者复制元素的开销很大时，拷贝构造的开销也会很大。（此外，只要有动态内存的分配发生，通常我们就认为开销不属于“低”的情况。）

而移动构造函数的实现就简单多了[①]：

```
vector(vector&& rhs) noexcept : …
{
    begin_ = rhs.begin_;
    end_ = rhs.end_;
    end_cap_ = rhs.end_cap_;
    rhs.begin_ = rhs.end_ = rhs.end_cap_ = nullptr;
}
```

也就是说，我们直接把 rhs 的三个数据成员复制过来，然后把 rhs 的数据成员清空，使其在析构时不会去释放目前已被转移走的资源。这样，我们就将 rhs 中的所有元素“窃取”到了新构造的对象里。假设 vector 里的元素数量为 $N$，那么拷贝构造的复杂度是 $O(N)$，而移动构造的复杂度是 $O(1)$，即恒定开销：

```
vector<int> v1{…};
vector<int> v2 = v1;              // 复制，O(N) 开销
vector<int> v3 = std::move(v1);  // 移动，O(1) 开销
```

一个被移动的对象仍然是一个普通的对象，在它的生存期结束时会发生析构动作。所以，上面移动构造函数里的清空动作是必需的，否则就会发生“双重释放”的错误情况。我们顺便看一下，vector 的析构动作大致是下面这样的：

① 我们暂且忽略分配器不同的复杂情况。这个在本系列的第二本书中会有所讨论。

```
~vector()
{
    if (begin_ != nullptr) {
        destroy(begin_, end_);
        deallocate(begin_, capacity());
    }
}
```

即先析构所有的元素，然后释放内存。

我们同时也看到了，对于动态对象的情况，对象的存储期和生存期可以分离。一个 vector 的容量可以大于其大小，即里面的空间可以容纳额外的元素而不需要重新进行内存分配。这对于性能来说非常重要。

不过，需要提醒一下，移动语义不是魔法，它只对利用栈上对象来管理其他额外资源的场景有效，也需要类的定义或（成员）函数针对右值来进行优化。如果你有一个巨大的普通结构体，里面只是普通的数值而不是管理其他对象的智能指针或容器，那么这个对象的移动跟拷贝就会没有区别——因为默认的移动操作是移动所有的非静态数据成员，而普通数值（如 int）的拷贝跟移动没有区别。反过来，如果数据成员或数组元素对移动有优化的话，那我们虽然仍需要移动所有的成员或元素，但总体而言移动会有一定的性能优势。

除 array（7.2.5 节）之外的现代 C++ 标准容器都针对移动进行了优化。不过，array<string, 256> 的移动仍应快于拷贝（而 array<int, 256> 的拷贝和移动则没有区别）。

## 3.3.2 移动对代码风格的影响

在有了移动语义之后，我们现在可以在函数里返回像容器这样将实际数据存储在堆上、可能拥有大量元素的对象。我们不再需要担心会存在不必要的复制开销。

以 C++ 标准库的字符串 string 为例，现在我们可以写：

```
string result = string("Hello, ") + name + ".";
```

在 C++11 之前的年代里，这种写法绝对不推荐，因为它会引入很多额外开销。执行流程大致如下：

1. 调用构造函数 string(const char*)，生成临时对象 *X*；"Hello, " 复制 1 次。
2. 调用 operator+(const string&, const string&)，生成临时对象 *Y*；"Hello, " 复制 2 次，name 复制 1 次。
3. 调用 operator+(const string&, const char*)，生成对象 *Z*；"Hello, " 复制 3 次，name 复制 2 次，"." 复制 1 次。

4. 假设返回值优化能够生效（最佳情况），对象 *Z* 可以直接在 `result` 里构造完成。
5. 临时对象 *Y* 析构，释放指向 `string("Hello, ") + name` 的内存。
6. 临时对象 *X* 析构，释放指向 `string("Hello, ")` 的内存。

既然 C++ 是一门追求性能的语言，一个合格的 C++ 程序员会写：

```
string result = "Hello, ";
result += name;
result += ".";
```

这样，我们只会调用构造函数一次和 `string::operator+=` 两次，没有任何临时对象需要生成和析构，所有的字符串都只复制了一次。但显然代码就啰唆多了——尤其如果拼接的步骤比较多的话。从 C++11 开始，这不再是必需的。同样上面那个单行的语句，执行流程大致如下：

1. 调用构造函数 `string(const char*)`，生成临时对象 *X*；`"Hello, "` 复制 1 次。
2. 调用 `operator+(string&&, const string&)`，直接在临时对象 *X* 上面执行追加操作，并把结果移动到临时对象 *Y*；`name` 复制 1 次。
3. 调用 `operator+(string&&, const char*)`，直接在临时对象 *Y* 上面执行追加操作，并把结果移动到 `result`；`"."` 复制 1 次。
4. 临时对象 *Y* 析构，内容已经为空，不需要释放任何内存。
5. 临时对象 *X* 析构，内容已经为空，不需要释放任何内存。

性能上，所有的字符串只复制了一次；虽然跟前面啰唆的写法相比仍然要增加临时对象的构造和析构，但由于这些操作不牵涉额外的内存分配和释放，是相当高效的[①]。程序员只需要牺牲一点点性能，就可以大大提升代码的可读性。而且，所谓的性能牺牲，也只是相对于优化得很好的 C 或 C++ 代码而言——这样的 C++ 代码的性能仍然完全可以超越 Python 类的语言的相应代码。

此外很关键的一点是，C++ 里的对象默认都是值语义。在下面这样的代码里：

```
class A {
    B b_;
    C c_;
};
```

① 我还是做了一些简化。考虑到字符串容量问题和小字符串优化，真实情况要更复杂。

从实际内存布局的角度看，很多语言——如 Java 和 Python——会在 A 对象里放 B 和 C 的指针（虽然这些语言里本身没有指针的概念）。而 C++ 则会直接把 B 和 C 对象放在 A 的内存空间里。这种行为既是优点也是缺点。说它是优点，是因为它保证了内存访问的局部性，而局部性在现代处理器架构上绝对具有性能优势。说它是缺点，是因为复制对象的开销大大增加：在 Java 类语言里复制的是指针，在 C++ 里是完整的对象。这也是为什么 C++ 需要移动语义这一优化，而 Java 类语言里则根本不需要这个概念。

### 3.3.3 返回值优化

在 C++ 标准库针对移动语义进行了优化之后，我们现在可以放心大胆地返回 array 之外的容器，因为即使在最糟糕的情况下，编译器也会帮你生成一个移动操作。这里需要注意的是：当我们返回一个非 volatile、非引用类型的局部变量（含当前函数的参数）时，编译器会试图移动这个对象来构造返回值[①]。当然，如果对象没有对移动进行优化，那结果仍然是拷贝，跟 C++98 的行为一致。

比移动性能更高的是*返回值优化*（return value optimization，RVO），它可以产生更好的效果。当函数返回复杂对象（设其类型为 Obj）时，实际上编译器会把目标对象的地址（设其为 ptr）传进去。如果返回表达式都是像 Obj(…) 这样的构造形式，那显然编译器可以轻松做到把对象直接构造到 ptr 位置上。如果返回的是一个局部变量 v，那编译器就需要根据情况来处理了。在最一般的流程里，编译器会在目标地址上尝试移动 v 来构造结果对象（可能退化为拷贝）。而在可以进行返回值优化时，编译器就不会把 v 创建在函数的栈帧里，而是直接创建在 ptr 上。一般而言，编译器的要求是：**所有 return 语句都返回同一个类型为 Obj 的局部变量**。当对象没有对移动优化时，返回值优化对性能的影响可能尤其重大。

下面我们通过具体的例子来检视一下。假设我们有下面的类定义：

```
class A {
public:
    A() { cout << "Create A\n"; }
    ~A() { cout << "Destroy A\n"; }
    A(const A&) { cout << "Copy A\n"; }
    A(A&&) noexcept { cout << "Move A\n"; }
    A& operator=(const A&)
    {
        cout << "Copy= A\n";
```

① C++23 进行了进一步的简化，把 return 的这个变量直接当成了将亡值，从而不再有非引用类型这样的限制。详情请参考 [N4950] 里的 7.5.4.2 节 [expr.prim.id.unqual] 结尾。

```
        return *this;
    }
    A& operator=(A&&) noexcept
    {
        cout << "Move= A\n";
        return *this;
    }
};
```

那返回 A 的函数的写法决定了它是否能够应用返回值优化。

```
A getA_unnamed_rvo()
{
    return A();
}
…
{
    A a = getA_unnamed_rvo();
}
```

对于这样的简单函数，我们会得到下面的输出：

```
Create A
Destroy A
```

也就是说，getA_unnamed_rvo 直接在变量 a 上构造出了 A 对象，我们一共只有一次构造、一次析构，完全没有任何拷贝或移动的动作发生。这被称作“无名返回值优化”。

```
A getA_named_rvo()
{
    A a;
    return a;
}
…
{
    A a = getA_named_rvo();
}
```

如果返回的是个变量，那 MSVC 在未开启优化时，我们会看到：

```
Create A
Move A
Destroy A
Destroy A
```

也就是说，一次默认构造，一次移动构造，然后是两次析构，跟朴素的想象吻合。但除此之外，所有编译器（MSVC 开启优化，及 GCC/Clang 不管是否开启优化）也都给出了跟上面 getA_unnamed_rvo 一样的一次构造、一次析构的有返回值优化的结果。由于这里 return 后面是一个变量名，这被称作“具名返回值优化”。

```
A getA_named_rvo_suppressed()
{
    A a;
    return std::move(a);
}
…
{
    A a = getA_named_rvo_suppressed();
}
```

几乎完全相同的代码，一旦加了 std::move，返回值优化就无法生效了。我们会仍然得到一次默认构造、一次移动构造的结果。

```
A getA_no_rvo1()
{
    A a;
    if (cond) {
        return A();                         // (1)
    } else {
        return a;                           // (2)
    }
}
…
{
    A a = getA_no_rvo1();
}
```

再进一步，如果我们的 return 语句既有返回临时对象的情况，又有返回变量的情况，那变量 a 就没法直接构造到结果栈帧上去。如果走 (1) 这个分支，我们会有两次默认构造；如果走 (2) 这个分支，我们会有一次默认构造、一次移动构造。无名返回值优化仍可以发生，但具名返回值优化则被禁止。

```
A getA_no_rvo2()
{
    A a1;
    A a2;
    if (cond) {
```

```
        return a1;                          // (1)
    } else {
        return a2;                          // (2)
    }
}
…
{
    A a = getA_no_rvo2();
}
```

最后，如果我们的 return 语句会返回不同的变量，那返回值优化就完全不可用了。所有的 return 语句都会导致对象的移动：

```
Create A
Create A
Move A
Destroy A
Destroy A
Destroy A
```

文件 rvo.cpp 完整展示了上面这些效果，建议读者自己尝试一下，包括修改其中的 cond 和尝试禁用移动函数。

此外应当注意，只有在拷贝或移动构造的形式下，编译器才能彻底消除所有的复制动作，达到上面的效果。如果代码是赋值之类的其他形式，那像赋值这样的操作是无法消除的。编译器能做的最多是：先进行返回值优化，然后把结果移动赋值到目标对象上。

特别提醒一下，对于非引用类型的局部变量，如果你在 return 时使用 std::move，那代码几乎肯定有问题。我们已经展示了它可能会妨碍返回值优化；而如果返回类型是引用的话，还可能因为返回悬空引用而导致未定义行为（如果返回类型是右值引用，那调用者在使用该悬空引用时对象已经不存在了）。如下面的代码就有问题：

```
Obj&& getObj()
{
    Obj obj;
    obj.操作();
    return std::move(obj);
}
```

这个问题的性质跟第 41 页上“返回引用或指针的函数”里描述的问题是完全一致的，但编译器对这个问题产生告警要晚一些：要至少 GCC 9 和 Clang 16 才能对这样的代码产生告警，而 MSVC 迄至目前最新的 19.40 版仍无法对这样的代码产生告警。

# 3.4 值类别的其他细节

## 3.4.1 右值引用变量的值类别

当调用一个原型为 void foo(Obj&& obj) 的函数时，我们的 obj 变量的类型是 Obj&&——Obj 的右值引用。那在函数里使用 obj 时，它的值类别是什么呢？比如，如果我们有下面的函数声明：

```
void bar(const Obj&);                              // (1)
void bar(Obj&&);                                   // (2)
```

那当我们使用 bar(obj) 来执行函数调用时，会匹配到 (1) 上，还是 (2) 上呢？

如果仔细检查前面的左值和右值的描述，我们就会发现，obj 是一个变量，因此它是左值。换句话说，**右值引用变量表达式的值类别是左值**。这一点可能有点反直觉，但跟 C++ 的其他方面是一致的——毕竟对于一个右值引用的变量，你可以取地址，这一点上它和左值完全一致。我们需要强调：类型和值类别是表达式的两个相对独立的属性。一个变量——不管它的类型是值还是引用——都一定是一个左值。

这也意味着，要想在 foo 里调用 bar 的同时保持对象的值类别（为了对移动进行优化），我们需要这样写：

```
void foo(const Obj& obj)
{
    …
    bar(obj);
}

void foo(Obj&& obj)
{
    …
    bar(std::move(obj));
}
```

第二段代码也展示了一个惯例：通常在使用右值引用参数时，函数体会使用 std::move 来将这个参数传递给其他函数。当然，在这个参数会使用多次时，一般只有最后一次使用才会移动——在被移动之后，对象一般处于“有效但未指定的状态”（valid but unspecified state），此后除了重新初始化（如赋值）或析构，通常不应再有任何其他的操作。

### 3.4.2 转发引用和完美转发*

如果我们的代码逻辑并没有左值、右值处理逻辑上的不同，那我们当然不希望把代码写两遍（多参数的情况下分支数量更是指数式上升）。我们能不能用同一个函数模板来保持参数的“左值/右值”性，而不需要写多个重载呢？答案也是肯定的。我们可以使用 std::forward（定义在 <utility> 头文件里）、利用完美转发来解决这个问题。

我们用函数模板可以这样实现上面的 foo：

```
template <typename T>
void foo(T&& obj)
{
    bar(std::forward<T>(obj));
}
```

首先，我们需要了解，上面的 T&& 不能当作右值引用看待——它是一个转发引用（forwarding reference）。根据 C++ 里设计的规则，当在自动推导场景下使用 T&& 这样的形式（待推导的模板类型参数后面跟 &&）时：如果实参是左值，那 obj 是一个左值引用；如果实参是右值，那 obj 是一个右值引用。

其次，转发引用几乎永远伴随 std::forward 的使用（反过来，std::forward 也通常仅用在转发引用上）。上面我们已经讨论过，不管 obj 的类型是什么，作为一个表达式的“obj”永远是一个左值。而使用 std::forward 的目的，就是根据 obj 的实际类型，重新让“obj”具有适当的值类别，可以后面匹配正确的函数重载。

能得到上面的类型推导和值类别转换的效果，是因为 C++11 引入的引用折叠规则（reference collapsing rules）：当一个引用类型后面叠加左值引用记号 & 或右值引用记号 && 时，只有右值引用加 && 会折叠成右值引用，所有其他组合均折叠成左值引用。可以记成：& + & → &；& + && → &；&& + & → &；&& + && → &&。对于我们这里关心的 T&& 的情况，最可能的场景是：

- 当 T 的类型是左值引用类型 const Obj& 或 Obj& 时，T&& 仍然得到 T 本身的引用类型（左值引用）。
- 当 T 的类型是右值引用类型 Obj&& 时，T&& 仍得到 Obj&&（右值引用）。这跟 T 的类型是非引用类型 Obj 的情况相同。

std::forward<T>(obj) 做的工作，本质上就是 static_cast<T&&>(obj)，把 obj 转型成需要的引用类型。根据引用折叠规则，对于左值，我们得到一个左值引用，对于右值，我们得到一个右值引用，这样，我们就完美地把函数入参的“左值/右值”性传递了下去，解决了最初的问题。下面我们再具体看一下用 Obj 类型的左值和右值调用 foo 时会发生的事情。在左值的情况下：

- T 被推导为 Obj&。
- obj 的类型，即 T&&，是 Obj&。
- std::forward<T>(obj)，即 static_cast<T&&>(obj)，得到的结果类型是左值引用 Obj&，表达式的值类别是左值。
- 我们最后传给 bar 的是一个左值，匹配 bar(const Obj&)。

在右值的情况下：

- T 被推导为 Obj。
- obj 的类型，即 T&&，也就是 Obj&&。
- std::forward<T>(obj)，即 static_cast<T&&>(obj)，得到的结果类型是右值引用 Obj&&，表达式的值类别是右值（将亡值）。
- 我们最后传给 bar 的是一个右值，匹配 bar(Obj&&)。

跟右值引用参数的使用惯例一致，当我们使用转发引用类型的函数参数时，应在最后一次使用该参数时使用 std::forward——这个操作可能导致对象被移动，因此后续也同样不应该再对变量进行操作（除非重新进行初始化）。这个规则的主要例外是在使用 C++20 的范围库时，我们目前暂不进行讨论。

**转发引用还是“万能引用”？**

Scott Meyers 首先强调了转发引用的特殊性，并把它称作“万能引用”（universal reference），而他的大作 *Effective Modern C++* 让这种说法更加广为流传。但 Herb Sutter 等人在 [N4164] 中争辩，“转发引用”是一个更好的叫法。本书只使用“转发引用”这一术语。

有时候人们有一种倾向，在传参的时候不管需要不需要，都使用转发引用，因为 Scott Meyers 说了它是“万能引用”嘛。但正如 Arthur O’Dwyer 所指出的[①]，转发引用通常用于**转发**的场景，后续一般应跟随 std::forward 的使用（除非你在使用范围库）。转发引用也有副作用，它更容易造成模板膨胀——如果你对纯入参使用 const T&，那不管

① https://quuxplusone.github.io/blog/2022/02/02/look-what-they-need/

传入的是 const 的 string 左值，是非 const 的 string 左值，还是 string 右值，最后得到的类型都是 const string&。而如果你使用的是 T&&，那就可能得到 const string&、string&、string&& 三种情况。如果代码复杂到不能内联的话，就会出现三倍大小的模板实例化膨胀！

出于同样的原因，你不应该盲目使用 emplace_back 来代替 push_back。如果你手头已有一个现成的元素对象的话，使用 push_back 有望减少模板膨胀。

## 3.5 三法则、五法则和零法则

我们在 C++98 的年代就有三法则，它说的是：

- 如果某个类需要用户定义的**析构函数**、**拷贝构造函数**或**拷贝赋值运算符**三者之一，那么几乎肯定三者全部需要。

这三个类的特殊非静态成员函数用来管理资源。在大部分情况下，提供其中一个就意味着我们对资源有特殊的处理。在 2.2 节里我描述了一个 ShapeWrapper，它提供了析构函数，但没有提供拷贝构造函数和拷贝赋值运算符——这就是有问题的。当一个 ShapeWrapper 对象被复制时，编译器默认提供[1]的拷贝构造函数或拷贝赋值运算符会被使用，其行为是复制所有的非静态数据成员——这样在这两个 ShapeWrapper 对象析构时它们指向的对象会被 delete 两次。我们需要提供正确的复制行为：一种最简单的方式就是把拷贝构造函数和拷贝赋值运算符声明为删除[2]（使用“= delete”），使得用到这两个特殊成员函数的代码会编译失败：

```
class ShapeWrapper {
public:
    …
    ~ShapeWrapper() { delete ptr_; }
    ShapeWrapper(const ShapeWrapper&) = delete;
    ShapeWrapper& operator=(const ShapeWrapper&) = delete;
    …
};
```

① 也称为“预置”。本书不使用这一可能令某些读者感到陌生的术语。

② 也称为“弃置”。同样，本书基本不使用这一术语。

### 隐式定义的拷贝构造函数和拷贝赋值运算符已废弃

事实上，从 C++11 开始，C++ 标准即已规定（如 [N4950] 的 D.8 节 [depr.impldec]）："如果类声明了用户定义的拷贝赋值运算符或用户声明的析构函数，则默认提供的拷贝构造函数的隐式定义已废弃（deprecated）。如果类声明了用户定义的拷贝构造函数或用户声明的析构函数，则默认提供的拷贝赋值运算符的隐式定义也已废弃。在未来的国际标准的修订中，这些隐式定义可能会被删除。"

换句话说，对于上面的 `ShapeWrapper`，C++ 标准认为提供了拷贝构造函数和拷贝赋值运算符是一种有可能出问题的不好的做法，并计划在将来让这些隐式定义默认被删除。但向后兼容性在 C++ 里永远是需要考虑的问题。到 C++23 为止，这些隐式定义仍然只是已废弃（不推荐使用）而已，甚至没有编译器会默认对这种情况进行告警。

在开发新代码时，我们可以主动启用编译器的告警，来防止该类错误的发生。对于 GCC，需要的编译选项是 `-Wdeprecated-copy` 和 `-Wdeprecated-copy-dtor`。前者在用户声明了拷贝构造函数和拷贝赋值运算符其中之一时，对使用另一个拷贝函数的隐式定义进行告警（`-Wextra` 会自动启用该告警选项）；后者在用户声明了析构函数时对使用拷贝构造函数或拷贝赋值运算符的隐式定义进行告警。

在有了移动语义的情况下，如果想要使用移动语义来优化对象的行为，我们需要*五法则*：

- 因为用户定义的**析构函数**、**拷贝构造函数**或**拷贝赋值运算符**的存在会阻止**移动构造函数**和**移动赋值运算符**的隐式定义，所以任何想要移动语义的类应当声明以上全部五个特殊成员函数。

稍微说明一下，移动构造函数和移动赋值运算符也可以由编译器自动提供，但为了安全性，目前的规则比较保守：

- 如果用户声明了一个移动构造函数或移动赋值运算符，则默认提供的拷贝构造函数和拷贝赋值运算符被删除。
- 如果用户没有声明拷贝构造函数、拷贝赋值运算符、移动赋值运算符和析构函数，编译器会隐式声明一个移动构造函数。
- 如果用户没有声明拷贝构造函数、拷贝赋值运算符、移动构造函数和析构函数，编译器会隐式声明一个移动赋值运算符。

对于默认构造函数、拷贝构造函数、移动构造函数、拷贝赋值运算符、移动赋值运算符和析构函数这六个类的特殊非静态成员函数，在编译器没有自动提供或会自动删除时，我们可以使用“= default”要求编译器提供默认的版本。

对于 ShapeWrapper，我们可以这样提供移动特殊成员函数（默认版本“移动”指针不能满足我们的需求）：

```
class ShapeWrapper {
public:
    …
    ~ShapeWrapper() { delete ptr_; }
    ShapeWrapper(const ShapeWrapper&) = delete;
    ShapeWrapper& operator=(const ShapeWrapper&) = delete;
    ShapeWrapper(ShapeWrapper&& rhs) noexcept : ptr_(rhs.ptr_)
    {
        rhs.ptr_ = nullptr;
    }
    ShapeWrapper& operator=(ShapeWrapper&& rhs) noexcept
    {
        if (this != &rhs) {
            delete ptr_;
            ptr_ = rhs.ptr_;
            rhs.ptr_ = nullptr;
        }
        return *this;
    }
    …
};
```

根据规则，上面两行“= delete”的删除声明可以不写。但为清晰起见，也为了满足一些静态检查工具的要求，一般我们遵循五法则时建议把这五个特殊成员函数全都写出来。

之前我们就对移动的特殊成员函数标了 noexcept，这里再强调说明一下。在类的特殊成员函数里，我们通常需要保证析构函数、移动构造函数和移动赋值运算符永远不抛异常。我们不需要对析构函数手工标注 noexcept，默认一般就相当于已经自动标注了。但目前 C++ 里仍要求对移动特殊成员函数手工进行标注。漏标注是一种常见的错误，可能导致性能问题（参见第 107 页开始的关于强异常安全保证行为的描述）。

对于很多基础的工具类，我们需要应用三法则或五法则。但对于大部分的应用对象类，我们更推荐使用零法则：

- 有自定义析构函数、拷贝/移动构造函数或拷贝/移动赋值运算符的类应该专门处理**所有权**（这遵循单一责任原则）。其他类**不应该**拥有自定义的析构函数、拷贝/移动构造函数或拷贝/移动赋值运算符。

如果在可以应用零法则的时候自己定义类的特殊非静态成员函数，那就可能会带来一些不良副作用，如：

- 如果只声明了拷贝构造函数和/或拷贝赋值运算符，移动函数会被抑制。我们会失去原本自动就有的移动语义。
- 如果不必要地定义了空实现（“`{}`”）的特殊非静态成员函数，可能会因为编译器认为这个函数非平凡（non-trivial）而影响优化。

如果我们的非静态数据成员都已经支持拷贝和/或移动了，那我们的类对象本身也自然而然地支持拷贝和/或移动。这在现代 C++ 里很轻松可以做到——前提是我们不再使用有所有权的裸指针，如 `ShapeWrapper` 里的 `ptr_`。而 `string`（第 5 章）、容器（第 7 章）和智能指针（第 11 章）都有符合直觉的拷贝/移动行为，推荐在类里优先使用，可以让我们更容易应用零法则。

## 3.6 小结

现代 C++ 里引入了较为复杂的值类别。抛开语法细节来看，它的主要目的是启用了移动语义，使我们可以在 C++ 里使用返回复杂对象（如容器）的函数和运算符，因而可以提高代码的简洁性和可读性，提高程序员的生产率。

移动语义同时也增加了语言的复杂性。现在我们除了有新的引用类型，还有新的重载匹配规则；并且，为了保持参数的值类别，还需要正确使用 `std::move` 和 `std::forward` 这两个工具函数模板。

有了移动语义之后，C++98 的三法则也自然升级成为五法则。但幸运的是，由于 C++ 提供了很多的现成工具类，很多情况下我们可以应用零法则，不需要在自己的代码里明确处理拷贝和移动。

# 第 4 章　模板和自动类型推导

本章对模板进行初步的介绍，并讨论 C++ 里的各种自动类型推导机制，包括模板参数推导、auto 自动类型推导、decltype、decltype(auto)、类模板参数推导、结构化绑定等。作为相关话题，本章还会讨论函数的后置返回类型声明，以及声明变量和初始化的不同方式。

## 4.1　模板概要

模板是一种跟宏有几分相似，但比宏更强大、更安全的代码展开方式。C++ 编译器能在看到模板代码时直接进行语法检查，而不用等到使用模板时。对模板的参数，我们也有基本的描述方式，而到了 C++20，更是可以用非常直观的方式对模板参数进行约束。

Bjarne 对为什么要引入模板有如下的描述：①

> 从最初的日子起，C++ 就设想要包含某种形式的泛型编程。最早关于 C++ 的论文（甚至在它被命名为 C++之前）可以追溯到 1981 年和 1982 年，这些论文展示了通过类型进行参数化的例子。一个说明了需求的明显例子是把容器（例如，vector）的元素类型当作参数。因此，泛型编程从第一天开始就存在了。
>
> 然而，我把细节全搞错了。我使用了宏，并认为宏可以用于泛型编程。一直到 20 世纪 80 年代末，C++ 实现都附带了一个 <generic.h>，里面是泛型编程的支持宏。那种方法无法扩展，所以我从 1986 年就开始设计模板了。
>
> Alex Stepanov 为泛型编程赋予了现代形态，并写出了 STL。从 1994 年前后开始，他的理念（当之无愧地）主导了 C++ 中关于泛型编程的思维方式，并在概念的工作上产生了至关重要的影响（现在[2016 年]在 GCC 6.1 中可用）。Alex 之前在贝尔实验室工作过，我们在那时就讨论了如何支持泛型编程。

① 这是 Quora 上 Bjarne 关于“Why did Bjarne Stroustrup insist on generic programming as a goal for C++?”这一问题的回答。

本章将通过一些例子，描述模板的基本形式和使用方式。本章旨在提供初步的概念描述，让大家初步了解模板的使用，而不是要求大家自己去写模板。在后面的几章里，我们会逐步对标准模板库（Standard Template Library，STL）里的主要功能（而非实现）加以描述。

对应于 C++ 里的基本实体，我们可以有函数模板、类模板、变量模板和别名模板。下面就先从函数模板开始。

## 4.2 函数模板

### 4.2.1 模板的定义

相信读者应该都知道求最大公约数的辗转相除法，代码大致如下：

```
int myGcd(int a, int b)
{
    while (b != 0) {
        int r = a % b;
        a = b;
        b = r;
    }
    return a;
}
```

这里只有一个小小的问题，C++ 的整数类型可不止 `int` 一种啊。为了让这个算法也适用于像 `long` 这样的类型，我们最好把它定义成一个模板：

```
template <typename T>
T myGcd(T a, T b)
{
    while (b != T(0)) {
        T r = a % b;
        a = b;
        b = r;
    }
    return a;
}
```

这段代码基本上就是把 `int` 替换成了模板参数 `T`，并在函数的开头添加了模板的声明。“`template`”声明了下面是一个模板，而尖括号里的“`typename T`”声明了 `T` 是一个类型的名称[①]。满足一定要求的类型 T 都能让代码正确工作，在这里的实际要求是：

- 可以通过常量 0 来构造
- 可以拷贝（构造和赋值）
- 可以进行不等于的比较
- 可以进行取余数的操作

对于标准的 int、long、long long 等类型及其对应的无符号类型，以上代码都能正常工作，并得到正确的结果。

### 4.2.2　模板的实例化

一个函数模板还不是真正的函数。只有在把函数模板的形参全部用实参替换，进行了模板实例化（instantiation）之后，我们才会得到一个真正的函数。

对于函数模板，我们可以手工指定所需的模板参数，也可以让编译器自动推导。比如，我们可以写“myGcd<int>(15, 25)”，也可以写“myGcd(15, 25)”：编译器完全可以自行推导出 T 应该是 int，因为 15 和 25 都是 int 类型。如果给定的参数无法让编译器推导出所有的模板参数，我们就需要手工指定模板参数了——不管是因为对应同一个模板参数类型的函数实参类型不一致，还是因为某些模板参数在函数调用时没有被直接用到。比如，“myGcd(15, 25U)”无法通过编译，我们需要写“myGcd<unsigned>(15, 25U)”才行。

不管是类模板还是函数模板，编译器在看到其定义时只能做最基本的语法检查。跟模板参数关联的错误在实例化的时候才可能报出来。比如，如果我们写“myGcd(1.5, 2.5)”的话，由于 double 类型不能支持取余操作，我们会看到类似下面的错误（这是 GCC 13 报告的错误信息）：

```
test.cpp: In instantiation of 'T myGcd(T, T) [with T = double]':
test.cpp:16:24:   required from here
test.cpp:7:17: error: invalid operands of types 'double' and 'double' to
binary 'operator%'
    7 |         T r = a % b;
      |               ~~^~~
```

实例化失败的话，编译当然就出错退出了。成功的话，我们就获得了一个模板的特化

① 这里的 typename 也可以改成 class。标准库中一般用 class，因此我们至少需要对此了解一下。不过，本书仍主要使用更易于理解的 typename 关键字。

（specialization）[①]。在整个编译过程中，可能在目标文件里产生多个这样的（相同）特化，但最后链接时会只剩下一个。因此，函数模板的单一定义规则和普通函数不同：

- 普通函数：整个程序里非内联的函数只能有一个定义。
- 模板：一个程序里出现在多个不同翻译单元中的模板的定义必须相同。

如果不同的翻译单元看到不同的定义，从而对相同的模板参数产生了不同特化，那链接时使用哪个特化是不确定的——结果就可能会让人大吃一惊。

在大部分情况下，我们直接像上面这样使用函数模板即可，这就是隐式实例化。这种方式使用较为方便，对开发者没有额外的负担，但编译器会重复编译模板代码，并可能会重复进行同样的实例化操作（然后在链接时去重）。反过来，我们也可以使用显式实例化，手工告诉编译器该在什么时候实例化，这样可以减少编译器的一些重复操作，并提高编译速度。但这种方式管理开销较高，使用较为麻烦；同时，在 C++20 提供的模块特性面前，显式实例化在编译速度方面的好处不值一哂。因此本书将不对显式实例化进行讲解。有兴趣请自行查阅参考资料，如 [CppReference: Function template]。

### 4.2.3 模板参数推导和 auto 自动类型推导

在 C++17 之前，只有函数模板支持模板参数的自动推导。在前面的例子里，我用“`(T a, T b)`”指定了函数的形参，编译器可以通过用户给出的实参来推导出 `T` 类型（一定是非引用类型）。推导场景可以比这更加复杂，其中最常见的是可选有 `const` 限定的引用，从而得到一个引用类型。下面这些都是可能的形式（假设被绑定的对象的类型在去除引用和 cv 限定之后是 `Obj`）：

- `T&`：`T` 的左值引用，可以绑定到一个 `Obj` 的左值上，不论 `const` 性（在 `const` 左值的情况下 `T` 被推导为 `const Obj`）。
- `const T&`：`T` 的 `const` 左值引用，可以绑定到任意 `Obj` 上，左值或右值都可以。当然，我们不能通过这个引用对对象进行任何更改。对于纯入参的情况，这才是真正的“万能”引用。
- `T&&`：`T` 的转发引用，可以绑定到任意 `Obj` 上，左值或右值都可以。如前所述，通常后续需伴随 `std::forward` 的使用。

---

① 注意在有些编程书籍中，对这种情况不使用“特化”这一术语，而是把“特化”保留用于后面将要描述的“显式特化”的情况。本书此处选择参照 C++ 标准里的术语用法。

举例来说，下面这个简单的函数模板可以遍历一个容器，对其元素进行某种操作（如输出）[1]：

```
template <typename C>
void foo(const C& c)
{
    for (typename C::const_iterator it = c.begin(), end = c.end();
          it != end; ++it) {
        // 循环体
    }
}
```

在 1.1.9 节中我们提到过，C 语言里数组传参会退化为指针。为了兼容性，在 C++ 里对于值传参仍然会有数组退化为指针的行为，但是在使用 C 语言里所没有的引用时，我们就可以保留数组的完整类型信息。下面的代码对于数组完成同样的遍历功能：

```
template <typename T, size_t N>
void foo(const T (&a)[N])
{
    typedef const T* ptr_t;
    for (ptr_t it = a, end = a + N; it != end; ++it) {
        // 循环体
    }
}
```

在这个更复杂的例子里，C++ 编译器可以推导出数组的类型和长度。并且，由于这个 `foo` 的参数形式比前一个 `foo` 更加复杂，两者区别非常明显，我们可以同时提供这两个 `foo` 版本，让编译器根据用户提供的类型自行选择。函数模板跟普通函数一样，可以有重载。

且慢，我们上面这两个函数做的事情是一致的，那有没有可能在代码上也统一而不是分成两个重载呢？

答案也是肯定的。即使在 C++98 里，利用模板技巧，我们也可以把这两份代码统一起来（参见代码示例里的 `iteration_unified_98.cpp`）。但是，那样做真的有杀鸡用牛刀的感觉了。**简单的事情简单做**，这是 Bjarne 老爷子一向的态度。使用 C++11 带来的自动类型推导（`auto`），我们就可以不再需要明确在代码中写出变量的类型。这对于我们当前的场景非常适用，因为我们只需要 `it` 的行为“像”一个迭代器、能够执行增一（`++`）和解引用操作（`*`）。我们并不关心它的实际类型。`auto` 关键字的使用虽然并不限于模板的场景，但它跟模

[1] 这里我们需要写出 `typename`，明确告知编译器后面这个未知类型的成员（`C::const_iterator`）是一个类型。对于已完全确定的类型（非待决名），如 `vector<int>::const_iterator`，就不需要写 `typename` 了。

板是真正的天作之合。

利用 auto 和 C++11 开始提供的标准库函数模板 begin/end，我们可以把上面的 foo 函数模板统一成下面这样：

```
template <typename T>
void foo(const T& c)
{
    using std::begin;
    using std::end;
    for (auto it = begin(c), ite = end(c); it != ite; ++it) {
        // 循环体
    }
}
```

std::begin 和 std::end 存在接受容器和数组的不同重载。我们用 using 声明的方式使用 begin 和 end，不仅使 std 名空间下的这两个函数模板成为备选函数，还利用了实参依赖查找（参见第 17 页），可以让我们找到定义在 T 类型所在名空间下的独立 begin 和 end 函数。接着，我们使用 auto 来接收结果，就不用关心它的返回值的具体类型。使用“auto v = *expr*;”这样的写法，大致就相当于用 f(*expr*) 这样的方式去调用一个原型为 template <typename T> R f(T v) 的函数模板，v 的类型当然就是推导出来的类型 T。

就跟模板的情况一样，这样推导出来的结果类型一定是非引用类型（但包含指针的情况[1]）。如果想要得到引用类型的结果的话，我们也需要在 auto 后面加上 &。同样有三种典型情况：

- auto&：结果是一个左值引用，仅可以绑定到一个左值上，不论 const 性。“auto& r = *expr*;”相当于用 f(*expr*) 这样的方式去调用原型为 template <typename T> R f(T& r) 的函数模板，然后去推导 T 的类型，r 的类型当然就是 T&。
- const auto&：结果是一个 const 左值引用，可以绑定到任何对象上，左值或右值都可以。“const auto& r = *expr*;”相当于用 f(*expr*) 这样的方式去调用原型为 template <typename T> R f(const T& r) 的函数模板，r 的类型当然就是 const T&。
- auto&&：结果是一个转发引用，可以绑定到任何对象上，左值或右值都可以。“auto&& r = *expr*;”相当于用 f(*expr*) 这样的方式去调用原型为 template

① 当表达式是指针类型时，auto p = *expr* 和 auto* p = *expr* 具有完全相同的效果；仅当表达式不是指针类型时，这两个写法才有区别——后者将无法通过编译，因而可以用来强制结果具有指针类型。考虑到我们有智能指针，这种强制并没有太大的意义。

<typename T> R f(T&& r) 的函数模板，r 的类型当然就是 T&&。（当然，也和前面一样，通常后续我们应当使用 std::forward。）

前面这种 foo 的写法同时使用了 C++ 里的模板和重载，达到了泛型的效果——即代码里只写基本的逻辑，而不用关心实际的类型是什么。

你同时应该看到了，在使用 auto 声明变量时，我们需要有一个初始化表达式——显然，没有这样的表达式，编译器就无从推导变量的类型。如果没有初始化表达式，你也可以考虑使用“auto 变量 = 类型{};”这样的方式来代替“类型 变量;”（注意不是建议，更不是要求）。它的一个额外“好处”是变量一定会初始化，而不会处于值未定义的状态（虽然在极少数情况下可能成为缺点）。这样可以规避一些代码错误。

### 推荐使用 auto 的场景

我推荐使用 auto 的原则是：当你不在乎变量的类型时（特别在泛型代码中），或者变量的类型跟表达式本身存在重复时，就使用 auto；反之，当你关心变量的类型而其类型又不明显时，则明确写出变量类型。

下面是一些适合用 auto 的例子：

```
auto it = v.begin();              // 通常不关心迭代器的具体类型
auto ptr = make_unique<Shape>();  // 通过表达式易判断类型；避免重复
auto res = reinterpret_cast<uintptr_t>(ptr);  // 不需要再重复转型
                                              // 的结果类型
```

下面则是个非常值得商榷的例子：

```
auto pos = getPos();
```

不熟悉代码的人不会知道 pos 的类型是什么。不管实际类型是 pair<int, int>、array<double, 3> 还是 Coord，写出来费不了多大力气，却能帮助读者。如果是 Coord，别人也能更快地找到定义，包括在编辑器里的跳转，或者在浏览器界面的搜索。[①]

代码只需要写一次，但会被阅读很多次。这个读者可能是你自己。

① 你的编辑器也许能提示你一个表达式的实际类型是什么，但你不会永远在编辑器里读代码——比如，代码评审工具常常是基于浏览器的，没有自动语义识别功能。在大项目里，编辑器里的语义识别也可能因为项目配置的复杂性而不能理想地工作。

# 4.3 类模板

## 4.3.1 模板的定义

类模板的定义和函数模板差不多，需要在一个 class 或 struct（或 union，但比较少见）的定义之前加上 template 关键字和模板参数列表，然后就可以在定义里使用这些模板参数了。我们也从改造一个现有的类开始。假设我们有：

```
struct Data {
    int values[20];
};
```

要让 Data::values 的类型和数量可变，我们可以把定义改成下面这样：

```
template <typename T, size_t N>
struct Data {
    T values[N];
};
```

这里我们同时看到了，模板参数可以不是类型，而是值（通常是某种整数类型）①。通过指定模板参数 Data<int, 20>，我们就达到了跟之前的非模板版本同样的效果。当然，现在我们可以通过修改模板参数，而不是引入新的类型的定义，就能方便地修改其中存储的对象类型和数量了。

## 4.3.2 模板的显式特化

对模板可以进行显式特化（explicit specialization）。显式特化并非类模板所特有的功能，但类模板使用显式特化比函数模板要多得多。并且，类模板的显式特化有完全特化（full specialization）和部分特化（partial specialization）②两种方式，而函数模板只能使用完全特化。

完全特化是指我们给出所有的模板参数，同时给出跟主模板不同的针对特定模板参数的特别定义。比如，我们可以对目前的 Data 改进存储效率，在类型参数为 bool 时使用更紧密的内存布局③：

---

① 这有一个专门术语，叫非类型模板参数（non-type template parameter，NTTP）。1994 年的《C++ 语言的设计与演化》一书中就描述过用到非类型模板参数的 Buffer 类。

② 也称为“全特化”和“偏特化”。

③ 知道 vector<bool> 的伤心故事的读者在此可能会有其他想法，但我们这里暂且认为这么做是值得的。

```
template <>
struct Data<bool, 8> {
    unsigned char values[1];
};
template <>
struct Data<bool, 16> {
    unsigned char values[2];
};
…
```

显然，长度给我们带来了麻烦，而且我们目前都还没处理元素数量不是 8 的整数倍的情况。部分特化可以解决这个问题：

```
template <size_t N>
struct Data<bool, N> {
    unsigned char values[(N + CHAR_BIT - 1) / CHAR_BIT];
};
```

简单说明一下。在显式特化时，我们会在模板名字（这里是 Data）后面用尖括号给出模板的参数。对于完全特化，我们第一行使用“template <>”，表示所有的模板参数都已经确定，没有任何变化；对于部分特化，我们会匹配主模板能匹配的类型的一个子集，在第一行的 template 后的尖括号里写下仍不确定的模板参数，可以用在模板名字后面的尖括号里。在这个部分特化版本里，我们还使用了 CHAR_BIT 宏（定义在 <limits.h> 或 <climits> 中），以避免写死 8 这个魔术常量①。

当然，如果我们具有这样的特化，那 Data::values 最好变成私有数据成员，只允许通过公开的成员函数来访问。这样，我们直接在特化版本里提供这些访问函数就可以了。

模板显式特化是 C++ 的特色之一，可以允许用户针对某一类型扩展已有的功能。它虽然不是面向对象编程的特性，但也非常完美地满足开闭原则（open-closed principle，OCP）。其他主流的编程语言都没有提供类似的特性②。

### 类型特征

C++ 里使用类型特征（type traits）来获得关于类型的特定信息，它们一般就是用显式特化来实现的。比如，下面的代码可以用来检测一个类型是不是数组：

---

① 目前的主流平台上 char 的位数都是 8，但计算机的历史上有过不是 8 的情况（比如 PDP-10、IBM 大型机和某些数字信号处理器）。标准 C++ 要求 char 的位数至少是 8，允许超过 8。

② 在非主流编程语言里，D 支持类似 C++ 的模板显式特化特性。Rust 到 2023 年年底仍未在主干版本里支持实现显式特化；参见 https://github.com/rust-lang/rust/issues/31844。

```
template <typename T>
struct is_array {                                  // (1)
    static constexpr bool value = false;
};
template <typename T>
struct is_array<T[]> {                             // (2)
    static constexpr bool value = true;
};
template <typename T, size_t N>
struct is_array<T[N]> {                            // (3)
    static constexpr bool value = true;
};
```

在上面的代码里，(1) 是主模板的定义，也就是对于默认情况的处理，匹配到主模板时 value 的值都为假。(2) 和 (3) 则给出了真正的数组情况下的处理，value 的值都为真。因此，我们可以得到 is_array<int>::value 的值为假，而 is_array<int[8]>::value 的值为真。

这里有几个细节我们需要额外讨论一下。

首先，一个数组类型可以没有长度。这时该类型不是完整类型，不能用来声明变量。但我们仍然可以声明该类型的引用，并且，从 C++20 开始有明确长度的数组类型可以自动转换为元素类型相同的无长度数组类型。

其次，部分特化形式只要求存在未确定的模板参数，并在类型名称后面写出模板形式需要的参数——而并没有对模板参数如何变化提出具体要求。在这个例子中，我们可以看到，(3) 特化使用的模板参数数量比主模板还要多（当然，最后 is_array 尖括号里的模板参数数量仍需跟主模板形式匹配）。这是完全合法的。

最后，我们第一次使用了在 C++11 引入的 constexpr 关键字。对于不熟悉该关键字的读者，目前可以把它当成 const 的同义词。但记住，const 和 constexpr 在现代 C++ 里有区别，const 应当用来表示在**运行期**不会变化，而 constexpr 则表示能够在**编译期**使用（在此是编译期常量）。

### 4.3.3 类模板的成员函数和类的成员函数模板

一个类模板可以有普通的成员函数。需要注意，类模板的参数在使用成员函数时已经确定了，因此这里没有模板参数类型推导。比如，当我们调用 vector<int>::push_back、在 vector 的尾部添加一个元素时，vector<int> 是一个模板参数已经全部确定的类，因而 push_back 需要的参数类型也是确定的：有 const 左值和右值两个不同的重载，调用者传递的实参必须能和 const int& 或 int&& 匹配。

与之相反，在一个类或类模板里，我们也可以有成员函数模板。在使用成员函数模板时，类是一个已经确定的类型（包括类模板特化的场景）。此时，成员函数模板的使用方式跟普通的函数模板相似。vector 里的 emplace_back 就是这样的一个成员函数模板。假如我们有一个 vector<string> vs，就可以使用 vs.emplace_back(8, 'a') 在 vs 的尾部添加内容为 "aaaaaaaa" 的新字符串。此时，我们实际上实例化出了 vector<string>::emplace_back<int, char>。

## 4.4 变量模板

从 C++14 开始，我们不仅可以把函数变成模板，把类变成模板，还可以把变量变成模板。从语法上来说，变量模板和类模板的形式相同。从实际用法上来说，变量模板最主要的使用场景之一是类型特征。结合 C++17 提供的内联变量（参见第 20 页的插文“单一定义规则”），我们可以定义如下的编译期常量：

```
template <typename T>
inline constexpr bool is_array_v = is_array<T>::value;
```

这样，我们就可以免去每次写 is_array<T>::value 这样的麻烦，而是可以更简单地写 is_array_v<T>。

is_array、is_array_v 以及其他很多类似的类型特征工具都是 C++ 标准库的一部分，可以通过包含头文件 <type_traits> 来进行使用。

## 4.5 别名模板

*别名模板*是一族类型的别名。通过使用别名模板，我们可以简化类型的表达，也可以调整模板的参数数量或顺序。比如：

```
template <typename T>
using remove_const_t = typename remove_const<T>::type;

template <typename T>
using Array2 = array<T, 2>;
```

在有了这两个定义后，我们就可以用“remove_const_t<类型>”来代替“typename remove_const<类型>::type”，可以用“Array2<int>”代替“array<int, 2>”。

此外，在非模板的情况下，我们也可以使用 using 关键字来创建类型别名，代替传统的 typedef。比如，我们可以把“typedef int* IntPtr;”写成“using IntPtr = int*;”。某些编码规范里推荐全面使用 using 而不是 typedef。Clang-Tidy（参见 18.2.2 节）专门有一条规则 modernize-use-using 会提示把 typedef 改成 using。

## 4.6 其他类型推导

### 4.6.1 类模板参数推导

类模板参数推导（CTAD）是 C++17 引入的一个用户友好的特性。我在这里不展开它的详细原理，只是告诉大家一下，很多对象的初始化声明从 C++17 开始有了更简单的写法：

```
pair<int, unsigned> pr1{1, 2U};  // 啰唆的写法
auto pr2 = make_pair(1, 2U);     // 利用函数模板的自动参数类型推导
pair pr3{1, 2U};                 // C++17，自动推导两个成员的类型
f(pair{1, 2U});                  // C++17，调用需要 pair 的函数

array<int, 3> a1{1, 2, 3};       // 完整的写法
array a2{1, 2, 3};               // C++17，自动推导类型和长度
```

本书中很多地方已经自然而然地采用了这种写法，以简化示例代码。

### 4.6.2 decltype

有时候，我们需要根据一个现有的对象或表达式得到其类型，这在有了 auto 之后变得尤为迫切。C++11 引入的 decltype① 就可以帮我们做到这一点。它有两个基本用法：

- “decltype(变量名)”可以获得变量的精确类型。
- “decltype(表达式)”（表达式不是变量名，但包括“decltype((变量名))”的情况）则根据表达式的类型（T）和值类别来得到结果：左值得到 T&，将亡值得到 T&&，纯右值得到 T。换种说法，当表达式是泛左值时，我们得到引用类型的结果；当表达式是纯右值时，我们得到非引用类型的结果。

用具体的例子来说明一下。假设我们有 int 变量 a，那么：

- decltype(a) 会得到 int（因为 a 是 int 型的变量）。
- decltype((a)) 会得到 int&（因为 (a) 是左值表达式）。

① 发音是 /'dek(ə)ltaɪp/。

- decltype(std::move(a)) 会得到 int&&（因为 std::move(a) 是将亡值表达式）。
- decltype(a + a) 会得到 int（因为 a + a 是纯右值表达式）。

decltype(auto)

通常情况下，能写 auto 来声明变量肯定是件比较轻松的事。但这儿有个限制，你需要在写下 auto 时就决定写下的是不是引用类型。根据类型推导规则，auto 不是引用类型，auto& 是左值引用类型，auto&& 是转发引用（可以是左值引用，也可以是右值引用）。使用 auto 不能通用地根据表达式类型来决定返回值的类型。不过，decltype(*expr*) 既可以是引用类型，也可以是非引用类型。因此，我们可以这么写：

```
decltype(expr) a = expr;
```

这种写法明显不能让人满意，尤其当表达式很长的时候（而且，好的程序员讨厌任何重复，不是吗？）。因此，C++14 引入了 decltype(auto) 语法。对于上面的情况，我们只需要像下面这样写就行了：

```
decltype(auto) a = expr;
```

这种代码主要用在通用的转发型函数模板中：你可能根本不知道你调用的函数是不是会返回一个引用。这时使用这种语法就会方便很多。

### 4.6.3 后置返回类型声明和返回类型自动推导

C++11 引入了后置返回类型声明。它的形式是这个样子：

```
auto foo(参数) -> 返回类型声明
{
    // 函数体
}
```

通常，在返回类型比较复杂、特别是返回类型跟参数类型有某种推导关系时，这种语法会比较有用。有些人还认为这种形式突出函数名，而不是返回类型，可读性方面也有优势。我部分赞成这种观点，但出于一致性方面的考虑，我仍没有在大部分代码里使用这种形式。

从 C++14 开始，在声明并定义函数时，我们常常可以更进一步，省去“-> 返回类型声明”这一部分，让编译器根据函数体中的 return 语句来自动决定返回类型（没有 return 语句的话，返回类型则自然是 void）。当然，如果函数里有多条 return 语句的话，这就要求

`return` 后面的表达式类型必须完全一致；否则编译器会报错，要求我们修改代码，使返回表达式类型一致，或者手工加上后置返回类型声明。

正如前面 4.2.3 节的描述，`auto` 推导得到的结果永远不是引用类型。大部分情况下，这是一种非常安全的默认情况（不会发生悬空引用，即引用已经不存在的对象的情况）。如果我们想得到引用结果的话，则应当使用 `auto&` 和 `auto&&`。不过，也存在一些情况（主要出现在模板代码里），我们不确定需要返回的是一个值还是一个引用。在这种时候，我们就可以把 `auto` 换成 `decltype(auto)`，按照 `decltype(`*返回表达式*`)` 的类型来确定函数的实际返回类型。[①]

### 4.6.4 声明变量和初始化的不同方式*

C++ 里现在声明变量和进行初始化的方式有些繁杂，我们在此稍稍简化、梳理一下。本节内容仅供参考使用（无须记忆）。

以下方式都可以声明一个变量：

1. “`Type var;`”：最传统的变量声明方式。变量有没有初始化动作取决于 `Type` 类型有没有（默认）构造函数[②]。比如，如果 `Type` 为 `int`，变量就不会进行任何初始化；如果 `Type` 为 `string`，变量就会初始化。不过，全局变量、静态变量和线程局部变量一定会被初始化——它们在构造函数被调用前已静态初始化为零值（参见 1.1.5 节）。
2. “`Type var{};`”：新的确保初始化的变量声明（*值初始化*，这里使用的形式也算作*直接列表初始化*）。对象如果有非默认提供的默认构造函数（用户声明了默认构造函数，且不是“`Type() = default;`”形式），那行为跟 1 相同，调用默认构造函数；否则会执行*零初始化*——使用零值来对对象进行初始化。对于简旧数据（整数、浮点数、指针，及它们复合组成的结构体等）这是一种非常合适的初始化方式。**注意**：“`Type var();`”并不声明一个变量（而是声明了一个函数，所谓的“最令人烦恼的解析”[③]）。
3. “`Type var = {};`”：*拷贝列表初始化*语法，效果同 2（除非类的默认构造函数被声明为 `explicit`）。

---

① 注意此时你写“`return obj;`”和“`return (obj);`”一般而言都是不同的！如果你不确定自己是否真正理解了其中的微妙区别（可以再读一下 4.6.2 节），那就暂时别用 `decltype(auto)`。

② 如果类类型没有可用的默认构造函数——如只声明了带参数的构造函数，或默认构造函数存在但不可公开访问——则编译失败。

③ 参见 [Wikipedia: Most vexing parse]。

4. “Type var = 初始化表达式;”：传统的带初值声明方式（拷贝初始化）。注意初始化表达式不一定是 Type 类型，而是能**隐式**转换成 Type 类型就行，包括使用能接受初始化表达式作为参数的非 explicit 构造函数（如“string s = "Hi";”合法，但“vector<int> v = 3;”不合法）。如果初始化表达式的类型就是 Type（如表达式为“Type()”“Type{}”“Type(参数, …)”“Type{参数, …}”等[1]），概念上来讲这是个拷贝或移动构造动作，因此传统上编译器会要求存在可用的拷贝或移动构造函数。但从 C++17 开始编译器会消除不必要的复制，因而即使拷贝和移动构造函数不可用都没有问题。以“Type var = Type();”为例，从 C++17 开始可以认为它等同于“Type var{};”，跟 2 的效果相同。
5. “Type var(参数, …);”：从 C++98 开始就存在的直接初始化语法。可以完成 4 的功能，并额外可以调用 explicit 构造函数（允许多个参数）和 explicit 转换函数（如在声明了“optional<int> opt;”之后可使用“bool b(opt);”，b 表示 opt 里是否存在一个有效的 int 值）。[2]
6. “Type var{参数, …};”：新的带初值声明方式（直接列表初始化）。跟 4 的区别在于两点：拒绝有损转换（“int n{3.5};”会拒绝编译），可以调用 explicit 构造函数和 explicit 转换函数。跟 5 的区别除拒绝有损转换外，还会优先使用参数为 initializer_list 的构造函数（参见第 109 页上的“使用初始化器列表”一节）。对数组类型和没有构造函数的类类型还可以进行聚合初始化（参考 1.1.9 节开始 C 对数组、结构体和联合体初始化的内容）。
7. “Type var = {参数, …};”：跟 C 兼容的拷贝列表初始化语法。它跟 6 相似，但不会调用任何 explicit 构造函数或 explicit 转换函数。
8. “auto var = 初始化表达式;”：auto 的基本使用方式，以初始化表达式的类型对变量进行拷贝初始化。这相当于 4 里面 Type 跟初始化表达式类型相同的情况。此处 auto 也可以是 auto* 之类的形式，用来限定结果的类型；或者是 auto&& 之类的引用形式，根据初始化表达式的结果来对一个引用进行初始化。

---

① 第一、二种方式以值初始化的形式（同 2）构造出结果（临时对象），第三种方式以直接初始化的形式（同 5）构造出结果，第四种方式以直接列表初始化的形式（同 6）构造出结果。

② 这种方式仍有风险会导致最令人烦恼的解析（假如初始化表达式正好可以被理解成为类型的话）。设 utf8_to_wstring 是一个类型，则“ifstream ifs(utf8_to_wstring(filename));”会被编译器理解成“ifstream ifs(utf8_to_wstring filename);”——因此 ifs 仍会被当成一个函数声明，而非变量。使用下面的花括号形式则消除了这种风险。

9. “auto var(*初始化表达式*);”：跟 8 的效果基本等同①（直接初始化语法），但需要注意最令人烦恼的解析问题。
10. “auto var{*初始化表达式*};”：跟 8 的效果基本等同（直接列表初始化语法）。
11. “auto var = {*初始化器列表*};”：初始化器列表里所有项的类型必须相同，此时结果 var 的类型被推导为该类型的 initializer_list。

显然，C++ 多年发展下来为了兼容性和一致性保留的这么多不同的变量声明方式，你并不需要全部都去使用。各个项目可以根据自己的偏好，来选择最合适的方式。

我的个人推荐是：

- 可以去除明显冗余的 3、7、9、10 的用法。
- 需要默认进行初始化的情况使用 2（尤其对标量）和 1（对有构造函数的类型），为简单起见，也可以全部用 2。
- 对于有初值的情况，优先用 8，其次可以用 6 和 5。
- 对于类里的非静态成员变量，5 和 8 都不能使用，声明统一使用 2 和 6 的花括号形式较为简单一致。②

鉴于使用花括号来进行初始化在大部分情况下简单适用，人们有时候也把它称作*统一初始化*（uniform initialization）。这是一种惯用法（C++ 标准里不使用这一术语）。

下面是一些例子，来说明一下统一初始化的适用场景：

```
int a;                      // 可能没有初始化（常见问题）
int i{};                    // 值初始化（0）
bool b{};                   // 值初始化（false）
IpAddr addr{};              // 结构体值初始化（清零）
IpAddr addr{0xC0A80001};    // 初始化结构体首项，其他清零（假如有的话）
string s1;                  // 调用默认构造函数
string s2{};                // 调用默认构造函数
string s3{"Hello"};         // 调用使用 const char* 的构造函数
int j{42};                  // 用 42 初始化
int k{4.2};                 // 错误：不允许从浮点数到整数的窄化转换
vector<int> v1{3, 5};       // 内容被初始化为 {3, 5}
vector<int> v1(3, 5);       // 内容被初始化为 {5, 5, 5}
```

① 要细究的话，技术上的区别是：在 C++17 之前，如果你定义了一个奇怪的 explicit 拷贝构造函数，那 8 的形式就不能工作了，但 9、10 仍然可以——直接初始化和拷贝初始化的区别。

② 这里讲的是变量声明的方式。与此相关的是，传参会使用拷贝初始化的方式，即相当于上面的 3、4、7 的方式。因此，传参可以调用非 explicit 的构造函数来转换类型。如果要求的参数类型是 vector<int> 或 const vector<int>& 的话，我们可以传递 {1, 2, 3} 让编译器帮我们临时构造一个 vector 出来。

在 C 的用法里，对结构体和数组初始化清零往往会使用“`IpAddr addr = {0}`”这样的写法。在现代 C++ 里我们不推荐这么写：既不需要写“`=`”，也不应该写“`0`”。前者在 C++ 里冗余，后者则可能会导致错误的结果——比如，如果被初始化的结构体的首项是 `string` 的话，这会导致使用空指针去初始化 `string`，程序通常会在运行时崩溃。从 C 迁移到 C++ 时，这是一个需要修改的编码习惯[1]。此外，也可以看到这种初始化语法比起用 `memset` 清零更加简单，也更加安全——如果你用 `memset` 对一个包含非简旧数据的数组、结构体或联合体清零的话，结果通常是未定义行为。

**Almost Always Auto（差不多一直用 auto）？**

Herb Sutter 写过一篇文章名为“AAA Style (Almost Always Auto)”[2]，提倡只要有可能，就使用 `auto`（如使用“`auto n = int{};`”来代替“`int n{};`”）。这一风格并没有很流行，也有明确反对的声音[3]。

风格问题上，对错常常并非泾渭分明。重要的是，应该保持良好的**可读性**和**一致性**。

### 4.6.5 结构化绑定

当一个表达式返回 `pair`（成对值）或 `tuple`（多元组）时，我们可以使用 `tie`（在头文件 `<tuple>` 中提供）来把其中的值赋给更有意义的变量名。如 `set`（见 7.3 节）在插入元素时的返回类型是 `pair<iterator, bool>`。跟下面的代码相比：

```
auto result = s.insert(n);
if (result.second) {
    …
}
```

我们可以通过 `tie` 来得到更好的可读性：

```
set<int>::iterator it;
bool success;
tie(it, success) = s.insert(n);
if (success) {
```

① 事实上，即使是纯 C 的代码，GCC 也一直允许使用“`= {}`”的方式来进行聚合初始化（GNU 扩展），而 C23 标准已正式认定这种写法是合法的 C 代码（之前要求花括号里至少有一项，导致大家都在用“`{0}`”）。这也算是一个 C 从 C++ 借鉴特性的例子吧。

② https://herbsutter.com/2013/08/12/gotw-94-solution-aaa-style-almost-always-auto/

③ https://tinyurl.com/case-against-aaa

```
    …
}
```

这种方式仍要求我们声明变量的类型，而不能使用自动类型推导，还容易有变量未初始化的告警。用 C++17 引入的结构化绑定可以解决这个问题：

```
auto [it, success] = s.insert(n);
if (success) {
    …
}
```

技术上来说，结构化绑定会生成一个隐藏变量（如对上面的代码是“auto __stb = s.insert(n);”[①]），然后将结构化绑定的标识符绑定到这个隐藏变量的各个成员上（即 it 相当于 __stb.first，success 相当于 __stb.second）。因此，结构化绑定产生的标识符不是普通变量，而是别名[②]。不过，在大部分情况下[③]，我们仍可以按直觉使用 auto 或 auto&，得到的结果仍符合预期：使用 auto 得到的标识符绑定的是表达式的求值结果的复本，而使用 auto& 得到的标识符则直接绑定在表达式的求值结果上。8.3.2 节会进一步讨论该问题。

## 4.7 小结

本章介绍了四种 C++ 的模板类型（函数模板、类模板、变量模板和别名模板），以及模板的实例化和显式特化，并描述了与其密切相关的自动类型推导功能。模板是 C++ 的重要基本特性，也是 C++ 的强大抽象能力和性能的来源之一。

本章的目的仅在于对模板进行初步介绍，让读者初步理解模板相关代码，并能够使用 C++ 标准库中的模板（特别是所谓的标准模板库 STL）。本系列的第二本书会对模板功能进一步展开讲解。

---

① 此处使用双下划线大头的标识符表明这是一个特殊的编译器使用的标识符。应该记住：一般而言，程序里自定义的标识符不应当以单下划线加大写字母或双下划线打头——这些名字被实现保留，可能具有特殊含义。不要从标准库的实现里学习这种命名风格。我曾因在代码里写出这样的标识符吃过苦头。

② 语法细节详见 [CppReference: Structured binding declaration]。

③ 一个明显的问题是：在 C++20 之前，lambda 表达式不能捕获结构化绑定（见第 99 页）。

# 第 5 章　字符串

本章简要讨论了 C++ 里的字符串，尤其是 string 类型。

## 5.1　字符串概述

字符串是程序员经常要面对的一种数据类型。C++ 里有多种不同的字符类型。即使对于最简单的 char 类型，我们也有很多种不同的相关字符串类型：

- 字符串字面量（如 "Hello world"）的类型是 const char 数组，在值传参的情况下会退化成为 const  char*（按引用传参则不会）。退化之前在 C++ 里能够获取其长度[①]，但退化之后就没有长度了。
- const  char* 和 char* 是 C 接口常常使用的用来传递字符串的数据类型。由于一般会假设字符串都是零结尾的，这种类型的接口很多不传长度。在需要长度时，可以调用 strlen，但它的执行时间跟字符串长度成正比。C 标准库的很多函数有此类问题，如拼接字符串的 strcat 和复制字符串的 strdup。
- string 是 C++ 标准库提供的字符串类型，它里面保存了字符串的起始地址和长度，能够维护字符串的生存期，并提供了方便字符串操作的函数和运算符，包括通过 const  char* 的构造。C 标准库函数 strcat、strdup 和 strlen 的缺陷在 string 里都不存在。
- string_view 是 C++17 引入的新类型，它的方法跟 string 有相似之处，但它只是一个“视图”，不维护字符串的生存期，也不能用来修改底下的字符串。因此，这个类型在大部分情况下不适合用来“存储”字符串[②]，但它非常适合用作入参。const  char* 和 string 都可以用来构造 string_view。

在本章中，我们主要会介绍一下 string。string_view 则会在第 10 章里进行介绍。

---

① 如使用 C++17 的 std::size 函数。

② 但也有一些合适的场合，比如，一个 map 常量里只把字符串字面量当作键使用时。

# 5.2 string 的基本特点

## 5.2.1 类容器特性

用简单一句话来描述 `string` 的话，我们可以说 `string` 是一个保证零结尾的 `char` 类型元素的序列容器。它的内存布局大致如图 5-1 所示。

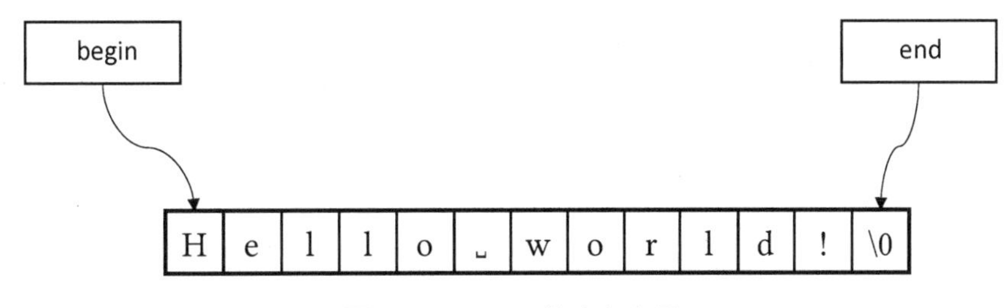


图 5-1：string 的内存布局

跟其他大部分容器一样，`string` 具有下列成员函数：

- `begin` 可以获得元素起始点的迭代器（如图中所标示）
- `end` 可以获得元素结束点的迭代器（如图中所标示）
- `cbegin` 跟 `begin` 类似，但返回的迭代器只能用于读取，不能用于写入
- `cend` 跟 `end` 类似，但返回的迭代器只能用于读取，不能用于写入
- `front` 可以获得元素首项（图中的“H”）的引用（容器非空时才允许使用）
- `back` 可以获得元素尾项（图中的“!”）的引用（容器非空时才允许使用）
- `empty` 可以获得容器是否为空
- `size` 可以获得容器的大小
- `swap` 可以和另外一个容器交换内容

对于不那么熟悉容器的人，需要知道 C++ 的 `begin` 和 `end` 组成了半闭半开区间：在容器非空时，`begin` 指向第一个元素，而 `end` 指向最后一个元素后面（所谓 past-the-end，尾后）的位置；在容器为空时，`begin` 等于 `end`。在 `string` 的情况下，由于零结尾的缘故，`end`“指向”代表字符串结尾的 `\0` 字符[①]。

也和大部分容器一样，不同的 `string` 之间可以方便地使用 `==`、`!=`、`<`、`<=`、`>` 和 `>=` 运算符来进行比较。这些直观的使用字典序的比较运算符是以 `std` 名空间里的独立函数方式

① 但是，根据 C++ 标准，即使对 `string` 的 `end()` 进行解引用也仍然是未定义行为。参见 18.1.5 节。

实现的。

上面就几乎是所有容器的共同点了。也就是说：

- 容器都有起始点和结束点
- 容器会记录其状态是否非空
- 容器有大小
- 容器支持交换

跟其他存在 size 成员函数的容器一样，string 的 size 成员函数的时间复杂度是 $O(1)$。对比一下，C 的很多字符串操作函数，如 strlen 和 strcat，则需要花费 $O(N)$ 的时间（设 $N$ 为字符串的长度）来数字符串里有多少个字符。当字符串里已有字符数量较多时，string 操作会有非常明显的性能优势。

跟数组和一些容器一样，我们可以使用下标运算符来访问某个字符成员，如使用 s[0] 来访问 string 对象 s 里的第一个字符。这在 C++ 标准库里是使用运算符重载来实现的。下标运算符返回的结果是字符的引用，因此，在字符串非 const 的情况下，我们可以通过 s[i] 修改字符串的内容。这样，string 很好地模拟了数组和 C 里面的行为，对开发者来说相当熟悉和方便。

不过，在很多情况下，我们在 C++ 里会使用迭代器（见第 8 章）来遍历。比如，下面的代码可以用来统计字符串中小写字符的数量：

```
size_t countLowerCase(const string& s)
{
    size_t count = 0;
    for (auto it = s.begin(); it != s.end(); ++it) {
        if (islower(static_cast<unsigned char>(*it))) {
            ++count;
        }
    }
    return count;
}
```

上面的 static_cast 是一个继承自 C 的历史行为：islower 函数的参数类型为 int，并且该函数要求用户应保证参数值在 unsigned char 的表达范围之内，或者等于 EOF。实际来说，如果字符串里只包含 ASCII 字符集范围内的字符（代表字符的数字值在 0 和 127 之间），那没有这个转型也可以；否则，代码就有未定义行为。

除了正向遍历，string 和很多容器也支持反向遍历。只需要把 begin 和 end 改成 rbegin 和 rend，我们就把正向的遍历变成了反向的遍历（一般也存在 const 遍历的 crbegin 和 crend 成员函数）。如果一个对象支持 begin 和 end 操作，那一般就意味着这个对象允许遍历其成员；如果这个对象也支持 rbegin 和 rend，那通常就意味着这个对象也允许反向遍历。

我会在第 8 章介绍迭代器，目前只需要把迭代器当成一个行为像指针的对象即可。

### 5.2.2 字符串特性

string 毕竟是字符串类型，而不仅仅是一个简单的字符容器。string 类型提供了字符串所需要的常见操作。本节会进行一些概述，更多细节请自行参阅 [CppReference: std::basic_string]。

#### 构造

string 提供多种不同的构造方式，比较常用的是：

- 默认构造：生成一个空字符串。注意这和使用空指针（含 NULL、nullptr 和 0）构造不同——空指针来构造 string 会导致未定义行为，通常会使程序崩溃！
- 从 const char*（字符串字面量的退化形式）构造：生成一个字符串，内容是指针指向的零结尾字符串的复本。
- 从 const char* 和长度构造：生成一个字符串，内容是指针指向的字符串开头部分指定长度的内容复本。
- 从长度和字符构造：生成指定长度的字符串，里面所有内容都是给定的字符。

string 还有很多其他构造函数，包括标准的拷贝构造函数、移动构造函数，等等。此处不再一一列举。

#### 赋值

跟构造类似，但只有单参数的情况才能使用赋值运算符来替换当前字符串的内容。对于非单参数的情况，则可以使用 assign 成员函数。

赋值的特殊意义在于可以重用已经分配的“容量”。如果一个字符串对象已经分配了较大的堆内存，那当我们用一个长度小于等于当前对象容量且并非右值 string 类型的字符串来对它进行赋值时，它将使用已经分配的内存来存放字符串的内容，而无须再次进行内存分配。当然，如果给它赋值一个右值 string 的话，结果会是它获取右值 string 对象的内存所有权，并释放原先占用的内存[1]。

下面是几个例子：

```
const char* msg = "Hello world";
s = msg;           // 得到 "Hello world"
s.assign(msg);     // 得到 "Hello world"
s.assign(msg, 5);  // 得到 "Hello"
s.assign(5, 'A');  // 得到 "AAAAA"
```

### 小字符串优化（SSO）

string 的最直截了当的实现是使用三个成员变量：指针、长度、容量。在 64 位机上，这通常意味着 string 的大小（sizeof）是 24 字节，并且字符串的内容需要分配在堆上。考虑到并非所有指针/长度/容量的组合都合法，以及 string 里也可以增加一些额外的空间，实现可以不进行堆内存分配，就能在 string 对象里存放较“小”的字符串。

下面是我使用当前主流环境下的默认编译器对 string 大小和无须堆内存分配的最大字符串长度（小字符串最大长度）的测试结果（不同版本之间也可能变化，仅供参考）[2]：

MSVC（64 位 Windows）：string 大小是 32 字节，小字符串最大长度是 15。

MSVC（32 位 Windows）：string 大小是 24 字节，小字符串最大长度是 15。

GCC（64 位 Linux）：string 大小是 32 字节，小字符串最大长度是 15。

GCC（32 位 Linux）：string 大小是 24 字节，小字符串最大长度是 15。

Clang（64 位 macOS）：string 大小是 24 字节，小字符串最大长度是 22。

#### 内容访问

除了之前提到的下标运算符，我们还可以使用：

- at 成员函数：在下标越界时会抛出异常（使用下标运算符则要求开发者自行保证不越界）。
- front 成员函数：获得第一个字符的引用。
- back 成员函数：获得最后一个字符（不是标注结束的 \0）的引用。

---

① 此处我们暂且忽略小字符串优化（SSO）的情况。

② 注意 Clang 在 Linux 下默认会得到跟 GCC 相同的结果，除非指定使用 libc++ 作为标准库（参考第 324 页开始关于 Clang 的具体描述）。

- c_str 成员函数：获得一个 const char*，通常用来和需要 const char* 的 C 风格接口进行交互。
- data 成员函数：在 C++17 之前和 c_str 等效，从 C++17 开始对于一个非 const 的 string 可以获得 char* 而不是 const char*，因而可以对字符串的内容进行修改。

比较

string 之间可以使用标准的 ==、!=、<、<=、>、>= 运算符进行比较。这些比较是逐元素的字典序比较，符合程序员的一般直觉。string 不仅可以跟 string 进行比较，还可以跟 const char*——即常见的字符串字面量在传参退化后的类型——直接进行比较。

此外，string 支持使用 compare 成员函数来进行比较，返回零、负数和正数来表示等于、小于和大于。和上面的 assign 跟赋值运算符的关系类似，compare 除了支持两个 string 的比较，还支持多参数的情况，比如一个 string 的一部分和另一个 string 的一部分，或一个 string 的一部分和另一个零结尾字符串的一部分。

搜索

在字符串里搜索某个字符或某个字符串时，可以使用 string 提供的以下成员函数：

- find 成员函数：从左往右查找指定的字符或字符串。
- rfind 成员函数：从右往左查找指定的字符或字符串。
- find_first_of 成员函数：从左往右查找指定字符序列中的任一字符。
- find_first_not_of 成员函数：从左往右查找不在指定字符序列中的字符。
- find_last_of 成员函数：从右往左查找指定字符序列中的任一字符。
- find_last_not_of 成员函数：从右往左查找不在指定字符序列中的字符。

对于这些查找操作，上述函数的返回值在找到符合要求的结果时是一个索引值，在找不到时则是特殊值 string::npos。这个值通常就是 size_t(-1)。

容量

前面我们已经提到过 empty 和 size，其他跟容量相关的主要成员函数是：

- capacity 成员函数：获得字符串的容量大小。容量一定大于等于字符串的 size()，并且一般在容量不够时会指数式增长（典型情况是到原先大小的两倍）。
- reserve 成员函数：将字符串的容量保留至指定大小。该函数仅在给定值比原容量大时才发生作用，会分配新内存，把现有的字符串内容复制过去，然后释放原先的内存。后面讨论到的 insert、push_back、resize 成员函数在容量不足时也会调整容量，相当于自动调用 reserve。

- shrink_to_fit 成员函数：要求释放多余的容量。实现一般会在 capacity() 大于 size() 时分配一块大小等于 size() 的内存，把字符串复制过去，然后释放原先的内存。

修改

下面是修改字符串的常用成员函数：

- clear 成员函数：清空字符串的全部内容。
- erase 成员函数：在指定的位置（索引或迭代器）删除字符，之后的字符会往前移动。
- insert 成员函数：在指定的位置（索引或迭代器）插入字符，从插入位置开始的字符会往后移动。
- pop_back 成员函数：在尾部删除单个字符。该操作总是高效的。
- push_back 成员函数：在尾部插入单个字符。该操作通常是高效的（除非字符串容量不足）。当容量够时，时间开销是 $O(1)$；容量不足时（最坏情况），开销就会很高（参见前面 reserve 成员函数的说明）。如果你的操作次数足够多，那就可以忽略发生概率很低的最坏情况，平均仍是 $O(1)$ 的时间开销，这称为“分摊 $O(1)$”。
- resize 成员函数：设置字符串的大小。当比原来的大小要小时，只保留指定大小的开头字符（容量不变）；当比原来大时，则使用 \0 或给定的字符在尾部进行填充。

如果我们能预知字符串的**最终**大小，那提前保留容量有助于提升性能。如要生成大小为 64 KB 的字符串，若仅使用 push_back 逐个插入字符，总共会需要十余次内存分配和复制操作（次数约为 $\log_2 65536$）。相比之下，如果一开始就 reserve(65536)，那就可以避免这些额外操作。

不过，滥用 reserve 则会适得其反。如果不知道最终大小，每次字符串增长都去执行 reserve 反而会降低性能。例如，每次插入 128 个字符都先 s.reserve(s.size() + 128) 一下的话，那在增长到 65536 时，内存分配和数据复制将进行五百多次（65536 / 128），远超自动增长时的十多次。

此外，拼接我们接下来单独讲。

### 拼接

字符串常常需要拼接。我们有三种拼接方式：

- 使用 += 运算符：这是从 C++98 开始就支持的最常见的拼接方式，使用这个运算符可以把字符或字符串拼接到当前字符串对象的尾部。
- 使用 append 成员函数：同样是常见的拼接方式，更适用于多参数的情况，如长度加字符，或字符串的一部分，或两个迭代器指定的范围。
- 使用 + 运算符（非成员函数）：跟 += 类似，但这个运算符会把拼接结果作为一个新字符串返回。

在 C++98 的年代，+ 运算符常常被视为一种低效的用法。而从 C++11 开始，当 + 的某一侧是右值对象时，这个右值对象里的容量可以被重用。这意味着，下面这两种实现在现代 C++ 里基本没有性能差异了（在 C++98 里则有）：

```
string salute1(const char* name)
{
    string msg("Hi, ");
    msg += name;
    msg += ", how are you today?";
    return msg;
}
```

和

```
string salute2(const char* name)
{
    return string{"Hi, "} + name + ", how are you today?";
}
```

### 其他操作

string 还支持其他一些操作，如生成子串（substr）、流输出（<<）、流输入（>>、getline）、数字转字符串（to_string）和字符串转数字等（stoi、stoul 等）。这些我们不再一一赘述。这些功能有些极其直观，可以直接上手使用；另外一些也很容易就可以从 CppReference 或其他参考资料里找到具体用法。

## 5.3 basic_string 模板

从 string 的用法不能明显看出的是，string 实际是一个模板别名，等价于 basic_-string<char>[1]。为了适配不同的环境和平台，C++ 里实际有多种不同的字符类型。它们是：

- char："窄"字符类型，也是大家最熟悉的"字符"类型。我们简单使用单引号或双引号，即可获得窄的字符或字符串字面量，如 'A' 和 "Hello"。
- wchar_t："宽"字符类型，这是实现定义的比 char 更大的字符类型，其实际大小根据平台的不同而不同。目前主要在 Windows 平台上会使用这一类型，以便跟 Windows 的"Unicode"编程接口[2]交互。在 Windows 上 wchar_t 是 2 字节、16 比特，用来放 UTF-16 编码的字符。在其他常见环境里（如 Linux、macOS 和其他 Unix 系统），wchar_t 是 4 字节、32 比特，用来放 UTF-32 编码的字符。要获得宽的字符或字符串字面量，我们需要在单引号或双引号前加上"L"前缀，如 L"Hello"。
- char16_t：UTF-16 字符类型。鉴于 wchar_t 在不同平台上的不同行为，C++11 为统一的 UTF-16 字符类型引入了 char16_t。注意，即使在 wchar_t 是 16 比特的平台上，char16_t 和 wchar_t 也不是同一种类型，虽然它们之间一般可以隐式转换。char16_t 类型的字面量需要使用"u"前缀，如 u'好'。
- char32_t：UTF-32 字符类型。跟 char16_t 一样，C++11 引入的该类型让我们有了统一的 UTF-32 字符类型。同样，即使在 wchar_t 是 32 比特的平台上，char32_t 和 wchar_t 也不是同一种类型。char32_t 类型的字面量需要使用"U"前缀，如 U'😀'。单个 char32_t 字符可以表达任何单个 Unicode 字符（单个 char16_t 字符则不行，它表达不了超过码点 U+FFFF 的字符，如表情符号）。
- char8_t：UTF-8 字符类型。这是 C++20 新增的字符类型，用来跟 char 进行明确区分。至少在 Windows 平台上，char 使用的编码通常不是 UTF-8，而 char8_t 则明确规定了字符的编码是 UTF-8。它的字面量使用"u8"前缀，如 u8"😀"（注意，这个字符串虽然只有一个字符，但该字符需要占用 4 个一字节的 char8_t 码元）。

---

① 如果把模板完全展开的话，实际会得到 std::basic_string<char, std::char_traits<char>, std::allocator<char>>。在出错信息里你就可能会看到这样的类型名称。不过，我们还是暂且忽略后面这两个通常不会去修改的模板参数。

② 跟 Windows 上的"ANSI"编程接口一样，这些名字都只具有历史意义，严格来讲都是错的。

对应于每种字符类型，我们都有对应的字符串类型，即 basic_string 对于特定字符类型的特化。模板让 C++ 标准库的一套代码提供了对多种不同类型字符串的支持，并对它们提供了同样的接口。当然，为了方便使用，标准库提供了更简短的别名，如表 5-1 所示。

表 5-1：basic_string 的标准别名

| 别名 | 定义 |
|---|---|
| std::string | std::basic_string<char> |
| std::wstring | std::basic_string<wchar_t> |
| std::u8string | std::basic_string<char8_t> |
| std::u16string | std::basic_string<char16_t> |
| std::u32string | std::basic_string<char32_t> |

一般而言，对于在非 Windows 系统上进行的开发，全部使用窄字符类型和 UTF-8 编码最方便，大部分情况下可以不需要考虑编码和编码转换的麻烦问题。而 Windows 开发则不能这样（除非应用完全不需要处理非 ASCII 字符，如中文或表情符号）。鉴于 Windows 原生编程接口一般使用 wchar_t，应用也往往不得不使用基于 wchar_t 字符类型的方案。如果需要跨平台的话，则需要考虑引入类似于 _T 的封装宏[1]。

## 5.4 小结

本章对 C++ 里的字符串类型 string 进行了初步介绍，描述了它的基本特点，并简单说明了 C++ 里的不同字符类型和字符串类型。string 可以通过字符串字面量等方式进行构造，并支持通常对字符串需要的操作，如比较、搜索、拼接、转换，等等。

本章只描述了使用 string 所需要的基本概念，后面我们还会讨论跟 string 相关的高级用法。

① 本书对该问题不再进行展开讨论。感兴趣的读者可查看微软的相关文档，如 https://learn.microsoft.com/en-us/cpp/text/unicode-programming-summary 和 https://github.com/Microsoft/cpprestsdk/wiki/FAQ#what-is-utilitystring_t-and-the-u-macro。

# 第 6 章　函数对象

除了函数之外，C++ 里还有其他对象也可以当作函数来调用。本章即会对这一泛化的函数对象（function object）概念进行讨论。

## 6.1　什么是函数对象

### 6.1.1　函数对象类

函数对象自 C++98 开始就已经被标准化了。从概念上来说，函数对象是任何可以被当作函数来用的对象[①]。它有时也会被叫作“函子”（functor），但鉴于这个术语在范畴论里有着完全不同的含义，还是不用为妙——否则玩函数式编程的人可能会朝你大皱眉头的。

下面的代码定义了一个简单的加 *n* 的函数对象类：

```
struct Adder {
    Adder(int n) : n_(n) {}
    int operator()(int x) const { return x + n_; }

private:
    int n_;
};
```

它看起来相当普通，唯一有点特别的地方就是定义了一个 operator()，这个运算符允许我们像调用函数一样使用小括号的语法。随后，我们可以构造一个实际的函数对象，如：

```
Adder add2(2);
```

得到的结果 add2 就可以当作一个函数来用了。你如果写下 add2(5) 的话，就会得到结果 7。由于运算符重载的作用，这个表达式的实际作用相当于：

```
add2.operator()(5)
```

① 注意 C++98 对 function object 一词的定义更窄，专指有 operator() 成员函数的对象。某些书（不含本书）里可能使用这种更老的定义。

另外一个需要注意的地方是 operator() 通常是 const 成员函数，即应显式声明调用这个成员函数不会修改对象的状态。通常实现函数对象就应该这么做。我曾经遇到过代码出现非常奇怪的编译错误，追根究底就是因为 operator() 没有声明成 const，而使用场景又不允许修改这个函数对象。

### 6.1.2 高阶函数

C++98 里定义了一些高阶函数，这些函数可以接受函数（对象）作为参数或返回函数（对象）。下面是已经从 C++17 标准里移除的 bind2nd（在 <functional> 头文件中提供）的一个示例：

```
auto add2 = bind2nd(plus<int>(), 2);
```

这样产生的 add2 功能和前面相同，是把参数 2 当作第二个参数绑定到函数对象 plus<int>（它的 operator() 需要两个参数）上的结果。当然，由于在 C++98 里没有 auto，结果要赋给一个变量就有点别扭了，得写成：

```
binder2nd<plus<int> > add2(plus<int>(), 2);
```

因此，在 C++98 里我们通常会直接使用绑定的结果，如：

```
transform(v.begin(), v.end(), v.begin(), bind2nd(plus<int>(), 2));
```

上面的代码会将容器 v（类型可能是 vector<int>）里的每一个元素的数值都加上 2（transform 函数模板在 <algorithm> 头文件中提供）。

transform 也是一个高阶函数，它的最后一个参数是函数对象。这个函数模板就是我们常常听说的 MapReduce 里的 map 的 C++ 版本，用来把一组对象映射到另一组对象。

### 6.1.3 函数的指针和引用

除非你用一个引用模板参数来捕获函数类型，否则传递给一个函数的函数实参会退化成为一个函数指针。不管是函数指针还是函数引用，你都可以当成函数对象来用。

假设我们有下面的函数定义：

```
int add2(int x)
{
    return x + 2;
};
```

再假设我们有下面的模板声明：

```
template <typename T>
auto test1(T fn)
{
    return fn(2);
}

template <typename T>
auto test2(T& fn)
{
    return fn(2);
}

template <typename T>
auto test3(T* fn)
{
    return (*fn)(2);
}
```

那当我们拿 `add2` 去调用这三个函数模板时，`fn` 的类型将分别被推导为 `int (*)(int)`、`int (&)(int)` 和 `int (*)(int)`。不管获得的是指针还是引用，我们都可以直接拿它当普通的函数用。当然，在函数指针的情况下，我们解引用一下（如上面的 `*fn`）也完全合法，虽然不必要。因此，上面三个函数拿 `add2` 作为实参调用的结果都是 4。

接收函数对象的地方，一般既可以接受函数对象类的对象，也可以接受函数的指针或引用。但在某些情况下，如需要通过函数对象的类型来区分函数对象的时候，就不能使用函数指针或引用了——原型相同的函数，它们的类型也是相同的。我们会在容器的相关章节看到对这一特性的利用（参见 7.3.1 节）。

# 6.2 lambda 表达式

## 6.2.1 基本用法和原理

到目前为止，我们看到了两种可能的对容器里每个元素执行映射操作的方法，即

```
transform(v.begin(), v.end(), v.begin(), Adder(2));
```

和

```
transform(v.begin(), v.end(), v.begin(), bind2nd(plus<int>(), 2));
```

前者更加简洁，但需要使用者定义一个函数对象类。后者不需要专门去定义函数对象类，但只有比较简单的情况才能用这种函数对象组合的方式写出来。我们真正需要的，是一个可以方便写出直观、即用即生成的匿名函数对象的方法。C++11 里引入的 lambda 表达式就是这样的一种方法。

对于上面的例子，我们可以像下面这样使用 lambda 表达式来改写：

```
transform(v.begin(), v.end(), v.begin(), [](int x) { return x + 2; });
```

本质上，这相当于编译器自动帮你生成了下面这样的函数对象类型：

```
struct FunctionObject_ADEC24A {
    auto operator()(int x) const { return x + 2; }
};
```

然后在代码中使用了这个函数对象：

```
transform(v.begin(), v.end(), v.begin(), FunctionObject_ADEC24A{});
```

显然，在这样的场景下，使用 lambda 表达式优于之前的两种写法。

需要注意，每次使用 lambda 表达式都会得到不同的类型，哪怕两次使用的 lambda 表达式形式完全相同——每次编译器都生成了不同的、但我们写不出来的唯一类型。

### 6.2.2 捕获

为了能更加灵活，让使用 lambda 表达式像写普通代码一样，我们允许在 lambda 表达式里“使用”lambda 表达式外的“局部”变量（全局变量本来就可以在 operator() 成员函数里直接使用，不需要额外允许）。我们此时需要 lambda 表达式的捕获功能。

我们还是通过例子来说明一下。如果想通过一个局部变量来控制 transform 时加几，我们可以选择下面两种方式之一：

```
transform(v.begin(), v.end(), v.begin(), [n](int x) { return x + n; });
```

或

```
transform(v.begin(), v.end(), v.begin(), [&n](int x) { return x + n; });
```

这两种捕获方式分别是按值捕获和按引用捕获。它们的差异可以从下面对编译器自动生成的函数对象类型的示意中看出来：

```
struct FunctionObject_697A903 {
    FunctionObject_697A903(const int& n) : n(n) {}
```

```
    auto operator()(int x) const { return x + n; }

private:
    int n;
};
```

和

```
struct FunctionObject_8F0A216 {
    FunctionObject_8F0A216(int& n) : n(n) {}
    auto operator()(int x) const { return x + n; }

private:
    int& n;
};
```

也就是说，按值捕获会把被捕获变量的值存到函数对象里，而按引用捕获会把被捕获变量的引用存到函数对象里。

默认情况下，lambda 表达式不允许修改捕获的对象——自动生成的 `operator()` 带有 `const` 限定，不允许里面的代码修改函数对象的数据成员。这一默认行为在大部分情况下是合理的。如果希望修改捕获，则需要在 lambda 表达式的参数声明后加上 `mutable` 关键字来让生成的 `operator()` 不使用 `const`。此外，注意在按引用捕获时你仍然可以“修改”捕获的变量，因为此时你修改的不是引用，而是引用指向的对象：也就是说，你不需要 `mutable` 就可以在 lambda 表达式里修改按引用捕获的对象。

除了使用方括号列出局部变量名（可选在前面加上“`&`”），我们还可以使用下面几种写法（多个捕获用逗号分隔开）：

- 用“`=`”按值捕获所有用到的局部变量。**不推荐使用。**
- 用“`&`”按引用捕获所有用到的局部变量。这种方式通常只应该用于在当前函数里局部使用的 lambda 表达式，而不应将使用这种捕获的 lambda 表达式存储到其他地方，以免产生悬空引用。
- 用“`this`”在成员函数里捕获当前对象的 `this` 指针，以便在 lambda 表达式里访问当前对象的成员。这本质上是一种按引用捕获。用“`&`”可以自动捕获 `this`。[①]
- 用“`*this`”在成员函数里捕获当前对象的一个复本，以便在 lambda 表达式里访

① 用“`=`”也能捕获 `this`，但这一行为从 C++20 开始已废弃。如果在使用“`=`”捕获的同时想捕获 `this` 的话，在 C++20 之前写“`[=, this]`”会告警，而从 C++20 开始则写“`[=]`”会告警——没有一种统一的写法可用。这也是我不推荐用“`=`”进行捕获的原因之一。

问这个对象复本的成员（自 C++17 起）。

- 用“变量名 = 表达式”捕获表达式的值到指定的变量里（自 C++14 起）。
- 用“&变量名 = 表达式”捕获表达式的引用到指定的变量里（自 C++14 起）。

lambda 表达式有非常多的使用场景。比如，假设你有这样多重初始化路径的代码：

```
Obj obj;
switch (init_mode) {
case init_mode1:
    obj = Obj(…);
    break;
case init_mode2;
    obj = Obj(…);
    break;
…
}
```

这样的代码，实际上是调用了默认构造函数、带参数的构造函数和（移动）赋值运算符：既可能有性能损失，也对 Obj 提出了有默认构造函数的额外要求。对于这样的代码，有一种重构方式是把 switch/case 部分分离成独立的函数。不过，更直截了当的做法是用一个 lambda 表达式来进行改造，既可以提升性能（不需要默认函数，到 C++17 甚至可以确保消除拷贝/移动动作），又让初始化部分显得更加清晰，还可以避免在某个分支里遗漏初始化——在某些 case 中忘记对 obj 赋值不会产生编译错误，而如果漏掉 return 就会引发编译错误了，因此会减少不小心写错代码的可能。例如：

```
auto obj = [&]() {
    switch (init_mode) {
    case init_mode1:
        return Obj(…);
    case init_mode2:
        return Obj(…);
    …
    }
}();
```

这里我们对 lambda 表达式立即进行求值，因此使用 & 来进行捕获相当安全，不会有悬空引用的问题。

### lambda 表达式里捕获结构化绑定

在 C++20 之前，lambda 表达式不能捕获结构化绑定，但我们可以用指定变量初始化器的方式来规避这一问题：

```
auto pr = make_pair(…);
auto [x, y] = pr;
auto f = [x] { … };      // 从 C++20 开始合法
auto g = [x = x] { … };  // C++17 的规避方式
```

### 6.2.3 泛型 lambda 表达式

函数对象里的成员函数也可以是函数模板。我们可以定义出下面的函数对象：

```
struct Print {
    template <typename T>
    void operator()(const T& x) const
    {
        cout << x << ' ';
    }
};
```

然后，我们可以用下面的算法来遍历输出任意元素类型的容器 v（只要该类型可以流输出）：

```
for_each(v.begin(), v.end(), Print{});
```

在 C++14 引入了泛型 lambda 表达式之后，我们可以用 lambda 表达式简洁地表达这一函数对象，而无须在外部定义 Print：

```
for_each(a.begin(), a.end(), [](const auto& x) {
    cout << x << ' ';
});
```

在这里，auto 就对应着类型不确定（泛型）的参数；也跟类型推导场景一样，我们可以使用 const、& 之类的额外限定。显然，至少对于单次使用的场景，这种表达方式很有优势。

## 6.3 使用 function 对象

使用类类型的函数对象和 lambda 表达式都有其独特的类型，类型决定了其行为。有些时候这样的强类型会有负面影响，比如，我们没法把不同的强类型函数对象直接放到容器里去，如字符串到某个操作的映射：map<string, SomeOp>。这里的 SomeOp 显然必须是一种更“抽象”的东西，而不是具体的操作。这时候，我们就可以使用 function 类模板来进行类型擦除（type erasure）。

function 只通过模板参数保留了函数对象的返回值和参数类型，其他信息我们通常后续不再关心。function 保留了访问原始信息的能力（通过 target_type 成员函数可访问 type_info 信息），但它跟函数指针最主要的不同点在于，function 里可以保存带状态的函数对象（含有捕获的 lambda 表达式）。这当然也会让 function 对象变得相应更“胖”一点，并且，在函数对象比较大的时候，创建 function 对象还可能引发堆内存分配来存放函数对象。

我们可以看一下下面的代码（counted_ops.cpp）：

```
int count_plus{};
int count_minus{};
int count_multiplies{};
int count_divides{};

map<string, function<int(int, int)>> ops{
    {"+",
     [&count_plus](int x, int y) {
         ++count_plus;
         return x + y;
     }},
    {"-",
     [&count_minus](int x, int y) {
         ++count_minus;
         return x - y;
     }},
    {"*",
     [&count_multiplies](int x, int y) {
         ++count_multiplies;
         return x * y;
     }},
    {"/",
     [&count_divides](int x, int y) {
         ++count_divides;
         return x / y;
     }},
};

cout << ops.at("+")(ops.at("*")(5, 8), 2) << '\n';
```

虽然我们还没有讨论容器 map（7.3.2 节），但应该不难看出上面代码的效果是输出 5 * 8 + 2 的结果，并且 count_multiplies 和 count_plus 会分别增一。

## 6.4 小结

本章介绍了函数对象和 lambda 表达式的基本概念。函数对象是一个可以被当作函数来用的对象，包括函数对象类、函数指针等多种情况。lambda 表达式是一个匿名函数对象，适用于即用即生成的场景，使用它能够更方便地使用高阶函数。而如果我们想要消除函数对象的类型来统一处理，那 `function` 类模板可以帮忙。

函数对象和 lambda 表达式在泛型编程中是重要的基础组成部分，我们在后续章节中将进一步看到它们的用法。

# 第 7 章　标准容器

容器是 C++ 里非常重要的概念，也是 C++ 标准库里最常用的组件之一。本章讨论标准库的各种容器，包括序列容器、关联容器和无序关联容器，以及与容器紧密相关的容器适配器。

## 7.1　标准模板库和容器

Alex Stepanov 的主要作品之一，C++ 标准模板库（STL），可以认为是 C++ 面世后最重要的标准库组件。在 1993 年向 C++ 标准委员会展示之后，它一举征服了委员会成员，随后顺利进入 ISO C++ 标准，并促使 C++ 程序员的思维方式朝着泛型编程（generic programming）的方向发展。

C++ 和 STL 可以说是互相成就。C++ 通过模板为 STL 提供了所需的实现机制，是实现标准模板库的最佳语言。STL 为 C++ 提供了一套高性能、高度抽象的标准库，同时还促进了 C++ 的模板和泛型机制的发展。

以下内容摘自 *Dr. Dobb's Journal* 对 Alex Stepanov 的访谈：[①]

> 在 1988 年，我搬到了惠普实验室……到了 1992 年，我回到了泛型库的开发……那时候 C++ 已经有了模板。我发现 Bjarne 在模板设计上做得非常出色。我之前在贝尔实验室参与过几次关于如何设计模板的讨论，并且与 Bjarne 有过激烈的争论，我认为他应该使 C++ 模板尽可能接近 Ada 泛型。我想我争论得太激烈了，他反而决定不那么做……Bjarne 设计了一种模板函数机制，在这种机制下，模板通过重载机制来隐式实例化。这种特别的技巧对我的工作至关重要，因为我发现它允许我做很多在 Ada 中无法实现的事情。
>
> ……
>
> 在 STL 被接受之前，有两个[模板]变化被修改后的 STL 所使用。一个是允许模板成员函数。STL 广泛使用模板成员函数，这样可以从一种类型的容器构造另一种类型的

① http://stepanovpapers.com/drdobbs-interview.html

> 容器……在 STL 中使用的第二个重要新特性是模板参数本身可以是模板，分配器在最初提出时就是这样实现的。
>
> ……
>
> Bjarne 提出了一个对模板的重要补充，称为“部分特化”，这会让很多算法和类变得更加高效，并解决了代码大小的问题。我与 Bjarne 一起在这个提案上工作，驱动它的需求就是让 STL 更加高效。
>
> ……
>
> 目前 C++ 是这种[泛型]编程风格的最佳载体。

STL 里的基本概念是：容器（container）、迭代器（iterator）、算法（algorithm）和函数对象（function object）。我们已经在第 6 章对函数对象进行了基本介绍，接下来我们就分别在本章、第 8 章和第 9 章依次介绍标准容器、迭代器和标准算法。

鉴于读者应该对很多容器已经相当熟悉了，我采取一种非正规的讲解方式，尽量不重复已有的参考资料，而是强调需要重点关注的部分。

此外，在把玩容器时，一个常见的需求是输出容器中所有元素的内容。有很多方法可以做到这一点。我在本章的一些范例中会使用一个自己写的头文件 `ostream_range.h`，在包含它之后我们就可以直接通过流输出运算符 `<<` 来输出容器的内容。该文件的实现稍复杂，本书中暂不进行讲解。但这不妨碍大家现在就开始使用它（本书的示例代码里有）。

## 7.2 序列容器

序列容器（sequence container）是在概念上按顺序存储元素的一组容器。

### 7.2.1 vector

`vector` 是最常用的序列容器，也是最常用的容器。本书之前的部分也已经出现过它的身影。它的名字来源于数学术语，直接翻译是“向量”的意思，但在实际应用中，我们把它当成动态数组更为合适[①]。它基本相当于 Java 的 `ArrayList` 和 Python 的 `list`。C++ 里更接近数学里向量概念的对象是 `valarray`（很少有人使用，本书也不介绍）。

和 `string` 相似，`vector` 的成员在内存里连续存放，同时 `begin` 和 `end` 成员函数指向的

---

① Alex Stepanov 在设计 STL 时起了这个名字。他在《数学与泛型编程：高效编程的奥秘》的 7.2 节里写道：“在 STL 中，*vector* 这个名字借鉴自早期的编程语言 Scheme 和 Common Lisp。不幸的是，这与数学中这个术语更古老的含义不一致……这种数据结构就应该叫 *array*。遗憾的是，如果你犯了错……结果可能会在很长一段时间里一直保留下来。”

位置也和 string 一样，大致如图 7-1 所示。

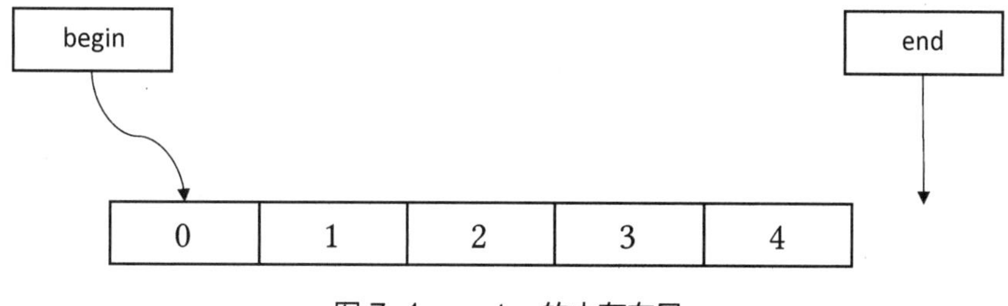


图 7-1：vector 的内存布局

注意，end() 不应该解引用。如果去解引用的话，结果是未定义行为（虽然通常不会导致程序崩溃[①]）。

**vector<bool>**

Alex Stepanov 和 Meng Lee 很早就引入了特化[②]，让 vector<bool> 里每个元素只占一比特，而非一字节。这个特化随后进入 C++98 标准，并一直沿用了下来。在今天看来，这有点画蛇添足了（当然，马后炮总是容易一点）。

这样的特殊容器很有用，在需要减少内存占用的时候你会发现非常方便。但它跟其他 vector 的行为有明显的不同之处，如 operator[] 和 *begin() 返回的不是 bool 的引用，而是个代理类（proxy）对象。在通用代码中，如果无意使用 vector<bool>，而是用 vector<T> 一不小心组合出了 vector<bool> 类型的话，就可能会导致各种意想不到的模板错误——因为写代码的人很可能会自然假设，如果需要修改元素就应当用 auto& 或类似的方式去获得一个元素的引用，而这在 vector<bool> 上无法工作。这种时候，有时候你会不得不做反向特化，在发现参数类型是 bool 的情况下努力不要生成 vector<bool>，而改用 vector<char>、vector<BoolObj> 之类的东西来替代。[③]

事实上，STL 实现里最早用的名字 bit_vector[④] 就挺好。

---

① 程序崩溃一般是由于访问非法地址所致的，而迭代器越界之后的地址通常仍为合法地址。至少在调试时，我们希望能尽早捕获这种情况，此时可以使用 Address Sanitizer（ASan）或启用标准库调试模式来达到这样的效果。参见第 18 章。

② 参见 STL 最早的文档：http://stepanovpapers.com/STL/DOC.PDF。

③ 另外，可参考 Herb Sutter 的讨论文章（http://www.gotw.ca/publications/mill09.htm）和 Howard Hinnant 的讨论文章（https://isocpp.org/blog/2012/11/on-vectorbool）。

④ 参见 SGI STL 的文档：https://www.boost.org/sgi/stl/bit_vector.html。

vector 跟 C 风格数组的主要区别在两点：

- 大小不在编译期决定，且可以动态增长和缩小
- 元素放在堆上而不是栈上

因为 vector 的元素放在堆上，它也自然可以受益于现代 C++ 的移动语义——移动 vector 开销很低，通常只是操作六个指针而已（见 3.3.1 节）。

下面的代码展示了 vector 的基本用法（vector.cpp）：

```
vector<int> v{1, 2, 3, 4};
v.push_back(5);
v.insert(v.begin(), 0);
for (size_t i = 0; i < v.size(); ++i) {
    cout << v[i] << ' ';  // 输出 0 1 2 3 4 5
}
cout << '\n';

int sum = 0;
for (auto it = v.begin(); it != v.end(); ++it) {
    sum += *it;
}
cout << sum << '\n';      // 输出 15
```

我们首先构造了一个内容为 {1, 2, 3, 4} 的 vector，然后在尾部追加一项 5，在开头插入一项 0。接下来，我们使用传统的下标方式来遍历，并输出其中的每一项。随即我们展示了 C++ 里通用的使用迭代器遍历的做法，对其中的内容进行累加。最后输出结果。

当一个容器存在 push_… 和 pop_… 成员函数时，说明容器对指定位置的删除和插入性能较高。vector 适合在尾部操作，这是它的内存布局决定的（它只支持 push_back 而不支持 push_front）。只有在尾部插入和删除时，其他元素才会不需要移动，除非内存空间不足，需要重新分配。

除了容器类的共同点，vector 允许下面的操作（不完全列表）：

- 可以使用方括号（下标运算符）来访问其成员（同 string）
- 可以使用 data 来获得指向其内容的裸指针（同 string）
- 可以使用 capacity 来获得当前分配的存储空间的大小，以元素数量计（同 string）
- 可以使用 reserve 来改变所需的存储空间的大小，成功后 capacity() 会改变（同 string）
- 可以使用 resize 来改变其大小，成功后 size() 会改变（同 string）

- 可以使用 pop_back 来删除最后一个元素（同 string）
- 可以使用 push_back 在尾部插入一个元素（同 string）
- 可以使用 insert 在指定位置前插入一个元素（同 string）
- 可以使用 erase 在指定位置删除一个元素（同 string）
- 可以使用 emplace 在指定位置构造一个元素
- 可以使用 emplace_back 在尾部新构造一个元素

关键操作的强异常安全保证

当 push_back、insert、reserve、resize 等函数导致内存重分配时，或当 insert、erase 导致元素位置移动时，vector 会试图把元素“移动”到新的内存区域。vector 的一些重要操作（如 push_back）试图提供强异常安全保证，即如果操作失败（发生异常）的话，vector 的内容完全不发生变化，就像数据库事务失败发生了回滚一样。如果元素类型没有提供一个保证不抛异常的移动构造函数，vector 此时通常会使用拷贝构造函数。因此，如果需要用移动来优化自己的元素类型而又不能应用零法则，那我们不仅要定义移动构造函数（和移动赋值运算符，虽然 push_back 不要求），还应当将其标为 noexcept。当然，我们可以使用现成的支持移动的对象，如容器（本章）和智能指针（第 11 章）。

下面的代码可以演示这一行为（vector_move.cpp）：

```
class Obj {
public:
    Obj() { cout << "Obj()\n"; }
    Obj(const Obj&) { cout << "Obj(const Obj&)\n"; }
    Obj(Obj&&) { cout << "Obj(Obj&&)\n"; }
};

int main()
{
    vector<Obj> v;
    v.reserve(2);
    v.emplace_back();
    v.emplace_back();
    v.emplace_back();
}
```

你可能会期望最后一次对 emplace_back 的调用会触发对移动构造函数的调用，但实际程序输出为：

```
Obj()
```

```
Obj()
Obj()
Obj(const Obj&)
Obj(const Obj&)
```

即拷贝构造函数被调用，而不是移动构造函数。

具体说来，push_back 在容量不足时做了以下动作：

1. 分配更大的内存块（一般是两倍）来容纳所有的元素。如果内存分配失败，则向外抛异常（结束当前流程），现有元素完全不受影响。
2. 在新内存块的指定位置构造新元素。如果构造失败，则释放新内存块并向外抛异常（结束当前流程），现有元素完全不受影响。
3. 把现有的元素“搬移”到新内存块中。

问题就在最后一步搬移中：vector 应该使用元素类型的移动构造函数还是拷贝构造函数呢？

答案是：如果元素类型的移动构造函数被标为 noexcept，从而保证不抛异常，那 vector 就会使用移动构造函数；否则，vector 会优先使用拷贝构造函数[①]。当使用保证不抛异常的移动构造函数时，显然搬移一定会成功，所以强异常安全能得到保证。当使用拷贝构造函数时，拷贝动作有可能失败，但因为原有的元素没有受到影响，在发生异常时 vector 仍能够回滚到原先的状态。

只要在移动构造函数的声明后加上 noexcept，我们就会得到一个不同的结果：

```
Obj()
Obj()
Obj()
Obj(Obj&&)
Obj(Obj&&)
```

### emplace

C++11 开始提供的 emplace… 系列函数是为了提升容器的插入性能而设计的。如果把前面代码里的 v.emplace_back() 改成 v.push_back(Obj())，那结果相同，但性能方面有所不同——使用 push_back 会额外生成临时对象，多一次（移动或拷贝）构造和析构。如果是移动的情况，那会有小幅性能损失；如果对象没有实现移动，那性能差异就可能比较大了。

① 在只有移动构造函数而没有拷贝构造函数时，vector 会不得不使用移动构造函数。此时 push_back 成员函数就无法提供强异常安全保证了。

我们直观地对比一下。在加上移动构造函数的 noexcept 之后，运行结果是：

```
Obj()
Obj()
Obj()
Obj(Obj&&)
Obj(Obj&&)
```

如果把 v.emplace_back() 改成 v.push_back(Obj())，则结果变成：

```
Obj()
Obj(Obj&&)
Obj()
Obj(Obj&&)
Obj()
Obj(Obj&&)
Obj(Obj&&)
Obj(Obj&&)
```

作为简单的使用指南，当且仅当见到 v.push_back(Obj(…)) 这样的代码时，我们应将其改为 v.emplace_back(…)。

### 使用初始化器列表

在 C++98 里，标准容器比起 C 风格数组至少有一个明显的劣势：不能在代码里方便地初始化容器的内容。比如，对于数组你可以写：

```
int a[] = {1, 2, 3};
```

而对于 vector 你却得写：

```
vector<int> v;
v.push_back(1);
v.push_back(2);
v.push_back(3);
```

这样又啰唆，性能又差，无法让人满意。在 C++11 标准引入列表初始化后，现在初始化容器也可以和初始化数组一样简单了：

```
vector<int> v{1, 2, 3};
```

同样重要的是，这不是针对标准容器的特殊魔法，而是一个通用的、可以用于各种类的方法。从技术角度看，编译器的魔法只是对 {1, 2, 3} 这样的表达式自动生成了一个初始化器列表，在这个例子里其类型是 initializer_list<int>（详情可参考 [CppReference:

std::initializer_list] )。程序员只需要声明一个接受 initializer_list 的构造函数即可使用。从效率角度看，至少在动态对象的情况下，容器和数组也并无二致，都是通过拷贝（构造）进行初始化。

鉴于现代 C++ 里允许使用花括号来调用构造函数和进行结构体聚合初始化，我们通常建议在构造对象时优先使用花括号初始化。除了一些个人偏好的情况[①]，这个推荐还有一个明显的例外：当一个类同时具有 initializer_list 构造函数和其他构造函数时，如需调用非 initializer_list 构造函数，应使用小括号语法。使用不同的括号此时可能产生不同的结果：vector<int> v{3, 5} 会产生元素 {3, 5}，而 vector<int> v(3, 5) 则会产生元素 {5, 5, 5}!

#### 容器及其元素的移动行为

容器可以被移动，被移动之后的容器的元素全部转移到了新容器上。一个被移动了的对象在标准里通常规定为“有效但未指定的状态”，我们建议对这样的对象后续只应析构或重新初始化。Clang-Tidy 有一个检查项 bugprone-use-after-move，就是用来检查代码有没有这类问题，在对象被移动之后仍继续被使用。容器的重新初始化可通过以下方式实现：

- 赋值运算符
- clear 成员函数
- assign 成员函数

容器的迭代器在容器发生变化时常常会失效。对于 vector 的 erase 操作，所有指向被删除位置及其后面元素的迭代器（包括尾后的 end()）都会失效——因为这些元素被移动了。对于 insert，所有指向插入位置及其后面元素的迭代器都会失效；并且，当 vector 因扩容而移动元素时，这个 vector 的所有现有迭代器都将失效。不过，容器的交换操作保证不会让除 end() 之外的现有迭代器失效；而容器在被移动后，虽然标准里尚未提供这样的迭代器不失效保证，C++ 标准委员会在讨论中也认为这一般应当予以支持[②]。也就是说，下面的代码应该是合法有效的：

```
vector<int> v1{1, 2, 3};
auto it = v1.begin();
vector<int> v2 = std::move(v1);
cout << *it << '\n';          // 输出 1
cout << v1.empty() << '\n';  // 合法，但会触发 bugprone-use-after-move
```

---

① 比如，我一般在构造函数的成员初始化列表部分仍优先使用小括号，以便和构造函数的函数体部分有明显区别。

② https://cplusplus.github.io/LWG/issue2321

注意 string 因为有小字符串优化，不支持类似的用法。而 array 以外的容器都可以支持这样的移动后迭代器仍然有效的用法。

### 7.2.2 deque

deque 是一个内存部分连续的序列容器，它的意思是 double-ended queue（双端队列）。它主要用来满足下面这个需求：

- 容器既可以从尾部，也可以从头部，自由地添加和删除元素。

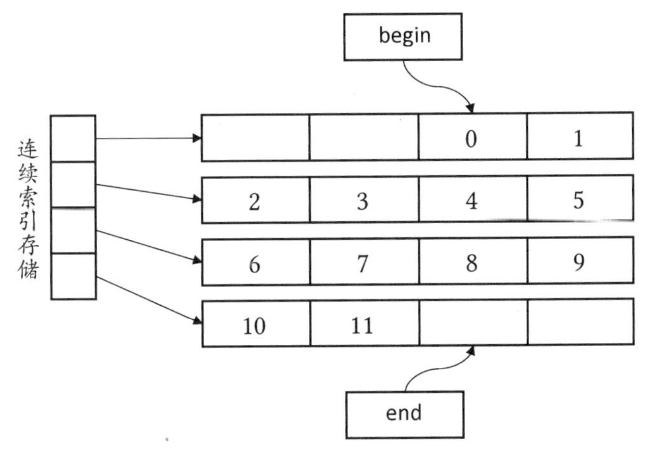


图 7-2：deque 的内存布局

deque 的内存布局一般如图 7-2 所示。可以看到：

- 如果只从头、尾两个位置对 deque 进行增删操作的话，容器里的元素永远不需要移动。[①]
- 容器里的元素只是部分连续。
- 由于元素的存储大部分仍然连续，它的遍历性能比较高。
- 由于每一段存储大小相等，deque 支持使用下标访问容器元素，大致相当于 index[i / chunk_size][i % chunk_size]，也保持高效。

① 因此，在首尾增删元素时，除了被删除的元素外，所有其他元素的引用都保持有效。注意，标准里规定迭代器还是会失效（虽然常见非调试实现里迭代器通常仍保持有效）。

因此，deque 的接口和 vector 相比，有如下主要区别：

- deque 提供 push_front、emplace_front 和 pop_front 成员函数。这表明它支持高效的开头插入动作。
- deque 不提供 data、capacity 和 reserve 成员函数。它没有容量和预分配容量的概念；因为内存只是部分连续的，提供 data() 也没有意义——通常提供 data() 的容器，就是为了把指针（和大小）传给类 C 的接口，会要求内存完全连续。

如果你需要一个经常在两端增删元素的容器，那 deque 会是个合适的选择。

在首尾增删元素时，deque 里的元素完全不会移动；这与 vector 不同，即使只在尾部添加元素，仍可能导致容器内的元素发生移动。因为这个原因，容器适配器 queue（见 7.5.1 节）和 stack（见 7.5.2 节）的默认底层容器都是 deque。

### 7.2.3 list

list 在 C++ 里代表链表。我们也可以说 list 是双向链表，因为它跟 string、vector、deque 一样，可以正向遍历，也可以反向遍历。它的内存布局如图 7-3 所示[①]。

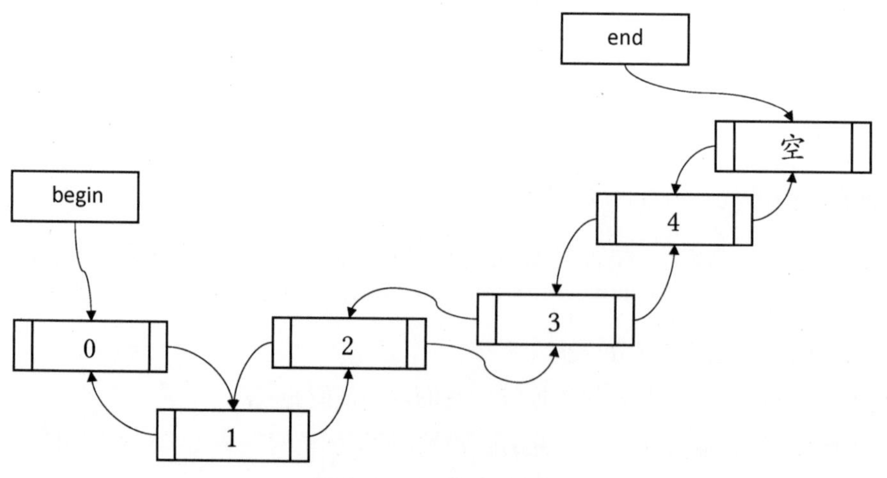


图 7-3：list 的内存布局

① 仅概念示意。真正的实现里一般不会浪费一个尾部的“空”结点。forward_list 的内存布局也是如此。

和 vector 相比，它优化了在容器中间的插入和删除：

- list 提供高效的、$O(1)$ 复杂度的任意位置的插入和删除操作。
- list 不提供使用下标访问其元素。
- list 提供 push_front、emplace_front 和 pop_front 成员函数（和 deque 相同）。
- list 不提供 data、capacity 和 reserve 成员函数（和 deque 相同）。

虽然 list 提供了任意位置插入新元素的灵活性，但由于每个元素的内存空间都是单独分配、不连续的，它的遍历性能比 vector 和 deque 都要低。这在很大程度上抵消了它在插入和删除操作时不需要移动元素的理论性能优势。如果你不太需要遍历容器、又需要在中间频繁插入或删除元素，可以考虑使用 list。

另外一个需要注意的地方是，因为某些标准算法不能在 list 上工作但仍存在适用于 list 的算法，或者算法能工作但潜在可能低效，list 提供了成员函数作为替代。这些成员函数只调整 list 结点的指针，而不会真正移动/交换元素，因此通常比可用的标准算法（注意标准 sort 算法此处不可用）更加高效。

- merge
- remove
- remove_if
- reverse
- sort
- unique

下面是一个完整的程序示例（list_member_func.cpp）：

```
#include <algorithm>        // std::sort
#include <iostream>         // std::cout/endl
#include <list>             // std::list
#include <vector>           // std::vector
#include "ostream_range.h"  // operator<< for ranges

using namespace std;

int main()
{
    list<int> lst{1, 7, 2, 8, 3};
    vector<int> vec{1, 7, 2, 8, 3};
```

```
    sort(vec.begin(), vec.end());     // 正常
    // sort(lst.begin(), lst.end());  // 不能编译
    lst.sort();                       // 正常

    cout << lst << endl;  // 输出 { 1, 2, 3, 7, 8 }
    cout << vec << endl;  // 输出 { 1, 2, 3, 7, 8 }
}
```

### 7.2.4 forward_list

既然 list 是双向链表，那么 C++ 里有没有单向链表呢？答案是肯定的。从 C++11 开始，前向列表 forward_list 成了标准的一部分。顾名思义，这个容器不支持反向遍历了，它没有 rbegin、rend、crbegin、crend 这些成员函数。

我们先看一下它的内存布局，如图 7-4 所示。

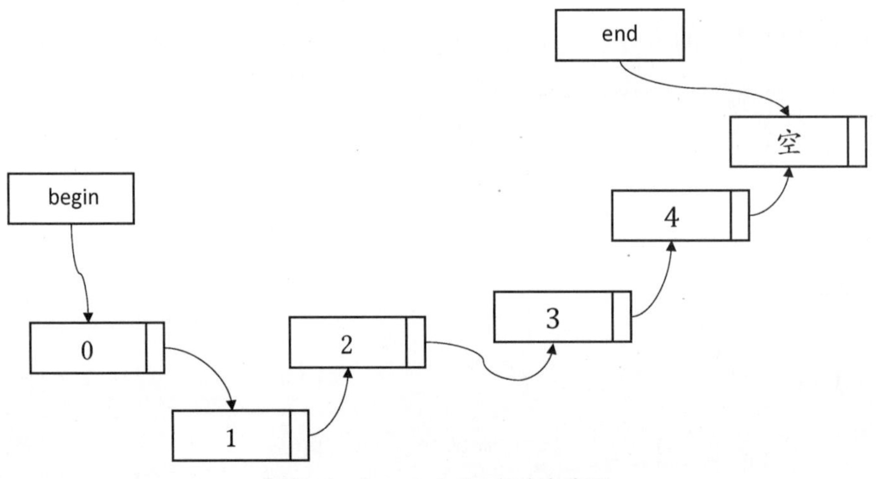


图 7-4：forward_list 的内存布局

大部分 C++ 容器支持 insert 成员函数，语义是从指定的位置之前插入一个元素。对于 forward_list，这不容易做到（想一想这是为什么），因此它提供了 insert_after 作为替代。类似地，它没有 emplace 和 erase，而有 emplace_after 和 erase_after。此外，跟 list 相比它还缺了下面这些成员函数：

- back
- size
- push_back

- emplace_back
- pop_back

为什么会需要这么一个阉割版的 list 呢？原因是，在元素大小较小的情况下，forward_list 能节约的内存是非常可观的（约三分之一）。提高内存利用率，往往就能提升程序性能。

这个容器相对来说使用机会较少一点。C++ 里的很多特性并非所有人都需要，但当你需要的时候，你就会觉得标准库提供这些特性非常有用了。

### 7.2.5 array

最后介绍一下 C++11 中新增用来替代 C 风格数组的序列容器，array。它和数组一样，内存一般在栈上分配（除非你手工使用 new），性能方面没有差异。也跟数组一样，你需要在编译期确定数组的长度，而不能在运行时动态决定。在声明一个 array 时，你需要写出两个模板参数：第一个是类型，第二个是 array 的长度（一个非类型模板参数）。

那我们为什么要使用 array 而不是 C 风格数组呢？最主要的理由是：

- 解决 C 数组的怪异行为：不能按值拷贝（除非放在结构体里）；值传参有退化行为，被调用函数不再能获得 C 数组的长度（除非使用引用）。
- 能够直接支持 ==、< 等比较运算（如果元素支持的话），使用更加方便。

下面的代码不管在 C 还是 C++ 里都是有问题的：

```
int a[3] = {1, 2, 3};
int b[3] = a;  // 不能编译
b = a;         // 不能编译
```

一个函数如果参数是 int a[3] 的话，实际跟 int a[] 或 int* a 完全等效：数组会退化成为指针。同理，a < b 这样的比较也可能跟你的想象相去甚远：它只是做了一个极其无聊的指针比较而已。

在 C 的年代，大家有时候会定义这样一个宏来获得数组的长度：

```
#define ARRAY_LEN(a) (sizeof(a) / sizeof((a)[0]))
```

如果在函数内部对数组参数使用这个宏，那代码虽然合法，结果却是错的：

```
void test(int a[8])
{
```

```
    cout << ARRAY_LEN(a) << endl;
}
```

幸好，现代编译器一般已经会友好地发出告警，如：

```
warning: 'sizeof' on array function parameter 'a' will return size of 'int
*' [-Wsizeof-array-argument]
cout << ARRAY_LEN(a) << endl;
```

可以看到，数组传参跟其他类型的传参有着明显的不同，更容易被误用。

次要一点，array 对所有人而言都应该可读性更高。试比较下面两种写法（函数指针的数组）：

```
int (*fpa[3])(const char*);
array<int (*)(const char*), 3> fpa;
```

以及这两种（返回整数数组指针的函数的指针）：

```
int (*(*fp)(const char*))[3];
array<int, 3>* (*fp)(const char*);
```

最后，跟普通容器一样，array 提供了 begin、end、size 等通用成员函数。因此更容易在泛型代码中使用。对于下面的代码，你可以传 array、vector、list 等容器，但不能传 C 风格的数组：

```
template <typename T>
double average(const T& container)
{
    double sum = 0.0;
    for (auto it = container.begin(); it != container.end();
          ++it) {
        sum += *it;
    }
    return sum / container.size();
}
```

不过，这一优点到了 C++17 有所减弱，因为在 std 名空间里已经定义了独立的 begin、end、size 等函数①，可以用于容器，也可以用于数组：

```
template <typename T>
double average(const T& container)
{
```

① C++11 时已经有了独立的 begin/end 函数模板，但 size 要到 C++17 才加入。

```
    using std::begin;
    using std::end;
    using std::size;
    double sum = 0.0;
    for (auto it = begin(container); it != end(container);
         ++it) {
        sum += *it;
    }
    return sum / size(container);
}
```

上面的代码具有最高的通用性：不仅可以用于标准容器和数组，也可以用于用户在自己名空间里定义的特殊容器或结构体。前提是类型合理地支持了这三种操作——它们可以作为成员函数提供，也可以在类型所在的名空间下作为独立函数提供（这样可通过实参依赖查找发现）。

顺便说一句，`std::size` 只能应用于数组，而不能应用于指针。假设我们在本节开头的错误代码中使用的是 `std::size` 的话，编译就会直接失败（而不仅是告警）。所以，如果你还在 C++ 里用 `ARRAY_LEN` 宏的话，是时候替换掉它们了！

## 7.3 关联容器

如果历史可以重来，关联容器（associative container）实际上应该叫有序关联容器，这样我们可以：

- 明确强调它们的内部元素排列有序
- 可以用“关联容器”一词来统一称呼本节和 7.4 节里所有的容器

很遗憾，历史不能重来，术语也已经基本定型。现在我们只能记住，“关联容器”表示的是一组元素排列有序的容器。因为排列有序，它们既支持普通的（正向）遍历，也支持反向遍历。

### 7.3.1 排序问题

既然元素是有序的，那一个基本问题就是如何进行排序。所有关联容器都有一个表示排序方式的比较（`Compare`）模板参数，其默认值是键类型的 `less`。比如，一个整数的集合 `set<int>`，这个比较模板参数默认就是 `less<int>`。

less 的基本定义如下所示（很明显，它是使用 < 运算符进行比较的函数对象）：

```
template <typename T>
struct less {
    bool operator()(const T& x, const T& y) const
    {
        return x < y;
    }
};
```

对于不支持 < 比较的对象，我们可以针对该对象添加 less 的特化。不过，最简单直观的方式是让我们的对象支持 < 比较。利用 tie 我们可以很容易地实现基于字段的比较（详见 12.7.1 节）。下面是一个示例：

```
struct PersonInfo {
    string name;
    string id_num;
    int birth_year;
};

bool operator<(const PersonInfo& lhs, const PersonInfo& rhs)
{
    return tie(lhs.name, lhs.id_num) < tie(rhs.name, rhs.id_num);
}
```

我们在此利用 tie 把 name 和 id_num 两个字段绑定成二元组，然后就可以利用二元组的规则进行比较了——直观的字典序比较。对于这个结构体，我们先比较名字，在名字相同时则使用身份证号来进行比较（忽略了出生年）。

当然，我们可以使用“小于”之外的排序方式，最典型的就是用“大于”。C++ 标准库提供的 greater 类模板就可以用于该场景。

对于这样的简单情况，我们可以看到，只有函数对象的类型重要，具体的函数对象不重要。事实上，我们可以认为任意两个同类型的 less（或 greater）对象都是等价的。对于这种无状态的函数对象，其类型——而非值——确定了其行为。

那我们能不能用函数而不是函数对象呢？答案是可以，但不推荐。

假设我们有下面的比较函数：

```
bool lessPerson(const PersonInfo& lhs, const PersonInfo& rhs)
{
    return tie(lhs.name, lhs.id_num) < tie(rhs.name, rhs.id_num);
}
```

写成 `set<PersonInfo, lessPerson>` 不可以，因为 `set` 的第二个参数必须是类型，而 `lessPerson` 不满足。

我们可以写 `set<PersonInfo, bool (*)(const PersonInfo&, const PersonInfo&)>` 这样的类型，它是合法的；但我们得把 `lessPerson` 传给构造函数才行。默认构造的 `set` 对象则无法使用。构造时直接初始化元素的写法也更加啰唆。我们不能写（能编译，但无法正确运行）：

```
set<PersonInfo, bool (*)(const PersonInfo&, const PersonInfo&)>
    s{{"Alice", "000001", 2005}, {"Kenneth", "000002", 2005}};
```

而只能写：

```
set<PersonInfo, bool (*)(const PersonInfo&, const PersonInfo&)>
    s{{{"Alice", "000001", 2005}, {"Kenneth", "000002", 2005}},
      lessPerson};
```

这种写法啰唆，还有额外的时间开销（函数指针一般不能内联）和空间开销（需要存储函数指针[1]）。唯一的好处是两个使用不同比较方式的 `set` 现在具有相同的类型了，可以传给同一个函数来处理——但我还是很难想象这在什么情况下会有用。

#### 严格弱序关系

不管你是不是使用函数对象，都需要记得比较器（比较函数对象）不能在对象“相等”的情况返回真——可以小于，也可以大于，但不能小于等于或大于等于。从技术角度看，排序（包括关联容器和 `sort` 算法）里的比较必须满足严格弱序（strict weak ordering）关系，即：[2]

- 对于任何该类型的对象 $x$：$\neg(x \text{ op } x)$（非自反）
- 对于任何该类型的对象 $x$ 和 $y$：如果 $x \text{ op } y$，则 $\neg(y \text{ op } x)$（非对称）
- 对于任何该类型的对象 $x$、$y$ 和 $z$：如果 $x \text{ op } y$ 并且 $y \text{ op } z$，则 $x \text{ op } z$（传递性）
- 对于任何该类型的对象 $x$、$y$ 和 $z$：如果 $x$ 和 $y$ 不可比（$\neg(x \text{ op } y)$ 并且 $\neg(y \text{ op } x)$）并且 $y$ 和 $z$ 不可比，则 $x$ 和 $z$ 不可比（不可比的传递性）

比较若不满足严格弱序关系将导致未定义行为，通常表现为死循环或崩溃。

---

① 无状态函数对象没有实际数据需要存储，因此可以使用技巧优化到完全不占用空间。参考本系列第二本书中的“空基类优化”，或自行搜索相关资料。

② 下面 op 代表要进行的比较操作；逻辑符号 ¬ 代表否定，可读作“并非”。

关联容器底层一般是用红黑树来实现的，但这对使用者来说通常并不重要。我们关心的，是它的性能特征：

- 每个元素单独一个结点，增删元素不会移动其他结点在内存里的位置。
- 单元素插入、查找[①]的性能开销是 $O(\log N)$，$N$ 为容器里元素的数量。

### 7.3.2 关联容器的特性

表 7-1 明确表达了关联容器的分类。

表 7-1：关联容器的分类

| | 键不允许重复 | 键允许重复 |
|---|---|---|
| 存储键 | set | multiset |
| 存储键–值对 | map | multimap |

set 和 multiset 存储的就是“键”，必须用户提供的模板参数也只有键（模板参数 Key）的类型，元素的类型也是键的类型。map 和 multimap 存储的是“键–值对”，用户需要同时提供键（模板参数 Key）和值（模板参数 T）的类型，元素的类型是 pair<const Key, T>。set 和 map 不允许键重复，multiset 和 multimap 允许键重复——这也导致了它们在接口上的一些细微差别。

除容器所共有的一些操作之外，关联容器也提供了一些特殊操作。注意在这些操作里，存在、找到意味着元素**等价**，而非**相等**。关联容器使用不可比来定义等价：!compare(x, y) && !compare(y, x)——x 和 y 不可比——即意味着 x 和 y 等价。对于默认的 less 比较，等价就意味着既不是 x < y，也不是 y < x（既不小于，也不大于）。关联容器不使用相等比较运算符，也不要求键类型提供相等比较。

- count 成员函数：查找指定的键在容器里的出现次数。
- find 成员函数：用来查找指定的键是否存在，存在则返回指向该元素的迭代器，不存在则返回 end()。如有多项元素满足条件，返回值不确定指向其中的哪一项。
- lower_bound 成员函数：对于给定的查找项 x，返回一个迭代器，指向首个满足 !compare(k, x) 的元素。此处 compare 表示比较器，k 表示元素的键（对于 set 和 multiset 就是元素本身，对于 map 和 multimap 是元素里的第一项）。在使用默认的 less 比较器时，这意味着“不小于 x”。当 x 对应的键不存在时，返回的迭代

① 如果使用键（而非迭代器）来删除的话，也有查找的步骤和开销。

器可能指向 end()，也可能指向一个有效元素（概率更高），在我们要检查的键“应该”出现的位置之后。要检查返回的结果 it 是不是要查找的元素的第一项，我们需要使用类似下面这样的表达式（假设 ms 是一个 multiset）：

```
it != ms.end() && !compare(x, *it)
```

- upper_bound 成员函数：对于给定的查找项 x，返回一个迭代器，指向首个满足 compare(x, k) 的元素。在使用默认的 less 比较器时，这意味着“大于 x”。这个成员函数对 multiset 和 multimap 比较有用，联合 lower_bound 可以找出跟需要键匹配的所有元素项的半闭半开区间。
- equal_range 成员函数：一次性获得 lower_bound 和 upper_bound 的结果，表示满足指定查找键的元素的区间。一般用 tie 或结构化绑定（见 4.6.5 节）来一次性赋值。
- contains 成员函数（C++20）：查找给定的项是否存在。当你只需要检查存在性的时候，使用 contains 的代码比使用 find 的代码可读性更高。

lower_bound 和 upper_bound 看起来略显复杂，但从直观角度看，它们就是给出了元素在有序序列上的半闭半开区间；当元素不存在时，这两个函数给出的迭代器相等（区间里没有元素），并指出了元素的潜在位置。图 7-5 给出了一些不同的值的结果示例，可供理解参考。

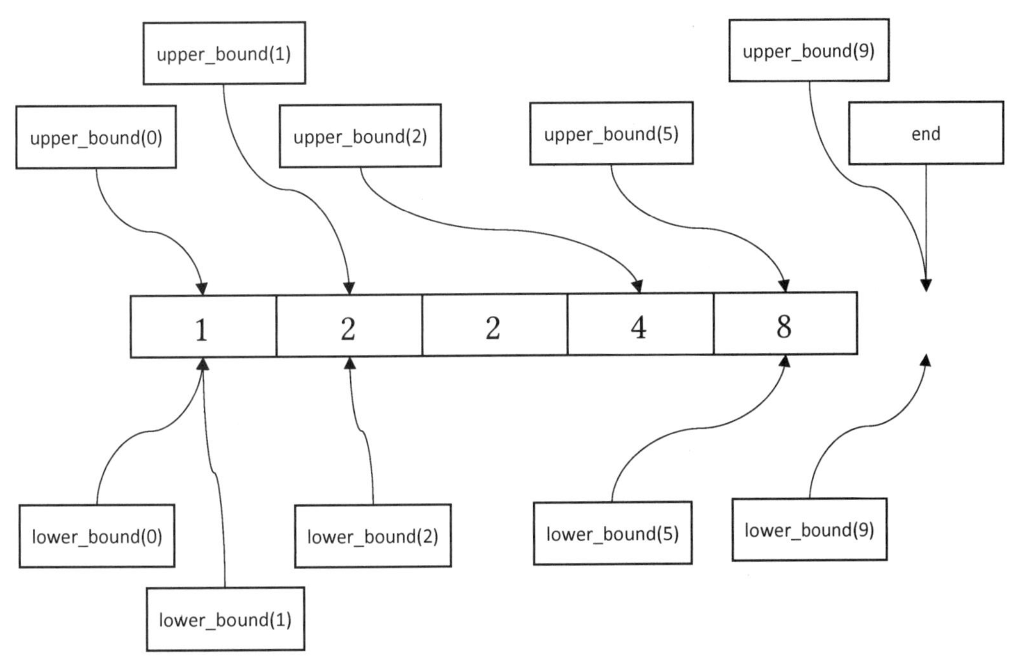


图 7-5：有序序列上的 lower_bound 和 upper_bound 示例

在插入方面，set 和 multiset 跟其他容器比较相似，但一般不需要提供迭代器参数（提供的话也只是个位置“提示”）。map 和 multiset 则提供了一些更复杂的插入方式。由于 map 里的键不重复，除了跟 multimap 共有的操作，它还有 at 成员函数和下标运算符，用来唯一访问指定键对应的值：如果键不存在，at 会抛出异常，而下标运算符会插入一项新元素，并对值进行初始化（精确来说是*值初始化*，参见 4.6.4 节）。此外，它还有 insert_-or_assign 成员函数，用于键重复即覆盖的场景。

表 7-2 展示了在已存在 key 和 value 的情况下可用于 map 的插入方式。

表 7-2：map 的不同插入方式

| 方法 | 说明 |
| --- | --- |
| mp.insert({key, value}); | 即使 key 已存在（不执行插入）仍有拷贝/移动构造元素（pair）的动作；成功插入时对元素有额外的拷贝/移动 |
| mp.emplace(key, value); | 成功插入时开销低于 insert；较新的编译器/标准库实现[①]在 key 已存在时不会试图（拷贝/移动）构造元素 |
| mp.try_emplace(key, value *的构造参数*); | 性能最佳，仅在需要插入时才构造 value（C++17） |
| mp.insert_or_assign(key, value); | 键重复时覆盖旧值（C++17） |
| mp[key] = value; | 键不存在即会默认构造值；值的默认构造开销低时才适合使用 |

下面的代码展示了关联容器的一些基本用法（associative_containers.cpp）：

```
#include <functional>       // std::greater
#include <iostream>         // std::cout
#include <map>              // std::map/multimap
#include <set>              // std::set/multiset
#include <string>           // std::string
#include <tuple>            // std::tuple
#include "ostream_range.h"  // operator<< for ranges

using namespace std;

int main()
{
    cout << boolalpha;
```

① MSVC 19.22 或更新版本；GCC 12 或更新版本（并启用至少 C++17 标准）；Clang 5 或更新版本（使用自带的 libc++ 标准库）。

```
    set<int> s{1, 1, 1, 2, 3, 4};
    cout << s << '\n';          // 重复元素被去除
    multiset<int, greater<int>> ms{1, 1, 1, 2, 3, 4};
    cout << ms << '\n';         // 重复元素会保留
    map<string, int> mp{
        {"one", 1}, {"two", 2}, {"three", 3}, {"four", 4}
    };
    cout << mp << '\n';
    mp.insert({"four", 4});     // 键已存在，插入无效
    cout << mp << '\n';
    cout << (mp.find("four") != mp.end()) << '\n';
    cout << (mp.find("five") != mp.end()) << '\n';
    mp["five"] = 5;             // 创建或覆盖 "five" 键
    mp.erase("one");            // 删除 "one" 键
    cout << (mp.find("five") != mp.end()) << '\n';
    cout << mp << '\n';
    multimap<string, int> mmp{
        {"one", 1}, {"two", 2}, {"three", 3}, {"four", 4}
    };
    mmp.insert({"four", -4});  // 一定插入成功（键可以重复）
    cout << mmp << '\n';

    auto it = mp.find("four");
    if (it != mp.end()) {
        cout << "Found: " << it->second << '\n';
    }
    it = mp.lower_bound("four");
    if (it != mp.end() &&
        !(less<string>{}("four", it->first))) {
        // 上面这行复杂的条件此处也可以简化为 it->first == "four"
        cout << "Found: " << it->second << '\n';
    }

    multimap<string, int>::iterator lower, upper;
    std::tie(lower, upper) = mmp.equal_range("four");
    if ((lower != upper)) {
        cout << "Found:";
        while (lower != upper) {
            cout << ' ' << lower->second;
            ++lower;
        }
        cout << '\n';
    }
}
```

程序的输出为：

```
{ 1, 2, 3, 4 }
{ 4, 3, 2, 1, 1, 1 }
{ "four" => 4, "one" => 1, "three" => 3, "two" => 2 }
{ "four" => 4, "one" => 1, "three" => 3, "two" => 2 }
true
false
true
{ "five" => 5, "four" => 4, "three" => 3, "two" => 2 }
{ "four" => 4, "four" => -4, "one" => 1, "three" => 3, "two" => 2 }
Found: 4
Found: 4
Found: 4 -4
```

也许你注意到了，“less<string>{}("four", it->first)”这个表达式很啰唆。也许你没有注意到，这个表达式还很低效：根据目前给出的 less 定义，两个参数必须都是 string 类型，因此 "four" 需要转成 string 对象才能跟 it->first 进行比较。这是不必要的，因为 string 对象支持直接跟一个 const char* 进行比较。这就是 C++14 引入的通透比较器解决的问题。

### 7.3.3　通透比较器

为了解决不同类型对象的比较问题，C++14 对比较函数对象进行了改进。现在，less 成了下面这个样子：

```
template <typename T = void>
struct less {
    …
};

template <>
struct less<void> {
    template <typename T, typename U>
    auto operator()(T&& x, U&& y) const
    {
        return forward<T>(x) < forward<U>(y);
    }
    typedef void is_transparent;
};
```

当不提供 less 的模板参数时，它的默认模板参数是 void，此时得到的特化不是拿两个

void 对象比较（这是不可能的），而是允许任意两种支持 < 运算符的类型进行比较，并对参数进行了完美转发（虽然大部分场景下这并不需要，但这么做更加通用）。此外，这个函数对象类里还定义了类型 is_transparent，它的唯一作用是标注这个函数对象是“通透”比较器。从 C++14 开始，当关联容器发现比较器有“通透”标注时，那 find 等比较操作就会启用新的重载，允许要查找的对象为任意类型，而不要求一定是 Key 类型。

对于普通开发者来说，这主要意味着，我们定义关联容器最好不要使用默认的比较模板参数，而应手工指定成 less<>。当键类型是 string 时，这尤其重要，因为我们很可能拿 string 以外的对象来跟 string 进行比较，如字符串字面量。

此外，当我们需要一个 less<> 的对象时，在 C++14 时我们还需要写出“<>”，如 less<>{}，但从 C++17 开始我们就可以写成更简单的 less{} 了。

对于 set 和 multiset 来说，通透比较器还意味着我们可以把一个含逻辑键的对象直接放到 set 或 multiset 里（而不需要放到 map 或 multimap 里），同时仍可以直接使用逻辑键来进行查找。在 C++14 之前，我们需要构造一个假的对象出来，才能进行查找；或者不得不选择使用 map 或 multimap 来额外将键放到容器里。

这种含逻辑键的对象的示意代码如下所示（obj_set.cpp）：

```
template <typename IdType>
struct id_compare {
    template <typename T, typename U>
    bool operator()(const T& lhs, const U& rhs) const
    {
        return lhs.id < rhs.id;
    }
    template <typename T>
    bool operator()(const T& lhs, IdType rhs_id) const
    {
        return lhs.id < rhs_id;
    }
    template <typename T>
    bool operator()(IdType lhs_id, const T& rhs) const
    {
        return lhs_id < rhs.id;
    }
    typedef void is_transparent;
};

struct Obj {
    int id;
```

```
    …
};

set<Obj, id_compare<int>> s{…};
```

这里我们定义了一个通透比较器 id_compare，它可以比较两个带 .id 字段的对象，也可以拿这种对象跟实际的 id 类型进行比较。使用这个通透比较器的集合 s 就可以使用 s.find(1) 这样的方式来进行查找了。

## 7.4 无序关联容器

关联容器存在两个主要问题：一是插入和查找的性能都是 $O(\log N)$，在元素数量 $N$ 较大时性能仍不够理想；二是一定要求元素直接存在某种严格弱序关系，这至少可能挺别扭（复数 $1 + 2i < 2$ 吗？）。无序关联容器解决了这两个问题。

从 C++11 开始，每一种关联容器都有一种对应的无序关联容器（unordered associative container），它们是：

- unordered_set
- unordered_map
- unordered_multiset
- unordered_multimap

这些容器和关联容器非常相似，主要的区别就在于它们是“无序”的。这些容器不要求提供一个排序的函数对象，而要求一个可以计算“哈希值”的函数对象。你当然可以在声明容器对象时手动提供这样一个函数对象类型，但更常见的情况是，我们使用标准的 hash 函数对象及其特化。

注意，在遍历无序关联容器的元素时，访问顺序没有任何保证。即使两个无序关联容器 a 和 b 相等，满足 a == b，逐项遍历它们的成员仍可能得到不同的序列。因为无序，这些容器也只支持遍历操作，而不支持反向遍历（遍历顺序没有意义）。

### 7.4.1 哈希函数对象

哈希函数对象的作用是把一个对象映射到一个 size_t 类型的哈希值，而后这个哈希值又会映射到一个具体的哈希桶（bucket）索引（通常使用取余运算）。多个对象允许映射到同一个哈希值，多个哈希值也允许映射到同一个哈希桶索引。在标准库无序关联容器的实现里，同一个哈希桶索引里可以有多个对象，使用拉链（chaining）的方式串起来[①]。

标准库提供的哈希函数对象名字就叫 `hash`。它只有声明（`template <typename T> struct hash;`），没有默认实现，但标准库对常用的类型都提供了特化。比如，对于整数，特化通常就像下面一样简单：

```
template <>
struct hash<int> {
    size_t operator()(int v) const noexcept
    {
        return static_cast<size_t>(v);
    }
};
```

但对于更复杂的类型，如指针或者 `string`，哈希函数对象的特化可能就会更复杂。要点是，对于每个类，类的作者都可以提供 `hash` 的特化，使得对于不同的对象值，函数调用运算符都能得到尽可能均匀分布的不同数值。

我们可以通过下面的代码来增加一点对哈希的感性认识（`hash.cpp`）：

```
cout << hex;

auto hp = hash<int*>();
cout << "hash(nullptr)  = " << hp(nullptr) << '\n';

auto hs = hash<string>();
cout << "hash(\"world\")  = " << hs(string("world")) << '\n';
cout << "hash(\"world \") = " << hs(string("world ")) << '\n';
```

不同的 C++ 标准库实现行为有所不同。如下面是 Clang/libc++ 的运行结果：

```
hash(nullptr)  = d7c06285b9de677a
hash("world")  = 5e3bbd9f980c38db
hash("world ") = d825fc5bc8c3a79c
```

下面则是 GCC/libstdc++ 的运行结果：

```
hash(nullptr)  = 0
hash("world")  = 7971e56cf1c9a868
hash("world ") = a50365abd9ca1d6b
```

① 这不是唯一的哈希表冲突解决方式，但限于标准库无序关联容器的接口，一般只能这么实现，而不能使用开放寻址（open addressing）之类的其他方式。关于拉链、开放寻址等不同实现方式的具体描述可参考 [Wikipedia: Hash table]。

可以看到，对于指针和字符串，两种标准库的实现具有不同的处理方式[①]。

因为可能存在冲突，我们需要有办法分辨不同的对象是否相等，这就需要另一个函数对象来提供相等判断。这个函数对象我们一般默认使用标准库里的 equal_to，它使用 == 来进行相等判断。通常我们对自己的对象类型实现 ==，而不是提供另外的函数对象，或针对 equal_to 进行特化。

### 7.4.2 无序关联容器的接口

无序关联容器和关联容器的接口非常相似。事实上，前面展示关联容器主要用法的示例代码略作修改就可以运行：删掉 less、greater 的使用后，接口上的主要差异是不能使用 lower_bound 和 upper_bound 了。这显然是合理的，毕竟这是**无序**关联容器。不过，equal_range 仍可以使用——虽然语义有所变化，但仍表示满足指定查找键的元素的区间。

无序关联容器也有自己的一些特殊成员函数，如 bucket_count（哈希桶数量）、bucket（某一键对应的哈希桶索引）、rehash（增长哈希桶数量，并重新把每个元素放入合适的哈希桶）、reserve（根据指定大小的元素数量进行 rehash，从而防止插入过程中不必要的自动 rehash）。除了 reserve，其他成员函数更像是容器的实现细节，一般不太需要使用。

无序关联容器要到 C++20 才支持使用任意类型键的“通透”查找——这要求无序关联容器使用的哈希函数对象和相等函数对象都通透才行。虽然标准库提供的 equal_to 本来就已经是通透比较器了，但标准库的 hash 并不能满足这个要求，我们也无法用 hash<> 这样的简单方式来启用通透查找，而必须提供自己的特殊哈希函数对象才行。我们会在后续讨论 string_view 的时候再回到这个话题（10.2.4 节）。

### 7.4.3 无序关联容器的底层细节

从纯逻辑的角度看，可以想象一个无序关联容器的数据组织如图 7-6 所示。

在这个例子里，六个不同字符串在哈希和取余之后，映射到了五个不同的哈希桶上，有一处存在冲突。可以明显看到，在哈希桶使用没有冲突时，查找的性能开销是恒定的 $O(1)$，但在有冲突时，性能就会劣化。最坏的可能情况是 $O(N)$，跟容器的大小 $N$ 成正比——如果我们有一个非常糟糕的哈希函数，导致对大部分键得到了完全相同的哈希桶索引的话，就会出现这种情况。

---

① 这里编译器不重要：如 Linux 上 GCC 和 Clang 默认都使用 libstdc++ 作为标准库，都会给出相同的结果。Clang 如果使用 libc++（使用 -stdlib=libc++ 命令行选项）则会得到不同的结果。

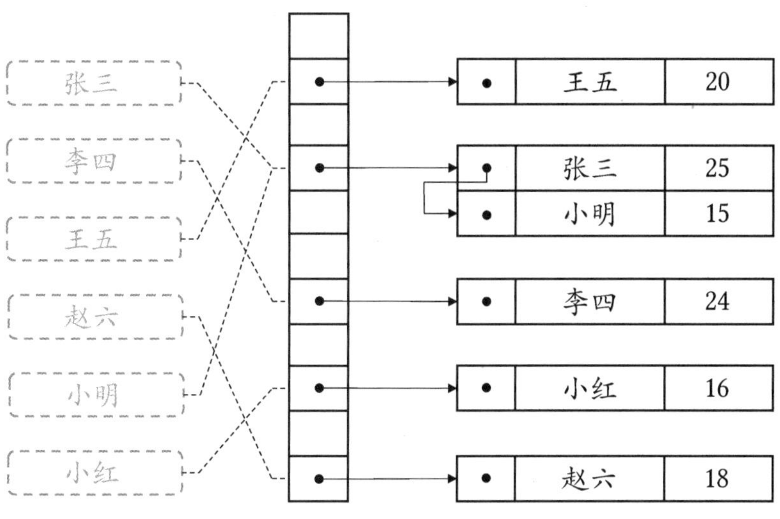


图 7-6：一个无序关联容器的逻辑视图

上图的示意能满足查找的需求，但对遍历等一些其他操作就不够方便了。要能够遍历的话，数据组织需要更加复杂一点。以 GCC/libstdc++ 为例，它会像图 7-7 一样组织数据。

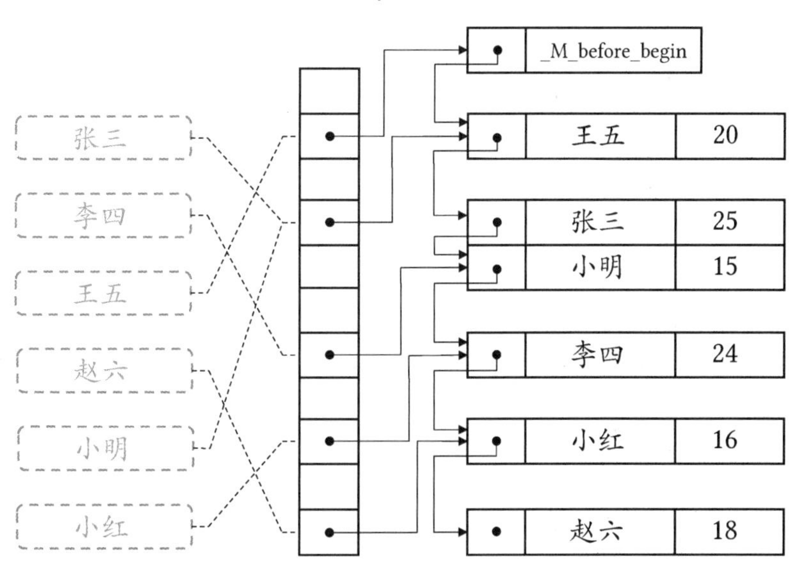


图 7-7：一个无序关联容器在 libstdc++ 里的物理视图

我们可以看到：

- 所有的元素现在以单链表的方式串到了一起，可以从 `_M_before_begin` 出发遍历所有的元素。

- 每个哈希桶不是直接指向第一项具有相同哈希桶索引的元素，而是指向它的前项。

当元素的插入顺序不同时，即使两个无序关联容器的哈希桶大小相同，这个单链表的构造方式也会不同，导致元素的遍历结果不同。一般而言，除非两个无序关联容器的构造过程一模一样，它们的遍历通常会有不同的结果。

## 7.5 容器适配器

C++ 标准库里存在三个容器适配器，它们不是独立的容器，而是在底层使用了某个现有的容器，并允许用户通过模板参数修改其行为。我们下面通过示例来简单介绍一下。

### 7.5.1 queue

我们先看一下队列 queue，先进先出（FIFO）的数据结构。

queue 默认使用底层容器 deque。它的接口跟 deque 比，有如下改变：

- 不能按下标访问元素。
- 没有 begin、end 等遍历成员函数。
- 用 emplace 替代了 emplace_back，用 push 替代了 push_back，用 pop 替代了 pop_-front；没有其他的 push_…、pop_…、emplace…、insert 函数，也不支持 erase 和 clear。

它的实际内存布局当然随底层的容器而定。图 7-8 表示了它的逻辑结构。

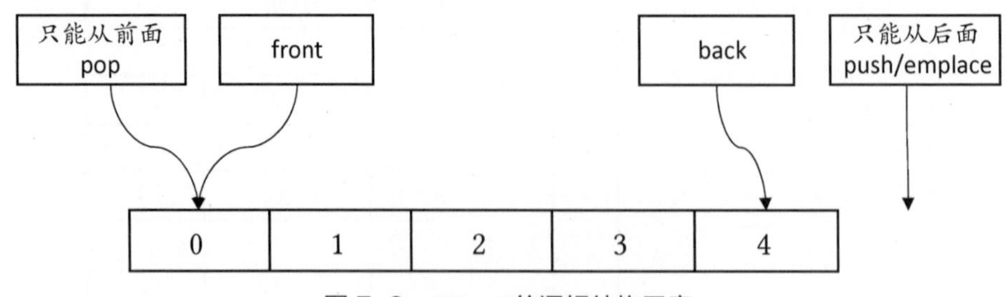


图 7-8：queue 的逻辑结构示意

queue 不提供 begin 和 end 方法，无法无损遍历。我们在图上标出了 front 和 back 作为替代，因为它的首项和尾项还是可以访问的（跟其他容器一样）。我们可以用下面的代码大体展示一下其接口：

```
queue<int> q;
q.push(1);
q.push(2);
q.push(3);
while (!q.empty()) {
    cout << q.front() << '\n';
    q.pop();
}
```

代码的输出自然是平淡无奇的 1、2、3 了。

### 7.5.2 stack

类似地，栈 stack 是后进先出（LIFO）的数据结构。

stack 默认也是用 deque 来实现，但它的概念和 vector 更相似。它的接口跟 vector 比，有如下改变：

- 不能按下标访问元素。
- 没有 begin、end 等遍历成员函数。
- back 成了 top，没有 front。
- 用 emplace 替代了 emplace_back，用 push 替代了 push_back，用 pop 替代了 pop_-back；没有其他的 push_…、pop_…、emplace…、insert 函数，也不支持 erase 和 clear。

一般图形表示法会把 stack 表示成一个竖起的 vector，如图 7-9 所示。

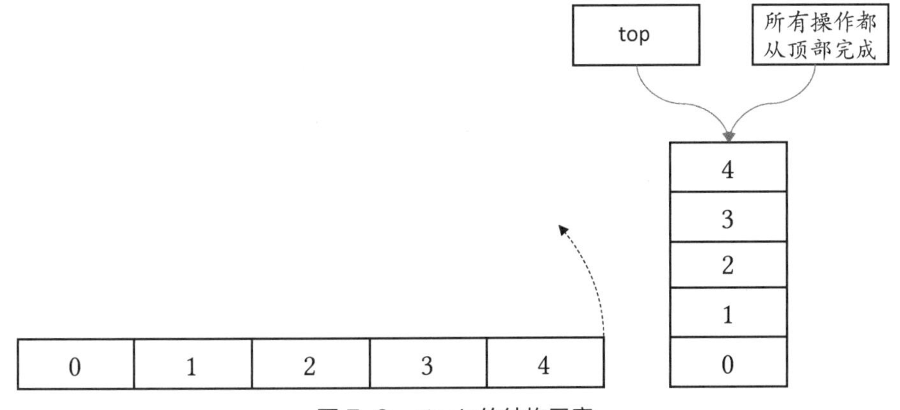


图 7-9：stack 的结构示意

这里有一个小细节需要注意。stack 跟我们前面讨论内存管理时的栈（2.1.3 节）有一个区别：在这里下面是低地址，向上则地址增大；而在讨论内存管理时，高地址在下面，向上则地址减小，方向正好相反（与平台相关，但目前主流平台都是如此）。提这一点，是希望读者在需要检查栈结构时不会因此而混淆；在使用 stack 时，这个区别通常无关紧要。

示例代码和上面的 queue 相似，但输出正好相反：

```
stack<int> s;
s.push(1);
s.push(2);
s.push(3);
while (!s.empty()) {
    cout << s.top() << '\n';
    s.pop();
}
```

### 7.5.3 priority_queue

priority_queue 也是一个容器适配器。它和 stack 相似，支持 push、pop、top 等有限的操作，但容器内的顺序既不是后进先出，也不是先进先出，而是（部分）排序的结果。在使用默认的 less 作为其 Compare 模板参数时，最大的数值会出现在容器的“顶部”。如果需要最小的数值出现在容器顶部，则可以传递 greater 作为其 Compare 模板参数。

下面的代码可以演示其功能：

```
priority_queue<pair<int, int>, vector<pair<int, int>>,
               greater<>>
    q;
q.emplace(1, 1);
q.emplace(2, 2);
q.emplace(0, 3);
q.emplace(9, 4);
while (!q.empty()) {
    cout << q.top() << endl;
    q.pop();
}
```

输出为：

```
(0, 3)
(1, 1)
(2, 2)
(9, 4)
```

## 7.6 性能说明

对于容器，我们首先需要留意它的元素是在内存里连续排列，还是使用结点的方式存储，每个元素占用独立的内存。在现代处理器的体系架构下，连续内存的访问速度比不连续内存要快得多。vector、array 使用连续内存，因此它们在遍历时的性能也最高。list、forward_list、关联容器和无序关联容器都基于结点，每个元素都占用单独的内存，并且对某一元素的操作不会影响其他元素的内存，因此在需要对任意位置的元素进行插入和删除时性能较高（当然不同的容器仍有区别）。而 deque 使用部分连续的内存，跟两者都有区别（详见 7.2.2 节）。

从插入的角度看，vector 在尾部插入时性能是分摊 $O(1)$，deque 在首尾插入时性能都是分摊 $O(1)$。list、forward_list 在任意位置插入性能都是 $O(1)$。类似地，关联容器和无序关联容器的插入性能本身基本恒定，但是，在未给出精确插入位置时，插入时需要先查找实际插入位置。

从查找的角度看，虽然顺序查找的复杂度都是 $O(N)$，但如果必须使用顺序遍历来查找的话，vector/array 性能最好。关联容器里的元素自然排序，通过成员函数查找（find、lower_bound、equal_range 等）的性能是 $O(\log N)$。无序关联容器里的元素不排序，理想情况下通过成员函数查找（find、equal_range 等）的性能是 $O(1)$（最快），但最坏情况下可能会退化为 $O(N)$。不过，开销的常量系数的影响仍需考虑一下：对于元素数量较小的情况，关联容器仍可能性能更优；但元素数量较大时，通常无序关联容器表现更好[①]。

如果你打算使用关联容器，也请考虑一下使用排序的 vector 的可能。由于内存局部性，对 vector 使用 binary_search 和 lower_bound（见 9.2.6 节）来查找常常比对关联容器使用 find 成员函数更快——当然，这仅在 vector 里的内容在构造完成之后基本不再更改时才较有意义。此外，C++23 和 Boost 库的 flat_map/flat_set 本质上把这种排序 vector 封装成了 map/set 的接口，也值得考虑。

## 7.7 小结

本章对到 C++20 为止的所有容器进行了概要描述，包括序列容器、关联容器、无序关联容器和容器适配器。容器是 C++ 标准库的重要组成部分，了解这些容器的基本用法和基本性能特点，是 C++ 程序员的必修功课。

---

① 应当在实际平台上通过测试来确定哪个更好。我此处给出一个粗略估计：在元素数量小于 1000 时，使用关联容器一般性能没有问题。

# 第 8 章　迭代器

迭代器是 C++ 里的另一重要概念。迭代器有一些基本共性，但同时不同类别的迭代器也各有特点——本章即会对其进行讨论。由于使用迭代器对容器进行遍历是一个常见的操作，C++ 提供了基于范围的 for 循环，让用户遍历容器或类似的对象更加方便。

## 8.1　基本概念

迭代器是 STL 的核心概念，也是泛型编程的重要支柱。利用迭代器，我们可以忽略不同容器和类容器对象间的区别，而只根据迭代器上允许的操作，实现需要的算法，执行我们需要的动作。

迭代器是通用概念，而并不是特定的类型。它实际上是一组对类型的要求。它的最基本要求就是从一个端点出发，下一步、下一步地到达另一个端点。按照一般的中文习惯，也许“遍历”是比“迭代”更好的用词。我们可以遍历一个字符串里的所有字符，遍历一个文件里的所有内容，遍历一个目录里的所有文件，等等。这些都可以用迭代器来表达。

### 8.1.1　迭代器的初步示例

在详细讲解迭代器之前，我们先看一些示例，来熟悉一下基本概念、用法和威力。

#### 累加求和

假设我们要对一个数组执行累加求和，可以使用下面的代码：

```
template <size_t N>
double sum(const double (&a)[N])
{
    double result = 0.0;
    for (auto ptr = a; ptr != a + N; ++ptr) {
        result = result + *ptr;
    }
    return result;
}
```

要对一个链表的所有项进行求和的话，代码可能会像下面这样子：

```
int sum(const ListNode* head)
{
    int result = 0;
    for (auto ptr = head; ptr != nullptr; ptr = ptr->next) {
        result = result + ptr->value;
    }
    return result;
}
```

两者有本质的区别吗？有没有可能合并这两种代码？——如果我们抽象出“读取”和“下一项”这两个动作，C++ 标准库的 accumulate 函数模板就能对数组和链表都生效，实现大致如下（第一个模板参数的名字提示了，这里需要一个输入迭代器）：

```
template <typename InputIterator, typename T>
T accumulate(InputIterator first, InputIterator last, T init)
{
    for (; first != last; ++first) {
        init = init + *first;
    }
    return init;
}
```

这就是迭代器的威力。

排序

先看一下我们举过的排序的例子。在下面的示例里，C 代表一种容器类型，c 代表该容器的一个对象。当 C 支持元素的随机访问时（此时它的迭代器是随机访问迭代器），我们可以使用下面的代码来进行排序：

```
sort(c.begin(), c.end());
```

这里使用了默认的排序方式——从小到大排序。要从大到小排序只需要额外指定一个函数对象就行：

```
sort(c.begin(), c.end(), greater<int>{});
```

分区和排序

另外，可以注意一下，虽然对一个容器写出两个迭代器很啰唆，但非常通用。我们可以对一个容器排序，也可以对一个容器的一部分进行排序。比如，下面的代码可以对容器里所有小于 100 的元素进行排序：

```
auto it = partition(c.begin(), c.end(), [](int x) { return x < 100; });
sort(c.begin(), it);
```

partition 执行了一个分区动作，把满足第三个参数条件的元素放到容器的前半部分，其他放到后半部分，返回的迭代器指向后半部分的开头。然后我们对容器开头到 partition 返回值的半闭半开区间进行排序，来完成剩下的工作。

容器的输出

如果只使用标准库的话，我们可以用下面的代码来输出一个容器里的所有元素，假设它的元素可以用 << 输出[①]：

```
copy(c.begin(), c.end(),
     ostream_iterator<typename C::value_type>(cout, " "));
```

这里 copy 把前两个参数指定区间里的内容复制到另一个区间里（起始位置由第三个参数迭代器指定）。不深究其定义，我们先初步理解一下，第一个、第二个参数必须是输入迭代器，第三个参数必须是输出迭代器——分别负责读和写。此外，我们用 typename C::value_type 来获得容器的元素类型，这种成员类型也是 C++ 里的常见惯用法，尤其在 decltype 和类型特征库[②]还没有进入标准的时候。

### 8.1.2 ostream_range.h 对被输出对象的要求

上一章里介绍的 ostream_range.h 可以输出满足特定要求的对象的内容。首先，对象必须支持 begin 和 end 操作（用 C++20 的概念来说，要求对象是一个 range——范围）。其次，设 begin 返回的对象类型是 I，end 返回的类型是 S（I 和 S 可以相同，也可以不同[③]），它们需要满足：

---

① 如 int 和 string 可以，pair 则缺少标准库支持。因此代码对 vector<int> 和 list<string> 有效，但对 map<int, string> 无效。ostream_range.h 则对 map、pair 都有特殊处理。

② 不过，此处不用 typename C::value_type 还是会有点啰唆，因为完全等价的写法是 remove_reference_t <decltype(*c.begin())>。

③ 在 C++17 之前，begin 和 end 返回的类型 I 和 S 必须相同。从 C++17 开始，一些情况下（见 8.3 节；算法则要等到 C++20 的范围算法，9.4 节）允许 I 和 S 可以是不同类型，这带来了更大的灵活性和更多的优化可能。

- I 对象支持 * 操作，解引用读取容器的元素。
- I 对象支持 ++，指向下一个元素。
- I 对象可以和 S 对象进行相等比较，判断是否应该结束遍历。

上面的类型 I，多多少少就是在要求一个输入迭代器了。不同种类的迭代器允许不同的操作。下面我们就来细看一下迭代器的不同类别。

## 8.2 迭代器的类别

图 8-1 给出了不同类别的迭代器的初步概览。

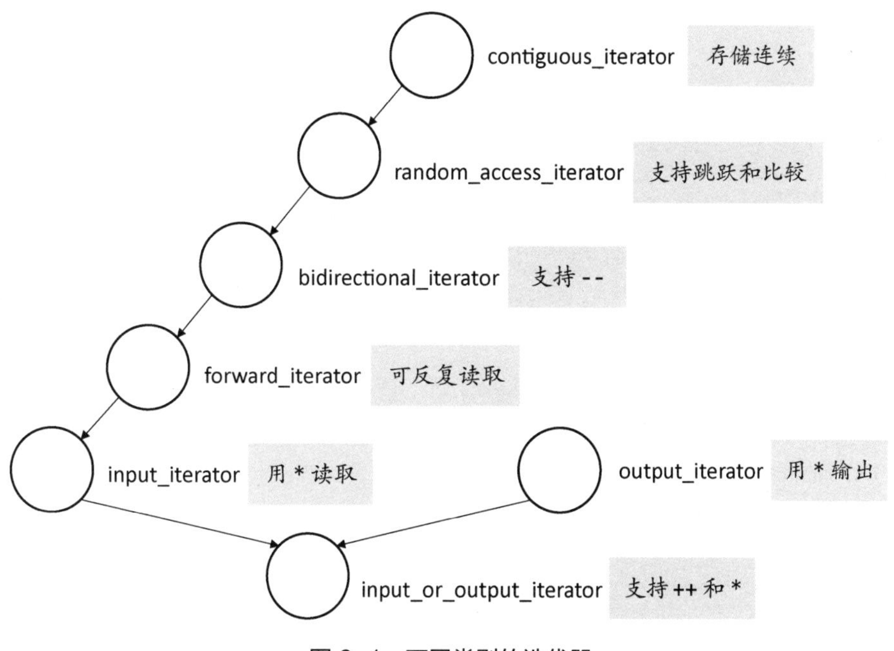


图 8-1：不同类别的迭代器

图中给出的迭代器名称是 C++20 里的迭代器概念。箭头代表“是”的关系，如 input_iterator（输入迭代器）和 output_iterator（输出迭代器）都是 input_or_-output_iterator（迭代器）。

**标准里的命名问题**

迭代器在 C++20 里的概念为什么不叫 iterator 是个历史遗留问题——iterator 是一个曾被标准化的类模板名称（参见 [CppReference: std::iterator]）。虽然由于语言的演化，这个模板看起来不太有用，并被声明为已废弃，但它目前仍然是 C++ 标准的一部分。仍可能有代码在使用这个类模板。

这就是向后兼容性带来的困难：一旦一个名字进入了标准，想要再改（或者其他地方起相同的名字）就很麻烦了。但是，反过来，好处也是巨大的：你基本上不用担心你写的代码会在某一天不能通过编译。这种可能性存在，但极小——可以说，从 C++ 标准里被移除的特性屈指可数。

### 8.2.1 迭代器

对迭代器 I 类型的对象 i 的基本要求是：

- 可以使用 *i 来解引用。
- ++i 是一个合法表达式，返回的类型是 I&。
- *i++ 是一个合法的解引用表达式。
- I 类型的对象可以复制。
- I 类型应当定义成员类型 value_type（值类型）、difference_type（差类型）、reference（引用）、pointer（指针）和 iterator_category（迭代器类别），分别是迭代器所指向对象的类型、迭代器差值的类型、迭代器所指向对象的引用类型、迭代器所指向对象的指针类型，以及迭代器的类别。迭代器类别应当是下面的类型之一，或继承自其中之一：
  - input_iterator_tag
  - output_iterator_tag
  - forward_iterator_tag
  - bidirectional_iterator_tag
  - random_access_iterator_tag
  - contiguous_iterator_tag

注意，跟前面图 8-1 表示的继承关系一致，这些类别标记之间也有继承（是）关系：如 forward_iterator_tag 继承（是）input_iterator_tag，等等。

上面的 ++ 只是可编译的形式要求，并没有要求 ++ 有实际动作。事实上，不是所有的场景都要求 ++ 有实际动作（参见 8.2.7 节）。

迭代器需要实现者手工提供上面提到的成员类型，以供迭代器的使用者判断应当如何来使用这个迭代器。大部分早期 C++ 标准的标准库实现者都要求这些成员类型存在，即使实际没有被用到[①]：如果你的迭代器类型没有提供这些成员类型的话，在使用标准库算法（见第 9 章）时就可能会编译失败。而从 C++20 开始，标准库在这方面要求有所放低[②]，但从兼容性和可读性角度看，可能提供这些成员类型更为简单明确。

下面是我实现的某段开源代码中的一部分：

```
class istream_line_reader {
public:
    …
    class iterator {  // implements InputIterator
    public:
        typedef ptrdiff_t                difference_type;
        typedef std::string              value_type;
        typedef const value_type*        pointer;
        typedef const value_type&        reference;
        typedef std::input_iterator_tag iterator_category;
        …
    }
    …
};
```

第一个成员类型定义 difference_type 为常用的 ptrdiff_t。这有点无聊，因为这只是个输入迭代器，事实上这个类型没有真正被使用（把它定义成 void 都可以），但不能不定义。value_type 明确说明了迭代器指向的对象的类型，不过下面代码里真正用到的，是指针类型 pointer（-> 的返回类型）和引用类型 reference（* 的返回类型）；它们还都有额外的 const 限定，说明迭代器指向的内容不可更改。最后，iterator_category 被定义为 std::input_iterator_tag，说明这是一个输入迭代器。

---

① 测试表明，在使用 C++20 之前的标准来编译代码时，MSVC 和 GCC 标准库里的 std::copy 要求迭代器定义这些成员类型，而 Clang 自带的标准库 libc++ 则不要求。

② 如果你定义一个输出迭代器，可以选择不定义这些成员类型；如果你定义一个前向迭代器（包括更高要求的双向迭代器等），可以只定义 difference_type 和 value_type。注意前向迭代器和输入迭代器有语义区别，但没有语法区别，因此编译器不能自动对两者进行区分。

## 8.2.2　输入迭代器

迭代器都应该通过 `iterator_category` 来标明自己的具体类别。除此之外，输入迭代器只有一个额外要求：可以通过 `*` 运算符来“读取”。也就是说，像“`auto v = *i;`”这样的表达式应该合法。

C++20 之前的具名要求（named requirement）LegacyInputIterator（老式输入迭代器）提出了一些额外的具体要求，一般也应该遵守：

- `*i` 的结果可以转换为 `I::value_type`（读取结果可转换为迭代器指向的对象类型）。
- 支持迭代器的 `!=` 比较。
- 实现 `->`，使 `i->m` 等价于 `(*i).m`（更方便使用，符合类指针的用法）。
- 后置 `++` 应当有合理的行为（有固定实现方式，可参见第 318 页上的 `operator++(int)`）。

输入迭代器应该是最简单、最常用的迭代器了。我们讨论过的所有容器的迭代器都满足输入迭代器的要求（不含容器适配器，它们不支持迭代器和遍历操作）。

## 8.2.3　前向迭代器

输入迭代器提出的要求非常低。对于下面的代码：

```
auto j = i;
++i;
++j;
```

输入迭代器并不保证 `i == j`。能提供这样的保证的，就是前向迭代器了。

换句话说，前向迭代器允许对某个对象的多次访问。更精确地讲①，它要求（假设 `i` 是可以解引用的迭代器，`j` 通过 `auto j = i;` 获得）：

- 迭代器提供 `==` 和 `!=` 的比较；并有 `i == j` 和 `!(i != j)`。
- 执行 `++j` 不会影响 `*i` 的读取结果。
- 满足 `++i == ++j`。

我们讲过的所有标准容器的迭代器都满足前向迭代器。但如果我们写一个读文件的类，

---

① 但仍不是标准般的精确——那还是参考标准和 CppReference 好，如 [CppReference: C++ named requirements: LegacyForwardIterator] 和 [CppReference: std::forward_iterator]。

用迭代器向外暴露读取的接口，那它很可能就只是输入迭代器、而不是前向迭代器了。

### 8.2.4 双向迭代器

在前向迭代器的基础上，双向迭代器提供的额外功能是迭代器上的 `--` 动作。我们既可以正向遍历一个容器/范围，也可以反向遍历一个容器/范围。

在我们的讲过的容器里，`forward_list` 和无序关联容器底层都用到了单向链表，它们的迭代器只满足前向迭代器，而不满足双向迭代器。其余的容器都允许反向遍历，满足双向迭代器。

提供双向迭代器的容器一般会提供 `rbegin`、`rend` 这样的成员函数来获得反向迭代器（reverse iterator），这样就可以用正向遍历的形式（`++`）来反向遍历容器里的元素。如下面的代码会以两种方式来反向输出容器 `c` 里的元素（`reverse_iterate.cpp`）：

```
for (auto it = c.end(); it != c.begin();) {
    --it;
    cout << *it << ' ';
}
cout << '\n';
```

和

```
for (auto it = c.rbegin(); it != c.rend(); ++it ) {
    cout << *it << ' ';
}
cout << '\n';
```

`end()` 是不可以解引用的，因此 `--it` 这个动作必须放到循环里面。在使用 `for` 循环写代码时，显然用 `rbegin/rend` 会更加方便。

使用迭代器库的 `reverse_iterator` 适配器可以很方便地从现有的双向迭代器来生成反向迭代器。详情可参见 [CppReference: std::reverse_iterator]。

### 8.2.5 随机访问迭代器

在双向迭代器的基础上，随机访问迭代器提供了高效的跳跃式访问。它要求（假设 `i` 是迭代器，`n` 是整数）：

- 迭代器之间可以进行 `==`、`!=`、`<`、`<=` 、`>`、`>=` 的比较。
- `i += n` 是合法表达式，迭代器 `i` 会跳过 `n` 个元素。

- i + n 和 n + i 是合法表达式，返回跳过 n 个元素的迭代器。
- i -= n 是合法表达式，迭代器 i 会往回跳过 n 个元素。
- i - n 是合法表达式，返回往回跳过 n 个元素的迭代器。
- i[n] 是合法表达式，返回跳过 n 个元素的引用。

对于双向迭代器和前向迭代器，类似于 i += n 这样的功能仍可以实现：标准库函数 advance(i, n) 就行。但两者的性能就不同了：advance(i, n) 一定可以工作，但不保证高效（可能是 $O(n)$ 复杂度）；而如果 i += n 能编译通过的话，它一定非常高效（保证 $O(1)$ 复杂度）。

在我们讨论过的容器里，array、vector 和 deque 的迭代器满足随机访问迭代器的要求。

### 8.2.6 连续迭代器

连续迭代器是 C++20 新增的概念，在随机访问迭代器的基础上提供了额外的保证，迭代器指向的元素所占用的内存一定是连续的。假设 i 是迭代器，n 是整数：

- 如果 i + n 是可解引用的合法迭代器，则 *(i + n) 等价于 *(addressof(*i) + n)，即迭代器的加法和指针的加法等效。

在我们讲过的容器里，array 和 vector[①] 的迭代器满足连续迭代器。string 的迭代器也满足。当然，指针自然而然满足所有这些迭代器的要求。

### 8.2.7 输出迭代器

输入迭代器可以通过 * 运算符来“读取”，那输出迭代器自然可以通过 * 运算符来“写入”。在第 136 页上“容器的输出”一节里我已经介绍了一个输出迭代器 ostream_iterator。当我们写下

```
copy(c.begin(), c.end(), ostream_iterator<int>(cout, " "));
```

时，在 copy 展开后大致相当于得到了下面这样的代码：

```
auto first = c.begin();
auto last = c.end();
auto d_first = ostream_iterator<int>(cout, " ");
for (; first != last; ++first, ++d_first) {
```

① vector<bool> 除外。参见 7.2.1 节里关于 vector<bool> 的插文。

```
    *d_first = *first;
}
```

在一般的标准库实现里：

1. ++first 会真正执行容器迭代器的递增操作。
2. ++d_first 没有实际动作。
3. *d_first = … 这句，也就是 (*d_first).operator=(…)，执行了真正的写入动作：cout << … 和 cout << " "。

另一个常用的输出迭代器是 back_insert_iterator。它跟 ostream_iterator 类似，把对输出迭代器的解引用写入变成了对容器的 push_back 动作。直接使用这个迭代器（在 C++17 之前）需要指定待插入的容器类型，不方便，因此我们一般使用便利函数模板 back_inserter，如：

```
deque<int> d;
copy(c.begin(), c.end(), back_inserter(d));
```

此处 c 和 d 可以是不同的容器类型。

不过，如果明确知道需要复制的数据的长度，我们通常不需要使用 back_inserter，尤其目标容器是可能移动元素的 vector 且元素值初始化开销不大的情况。我们需要看到，对于一个非 const 的容器，它的迭代器不仅至少满足输入迭代器的要求，也满足输出迭代器（可以用 *i = …; 来写入）的要求。但这里跟 back_inserter 有个区别：back_inserter 可以从一个全空的容器出发用 push_back 在容器尾部追加元素，但普通容器迭代器的解引用写入是一个赋值动作，一定要求目标元素已经存在。因此，我们需要先把容器调整到需要的大小（可以用 resize；绝不能用 reserve！），然后再使用 copy。如下所示：

```
vector<int> d(c.size());
copy(c.begin(), c.end(), d.begin());
```

back_inserter 可能更适用于不知道需要复制的数据量的场景（参见第 157 页上的“copy_if”一节）。

## 8.3 基于范围的 for 循环

我们已经看到了，在很多地方我们会使用属于同一个容器的一对迭代器。典型结构如 5.2.1 节给出的代码：

```
size_t countLowerCase(const string& s)
{
    size_t count = 0;
    for (auto it = s.begin(); it != s.end(); ++it) {
        if (islower(static_cast<unsigned char>(*it))) {
            ++count;
        }
    }
    return count;
}
```

对于这样的代码，我们现在推荐使用基于范围的 for 循环，写成：

```
size_t countLowerCase(const string& s)
{
    size_t count = 0;
    for (auto ch : s) {
        if (islower(static_cast<unsigned char>(ch))) {
            ++count;
        }
    }
    return count;
}
```

“auto ch : s”这样的写法明确表达了意图，而不是传统 for 循环表达的琐碎细节。当然，它不是魔法，也有实现细节，可以作用在任何支持 begin/end 操作的对象上（s.begin() 和 s.end() 合法，或 begin(s) 和 end(s) 合法）。但从可读性的角度看，基于范围的 for 循环明显胜出——上面的代码里的循环语句可读作：“对于 s 里面的每个元素 ch，执行……”

注意范围是一个比容器更广的概念，它的严格定义要在 C++20 才引入，我们暂不讨论。所有的标准容器（但并非所有的容器适配器）都是范围。

下面简单介绍一下在 C++17 下基于范围的 for 循环的大致定义[①]。对于一个“for (范围声明 : 范围表达式) 循环语句”，编译器会展开成：

```
{
    auto&& __range = 范围表达式;
    auto __begin = begin 表达式;
    auto __end = end 表达式;
    for (; __begin != __end; ++__begin) {
        范围声明 = *__begin;
        循环语句
```

① 更严格的定义或在其他 C++ 标准版本下的定义请参考 [CppReference: Range-based for loop]。

```
    }
}
```

begin 表达式和 end 表达式的细节是这样规定的：

- 如果范围表达式是数组类型的表达式，那么 begin 表达式是 __range 而 end 表达式是 (__range + __bound)，其中 __bound 是数组的元素数量（如果数组大小未知或类型不完整，那么程序编译失败）；
- 如果范围表达式是类类型 C 的表达式且 C 类型同时拥有名为 begin 以及名为 end 的成员（不管这些成员的类型或可访问性），那么 begin 表达式是 __range.begin() 而 end 表达式是 __range.end()；
- 否则，begin 表达式是 begin(__range) 而 end 表达式是 end(__range)，并只通过实参依赖查找进行查找。

因此，上面第二个 countLowerCase 的实现会被展开成：

```
size_t countLowerCase(const string& s)
{
    size_t count = 0;
    {
        auto&& __range = s;
        auto __begin = __range.begin();
        auto __end = __range.end();
        for (; __begin != __end; ++__begin) {
            auto ch = *__begin;
            {
                if (islower(static_cast<unsigned char>(ch))) {
                    ++count;
                }
            }
        }
    }
    return count;
}
```

对于绝大部分情况，我们可以使用下面的近似表述：

- begin 表达式是 begin(__range)（在使用 using std::begin 声明后）；
- end 表达式是 end(__range)（在使用 using std::end 声明后）。

显然，范围声明跟 auto 是天然的绝配。当然，跟我们前面讲 auto 时提到过的一样

（见 4.2.3 节），这样得到的结果是一个“值”。如果你需要引用，那应该考虑 auto&、const auto&、auto&& 等其他形式。

## 8.3.1 范围表达式的生存期问题*

范围表达式有一个不算常见但可能是隐患的生存期问题。当范围表达式是一个变量表达的对象时，那代码一般是安全的；当范围表达式是像 getObj() 这样的表达式时，代码也是安全的（通过第 41 页上介绍的生存期延长规则）；但是，当范围表达式是像 getObj().getLines() 这样的表达式时，那就可能有问题了——如果 getObj 返回一个临时对象而 getLines 返回的是临时对象中某一部分的引用的话，生存期延长规则在这种情况下不能生效，因而代码会有未定义行为。

C++20 和 C++23 对于这个问题都打了补丁。尤其是，从 C++23 开始，在 getObj().getLines() 这样的表达式里临时对象的生存期也可以得到延长，因此代码不再存在生存期问题①。不过，就目前来说，避免这样的复杂表达式是最简单的做法：可以先写一行“auto obj = getObj();”，然后再在范围表达式里使用“obj.getLines()”。

## 8.3.2 键-值对容器的遍历

对于四种键-值对容器，存在明显错误的遍历方式，值得讨论一下。

下面这种方式一定不好，即使它看似可以工作：

```
map<int, string> mp{…};
…
for (const pair<int, string>& kv : mp) {
    cout << kv.first << ", " << kv.second << '\n';
}
```

基本的原因在于 mp 的元素类型并不是 pair<int, string>，而是 pair<const int, string>：键被说明为 const，是不可更改的！每次遍历的过程中，我们都执行了 const pair<int, string>& kv = …;，实际上导致每次循环都会从 pair<const int, string> 复制产生一个临时对象 pair<int, string>，并将引用 kv 绑定到这个临时对象上来使用——这非常浪费。还好，如果我们试图用“pair<int, string>& kv : mp”的方式来遍历修改 mp 的话，编译器就会拒绝编译了——误用 pair 会导致性能问题，但至少不会导致正确性问题。

① 参见 [N4950] 的 6.7.7 节 [class.temporary] 的第 7 段。

那是不是下面的代码就令人满意了呢？

```
for (const pair<const int, string>& kv : mp) {
    cout << kv.first << ", " << kv.second << '\n';
}
```

首先，指定这个类型很啰唆，我们完全可以用 auto（因此，auto 不仅便于书写，还可以避免类型指定错误导致的类型转换）。其次，kv.first 和 kv.second 也算不上可读性良好。此处用结构化绑定（4.6.5 节）可以完美地解决这个问题：

```
for (const auto& [id, name] : mp) {
    cout << id << ", " << name << '\n';
}
```

### 8.3.3 哨兵类型*

在 C++17 之前，基于范围的 for 循环要求 begin *表达式*和 end *表达式*必须具有相同的类型。这实际上并不必要。人们发现了一些用例，允许这两个表达式具有不同的类型会十分有用。这就是*哨兵类型*（sentinel type）[①]的概念。

下面这个例子是在不知道输入字符串长度的情况下试图遍历该字符串。这里的哨兵类型用来检查是否读到了一个“空/零”值：

```
struct null_sentinel {};

template <typename I>
bool operator==(I i, null_sentinel)
{
    return *i == 0;
}

template <typename I>
bool operator==(null_sentinel, I i)
{
    return *i == 0;
}

template <typename I>
bool operator!=(I i, null_sentinel)
{
    return *i != 0;
```

① “哨兵”指的就是表示序列结束的特殊对象，如用于表示字符串结尾或链表结束的特殊对象。

```
}

template <typename I>
bool operator!=(null_sentinel, I i)
{
    return *i != 0;
}
```

可以想象一下，当我们拿一个输入迭代器跟这个 null_sentinel 比较时会发生什么：这个动作会导致去解引用输入迭代器，并检查得到的结果是不是零[①]。一旦读到了零值，== 比较就会返回真（!= 比较会返回假）。

下面这个看起来略怪的循环可以遍历输出字符串 msg 中的全部内容（哨兵类型常常直接使用临时对象，因为对于哨兵类型来说，唯一重要的是类型本身，可以认为该类型的所有对象都是等价的）：

```
for (auto ptr = msg; ptr != null_sentinel{}; ++ptr) {
    cout << *ptr;
}
```

我们还需要一个小小的辅助类，来提供合适的 begin 和 end 成员函数，这样就可以跟基于范围的 for 循环一起使用了：

```
class c_string_reader {
public:
    explicit c_string_reader(const char* s) : ptr_(s) {}
    const char* begin() const { return ptr_; }
    null_sentinel end() const { return {}; }

private:
    const char* ptr_;
};
```

这样用起来就更加直观方便了：

```
for (char ch : c_string_reader(msg)) {
    cout << ch;
}
```

如上所示，当某个地方需要一对迭代器时，哨兵类型会提供方便。否则，我们要么多循环一次来测出长度，要么得换成另外一种可能更加复杂的写法。

① 注意字符类型的零值就是表示结尾的 \0；指针类型的零值就是空指针 nullptr。

C++20 之前的算法库还不支持使用哨兵类型（表示范围的一对迭代器需要是同一类型）。而到了 C++20，我们就不需要辅助类 c_string_reader 了，可以直接写：

```
std::ranges::for_each(msg, null_sentinel{},
                      [](char ch) { cout << ch; });
```

## 8.4 小结

本章介绍了迭代器的基本概念，并描述了迭代器的基本类别：输入迭代器、前向迭代器、双向迭代器、随机访问迭代器、连续迭代器，以及输出迭代器。只读容器的迭代器一般至少满足前向迭代器的要求，非只读容器的迭代器则还同时满足输出迭代器的要求。我们还有一些特殊的迭代器可以满足流输出（入）、元素插入等特殊用法。

为了更方便地遍历一个范围（包含容器），基于范围的 for 循环提供了一种更加直观、可读的循环形式。哨兵类型则进一步增强了这种形式的威力。

迭代器为算法提供了通用的接口，是容器和算法之间的桥梁。在讨论了容器和迭代器之后，下面我们就来看一下 C++ 标准库提供的算法。

# 第 9 章　标准算法

本章讨论标准库里提供的算法，包括常用算法、并行算法（C++17）和范围算法（C++20）。

## 9.1　算法概述

算法是在 STL 里最早出现的重要组件之一。在对算法、迭代器和函数对象进行联用时，我们可以获得非常抽象、简洁的代码，同时具有极高的性能——在很多情况下比对应的 C 代码性能高出很多。

C++ 标准库里提供的算法非常多，全部介绍并没有多大意义。下面，我们仅择要介绍一些常见的算法及其使用场景。大部分算法都是高阶函数模板。

## 9.2　一些常用算法

### 9.2.1　映射

Google 推出的 MapReduce 编程模型基于函数式编程里的 map 和 reduce 两个过程，其中的 map（映射）可以用来把一组对象映射到另一组对象。这个功能在 C++ 里的对应物就是 transform 函数模板。我们之前已经看到过它的使用：

```
transform(v.begin(), v.end(), v.begin(), [](int x) { return x + 2; });
```

这段代码执行的是自映射，在自身上面进行修改（一种不太“函数式”但性能友好的方式）。我们当然可以把结果映射到不同的对象上去，两者的类型也不必相同。比如，假如 dq 是个 deque<int>，ls 是个 list<int>，下面的代码也完全可以工作：

```
transform(dq.begin(), dq.end(), back_inserter(ls),
          [](int x) { return x + 2; });
```

这里我用了输出迭代器 back_inserter，把映射的结果插到 ls 的尾部。

上面使用的 transform 的实现实际非常简单，大致如下所示：

```
template <typename InputIt, typename OutputIt, typename UnaryOp>
OutputIt transform(InputIt first, InputIt last,
                   OutputIt d_first, UnaryOp unary_op)
{
    while (first != last) {
        *d_first++ = unary_op(*first++);
    }
    return d_first;
}
```

transform还有一种不那么常用的形式，可以同时接受两个输入序列，并使用*d_first++ = binary_op(*first1++, *first2++);来执行输出。这里我就不详细介绍了，需要的读者可以自行查阅 [CppReference: std::transform]。

### 9.2.2　归约

跟映射紧密关联并常常一起使用的，则是*归约*（reduce），有时也称为折叠（fold）。在 C++ 标准库里它的对应物是 accumulate（自 C++98 起）和 reduce（自 C++17 起）函数模板。我们下面先介绍最早推出的 accumulate，然后介绍 reduce 和它的区别。需要留意，跟 transform 和我们本章讲解的大部分算法不同，这两个函数模板没有定义在 <algorithm> 头文件里，而是在 <numeric> 中（它们被看作“数值算法”）。

跟名字 accumulate 所暗示的那样，这个算法的基本作用是累加。下面的代码可以向 vector 里填充从 1 到 10 的数值（参见第 154 页），然后输出其累加的结果：

```
vector<int> v(10);
iota(v.begin(), v.end(), 1);
cout << accumulate(v.begin(), v.end(), 0) << '\n';
```

accumulate 的作用是执行“左折叠”，默认执行的操作是加法。因此上面的代码实际效果相当于0 + 1 + 2 + … + 10：0是代码里指定的初值，而加法具有左结合性（当然，根据加法结合律，左结合还是右结合在此处无关紧要）。

默认操作是加法运算，我们也可以改成其他方式，如乘法：

```
cout << accumulate(v.begin(), v.end(), 1, multiplies<int>{}) << '\n';
```

跟 accumulate 相比，使用 reduce 存在两个重大区别：

1. 使用默认操作 plus<>{} 时可以不指定初值。此时，初值默认为迭代器所指类型的值初始化结果。对于上面的代码，迭代器指向的是 int，这个初值是 int{}，也就是 0，这对加法是合适的。

2. 操作（折叠）的顺序没有保证。对于 accumulate，在四项数据的情况下，结果一定是 (((*初值* op a1) op a2) op a3) op a4；而 reduce 允许给出像 (*初值* op (a3 op a2)) op (a1 op a4) 这样的结果，即计算顺序可以重新排列和组合。

对于常规的对称操作，执行顺序通常不影响结果。但如果你写出一些较特殊的操作，那这两个函数模板产生的结果可能就不同了。比如：

```
auto squared_sum = [](auto sum, auto val) {
    return sum + val * val;
};
cout << accumulate(v.begin(), v.end(), 0, squared_sum) << '\n';
cout << reduce(v.begin(), v.end(), 0, squared_sum) << '\n';
```

显然，squared_sum 的意图是计算平方和，但它要求输入序列里的新数据应当出现在第二个参数上，否则结果就可能不正确。accumulate 提供了这样的保证，但 reduce 没有——因此，在这种情况下使用 reduce 可能得到错误的答案。具体 reduce 以何种顺序来操作输入序列是实现决定的[①]。

因为实现对如何归约有更大的自由空间，reduce 很可能会有更高的性能。它还提供了并行归约的可能，请参见 9.3 节。

### 9.2.3 过滤

C++ 里的 transform 跟函数式编程的 map 有一定差异。相比之下，函数式编程里的过滤操作在 C++20 之前更缺乏直接对应物。事实上，有两个名字上看起来相反的算法，copy_if 和 remove_if，都可以看作过滤操作。本节我们先讨论 remove_if，9.2.5 节里我们会再讨论 copy_if。

鉴于我们已经了解 lambda 表达式了，下面这个 Lisp 表达式的含义应该已经相当清晰：

```
(filter (lambda (n) (= (remainder n 2) 0)) '(1 2 3 4 5 6))
```

它的结果是 '(2 4 6)，即输入的列表里满足除 2 余 0 的数值的列表。过滤条件是一个谓词（predicate），即返回布尔值的函数（对象）。上面这个谓词，即大致对应于 C++ 里的“[](int n) { return n % 2 == 0; }”。

---

① 标准库还提供了 transform_reduce 函数模板，可以帮助解决这个问题，但其接口有一点点复杂（最多有七个参数）。一旦理解了 transform 和 reduce，这个真需要时也不难理解。

但 filter 的整体表达方式对 C++ 是不够的，我们需要明确地描述结果应该放到什么地方，和/或如何处理输入数据。如果我们把满足条件的输入数据复制到新的地方，那就是 copy_if；如果我们把不满足条件的输入数据从原序列中剔除，那就是 remove_if 加上其后的 erase 操作了。

如果我们要对一个容器 c（类型不限，但其迭代器应当是前向迭代器，且容器支持 erase 操作）执行过滤操作，并在其中放置过滤后的结果，那惯用法需要下面两步：

```
auto it = remove_if(c.begin(), c.end(),
                    [](int n) { return n % 2 != 0; });
c.erase(it, c.end());
```

remove_if 会把不满足谓词的元素向前移，覆盖满足谓词的元素。算法返回的是个迭代器，其指向位置之前（不含）的元素都不满足谓词。从这个接口可以看出，它没法自动执行第二步 erase 动作，因此我们需要在容器上执行 erase，才能把尾部不需要的元素删除。此外，我们也经常会执行 remove_if 多次后才执行 erase，因此这种分离存在通用性和性能上的优势。

对于 forward_list 以外（forward_list 不支持 erase 操作）的序列容器，上面的惯用法都可以工作。但这种两步的方式主要适用于 vector 这样内存连续、中间删除慢的容器。list 和 forward_list 都提供了成员函数 remove_if，可以直接删除元素结点，一次性完成元素的移除。

remove_if 不适用于关联容器和无序关联容器。在 C++20 之前，我们只能使用手工循环来对关联容器和无序关联容器完成这样的功能，如：

```
for (auto it = s.begin(); it != s.end();) {
    if (*it % 2 != 0) {
        it = s.erase(it);
    } else {
        ++it;
    }
}
```

从 C++20 开始，我们有更简单的 erase_if 可以使用：

```
erase_if(s, [](int n) { return n % 2 != 0; });
```

如果你觉得过滤要指定结果容器不太方便的话，那你的想法非常自然。有些场景下，我们需要保留过滤的结果以待后续使用；但也有些场景，我们希望的是单次过滤、直接使用。不管是上面描述的哪种方式，此时都显得不那么方便——你很可能会希望使用 C++20 的视图（参见 10.4 节）。

### 9.2.4 生成

下面我们介绍几个生成元素的算法，fill 和 fill_n 最简单也最常用，iota 可以生成连续序列，generate 则最通用。

#### fill

如果要把一个 vector 里的元素全部设成某一个值，最简单的方式就是构造的时候直接指定长度和初值，如“vector v(100, 1);”。但如果在构造之后再设值，或者你用的容器/范围没有这样的构造方法，那我们可以统一使用 fill 算法。比如，对于 C 风格数组，我们就只能在定义了变量之后用 fill 算法，除非你觉得写出 100 个 1 来更好。

```
int a[100];
fill(begin(a), end(a), 1);
```

对于 array 和 vector，同样的代码也适用，如果你不知道容器类型是什么，那么这种方式非常方便。不过对于 array，可能成员函数 fill 更加简单（如果你需要填充满整个 array 的话）：你可以直接写“a.fill(1)”。

#### fill_n

fill_n 的功能跟 fill 相同，只是第二个参数从结束迭代器变成了元素数量。当你手头已经有元素数量 n 时，写“fill_n(first, n, …)”显然比“fill(first, first + n, …)”要更加简洁。当然，对于某些迭代器类型，first + n 这个表达式都可能不合法，那就更只能用 fill_n 了。

当我们使用连续迭代器且迭代器的值类型是 char、signed char、unsigned char 或 byte（12.6.1 节）时，fill_n 的功能（及性能）跟 memset 完全一致。C++ 里基本没有理由去使用 memset。

#### iota

我们之前已经展示过，使用 iota 算法可以向一个范围里填充递增的值（不过跟大部分算法不同，它的定义在 <numeric> 头文件里）。这个功能简单但实用。它的实现也很简单，看一下就知道适用于哪些情况了：

```
template <typename ForwardIt, typename T>
void iota(ForwardIt first, ForwardIt last, T value)
{
    while (first != last) {
        *first++ = value;
        ++value;
    }
}
```

#### generate

如果上面几种生成算法还不能满足你的需求，那就需要考虑最通用的 generate。单纯从功能角度看，generate 可以替代上面所有这些算法。比如，下面的代码可以不使用 iota 也达到以递增序列生成元素的效果：

```
generate(c.begin(), c.end(), [n = 0]() mutable { return n++; });
```

这个 lambda 表达式存储着一个内部状态：当前用来初始化元素的值。因为在 lambda 表达式的执行过程中需要修改内部状态，声明 lambda 时需要加上 mutable 关键字。

### 9.2.5 复制

复制数据是一个常见的操作。copy… 系列的算法以抽象的方式描述我们需要的复制动作，可以完好地满足我们在正确性和性能上的需求。尤其值得注意的是，当我们的元素是简旧数据且迭代器是连续迭代器时，标准库可以把 copy 和 copy_n 动作自动变成最高效的内存复制动作。因此，C++ 代码里通常不建议使用风险性更高的 memcpy①。

#### copy

我们在 8.2.7 节已经展示过 copy 的用法，它要求给出两个输入迭代器和一个输出迭代器，然后循环读取输入迭代器指向的内容“写入”到输出迭代器指向的位置。取决于迭代器的类型和元素的类型，编译器/标准库会进行合理的优化，确保行为的正确性和高性能。

##### 复制方向问题

copy 理论上执行的是从前向后的复制过程，第三个参数指向的位置不应在前两个参数

① 要使用 memcpy，首先必须是连续范围。即使在连续范围里，你也只在元素是某些类型（如 int）时才可以用 memcpy，另外一些（如 string）则不行。使用 copy 你就可以不关心该问题。另外，有重叠、从前往后的 copy 有明确定义行为，但理论上来说任何有重叠的 memcpy 都不合法（有未定义行为）。可参见 https://sourceware.org/bugzilla/show_bug.cgi?id=12518：至少在 Linux 下重叠的 memcpy 曾经出过问题。

指定的区间里，否则代码具有未定义行为[①]。要确保在这种情况下代码有正常的行为。我们可以使用 copy_backward 从后向前复制，或者使用反向迭代器。假设我们有个支持双向迭代器的容器 c，其中元素是 {1, 2, 3, 4, 5, 6}，我们想把后 4 项元素用之前的元素来替换，得到 {1, 2, 1, 2, 3, 4}；那下面两种形式的代码都能确保获得想要的结果。

使用 copy_backward（第二个参数指向复制的尾后结束位置）：

```
copy_backward(c.begin(), c.begin() + 4, c.end());
```

使用反向迭代器（第一个参数指向正向遍历的末尾元素——非尾后）：

```
copy(c.rbegin() + 2, c.rend(), c.rbegin());
```

可以注意到，不管使用哪种形式，第三个参数指向的位置都不应该在前两个参数构成的区间内。这是我们可以用来判断代码是否合法的要点。

移动问题

跟使用反向迭代器可以反向复制元素相似，使用迭代器适配器 move_iterator 可以方便地移动元素。下面的代码能够高效地把第一个容器 c1 中的元素移动到第二个容器 c2 里：

```
copy(move_iterator(c1.begin()), move_iterator(c1.end()), c2.begin());
c1.clear();
```

这样做的前提条件是 c2 的大小足够（否则越界访问 c2 的结果又是未定义行为）。我们往往可以用 c2.resize(c1.size()) 先把大小调整好（8.2.7 节中的做法）。或者，如果元素默认构造开销比较大的话，先使用 c2.reserve(c1.size())（假设 c2 内容为空，且类型是 vector），再使用 back_inserter 帮忙：

```
copy(move_iterator(c1.begin()), move_iterator(c1.end()),
     back_inserter(c2));
```

要移动元素还有一个更简单的专用 move 算法[②]：

```
move(c1.begin(), c1.end(), back_inserter(c2));
```

不过，仅就这个移动/复制问题而言，我们不使用通用的 copy/move 算法，而使用容器自身的 insert 成员函数可能更好：简单、通用、高效。

---

① 也许可以正常“工作”，也许会出现意料外的重复元素，也许有其他不良后果。

② 也有 move_backward（但没有 move_n）。鉴于它们的功能和其他算法有重叠，且相比 insert 成员函数存在性能上的缺陷，move… 系列算法使用需求并不多。

```
c2.insert(c2.end(),
          move_iterator(c1.begin()), move_iterator(c1.end()));
```

根据具体的类型，标准库的实现通常自动就会有一定的优化。比如，如果 c2 的类型是 vector，c1 的迭代器至少是前向迭代器（标准容器都满足要求），那实现一般会根据要插入数据的长度**先预留好充足的空间再执行插入**。

一般而言，在成员函数和通用算法同时提供某个功能的情况下，应优先选择使用成员函数——当然，当你需要某种通用性，而成员函数提供不了时除外。

#### copy_n

了解了 copy 之后，copy_n 的概念就很简单了：把第二个参数从结束迭代器变成元素数量即可。在长度已知时，这种形式可能会更加方便。此处不再赘述。

#### copy_if

要把迭代器区间内的部分元素复制到其他位置，可使用 copy_if。下面的例子可以把容器 c 中的偶数复制到容器 d 的尾部：

```
copy_if(c.begin(), c.end(), back_inserter(d),
        [](int n) { return n % 2 == 0; });
```

注意我们并非一定要使用输入序列中的元素作为条件来判断。下面的代码完全合法，可以把输入序列中的第偶数项复制到目标容器的尾部：

```
copy_if(c.begin(), c.end(), back_inserter(d),
        [flag = true](int /*n*/) mutable {
            flag = !flag;
            return flag;
        });
```

这个 copy_if 的谓词条件不再是个纯函数，结果不由参数决定（完全忽略），而是依赖内部状态 flag。

### 9.2.6 搜索

搜索（或查找）也是经常用到的算法。我们下面来看几种常用的形式。

#### find / find_if

find 用来**顺序**搜索某一特定的元素（使用 == 来进行比较）。对于更复杂的搜索，则可以使用 find_if 来指定条件。两者都是找到第一个满足条件的元素，即终止搜索；找不到则返回代表结束位置的迭代器。

下面两行代码执行的功能相同，都是查找一个 0 元素：

```
it = find(c.begin(), c.end(), 0);
it = find_if(c.begin(), c.end(), [](int n) { return n == 0; });
```

对于关联容器和无序关联容器，使用 find 算法就低效了，此时我们应当使用 find 成员函数。

### count / count_if

跟 find 和 find_if 很相似的两个算法是 count 和 count_if，它们执行类似的搜索动作，但不会在找到满足条件的元素就停下来，而是会遍历整个范围，对满足条件的元素进行计数。由于它们比较简单，此处就不再多加介绍。

### binary_search

find 和 count 算法都适合顺序搜索的场景。当我们的数据有序排列时，最典型的情况是已经排过序的 vector，find 和 count 就不合适了。此时，当我们只需要知道元素是否存在时，可以使用 binary_search[①]，如：

```
if (binary_search(c.begin(), c.end(), 0)) {
    cout << "Found\n";
}
```

否则，请继续看下一节。

### lower_bound / upper_bound / equal_range

对于已排序的序列容器（特别是 vector）我们也可以使用 lower_bound、upper_bound 和 equal_range 算法，功能与关联容器里的相应成员函数相仿。如果你需要类似关联容器的 find 的算法，那么下面的函数模板可以完成该项任务：

```
template <typename ForwardIt, typename T,
          typename Compare = std::less<>>
auto binary_find(ForwardIt first, ForwardIt last,
                 const T& value, Compare compare = Compare{})
{
```

① 跟关联容器类似，本小节和下一小节的算法不使用 == 来判断是否找到了所需的元素，而是使用不可比的概念。参见 7.3.2 节。

```
    auto it = std::lower_bound(first, last, value, compare);
    if (it != last && compare(value, *it)) {
        it = last;
    }
    return it;
}
```

### all_of / any_of / none_of

这一组算法用来检查范围里的元素是不是：

- 全部满足某一谓词
- 至少有一项满足某一谓词
- 全部不满足某一谓词

相比 find_if，这一组算法可以增加以上操作的可读性。如果我们定义了：

```
auto is_even = [](int n) { return n % 2 == 0; };
```

那么：

- all_of(c.begin(), c.end(), is_even)：检查是否所有元素都是偶数。
- any_of(c.begin(), c.end(), is_even)：检查是否至少有一个元素是偶数。
- none_of(c.begin(), c.end(), is_even)：检查是否没有元素是偶数。

## 9.2.7 排序

我们已经多次使用了排序的例子，相信读者已经对这个算法相当熟悉了。sort 默认使用小于（<）关系来进行排序，但我们也可以通过第三个参数来使用其他方式排序——当然，如第 119 页所述，排序条件必须满足严格弱序关系。

C++ 里与排序相关的功能不止 sort（全排序）一种：

- 如果你需要根据某个标准来把数据分成两组，那 partition 就够了。
- 如果你需要找出序列里的前 $n$ 项，保证前 $n$ 项和后续元素的相对顺序（而不用对前 $n$ 项或后面的元素进行排序），那可以用 nth_element。
- 如果你需要找出序列里的前 $n$ 项，并对前 $n$ 项进行排序，那可以用 partial_sort。
- 只有在你确实需要对所有元素都进行排序时，才需要使用 sort。
- 额外地，如果你不仅需要排序，还希望等价的元素（!compare(a, b) && !compare(b, a)）保持其原有的顺序，应当使用 stable_sort。

这种细分是为了在可能的场景里用上更高效的算法，进一步降低不必要的开销。一般而言，上面列表里排在前面的算法比后面的具有更高的性能[①]。

## 9.2.8 其他

C++ 标准库提供的算法还有很多，可以从 [CppReference: Algorithms library] 查看更多细节。本节仅再快速列举几个可能较为常用的算法。

### 循环遍历

for_each 和 for_each_n 可以循环遍历某个范围。不过，在有了基于范围的 for 循环之后，这两个算法就处于较为尴尬的状态，较少被使用。

### 顺序变更

我们可以使用 reverse 来反转某一范围中的元素，也可以用 reverse_copy 来创建某一范围的逆向复本。标准库支持根据范围中的某一中间位置进行 rotate（旋转动作），也可以使用 shift_left 和 shift_right 来进行平移。C++17 之前我们还可以使用 random_shuffle 算法来进行随机重排，不过现在我们应该用 shuffle 替代（不再使用问题多多的 rand 函数；参见 12.9 节）。

### 最大和最小

max（最大）和 min（最小）算法在 C++98 就有了。它们完全可以替代 C 里面类似功能的宏；并且，即使参数是具有副作用的表达式（如 ++x），也不会有意料之外的奇怪行为。当两个参数等价（即 !(a < b) && !(b < a)）时，max 和 min 都返回第一个参数的引用[②]。

C++11 引入了 minmax 算法，可以一次性返回最小和最大值的引用，作为引用的 pair 返回。如果参数等价的话，则最小值是第一个参数的引用，最大值是第二个参数的引用。

下面的代码展示了基本的用法：

```
int n = 1;
int m = -1;
```

---

① 如果你使用前面的算法做后面的事情（像使用 partial_sort 对整个序列进行排序），那总开销显然不会更低，通常只会更高。但这里至少有一个显著的例外——使用通常的标准库实现，在一些典型场景下（如取前 10% 并进行排序），比起直接使用 partial_sort，先使用 nth_element 再使用 sort 的性能反而更高。

② 这是标准库规定的行为。但是，STL 的设计者 Alex Stepanov 认为（Alexander Stepanov Notes for the Programming course at Adobe），他当初犯了个错误。考虑到等价并不意味着相等以及这些算法在排序等场景下的用法，min 应该返回前一项，而 max 应该返回后一项。不过，一旦某种行为被标准化，那连当初的作者都很难再去更改了。

```
assert(&min(n, m) == &m);
assert(&max(n, m) == &n);
assert(&(minmax(n, m).first) == &m);
assert(&(minmax(n, m).second) == &n);
```

从 C++11 开始，min、max 和 minmax 可以对超过两个的数值进行比较，使用花括号、作为 initializer_list 传参即可。当然，在这种情况下，所有待比较的数值的类型应该一致；如果类型不一致但可以无损转化到待比较的类型，那在调用函数模板时指定类型也可以。也就是说，“min({4, 3, 2, 'a', 7})”不是一个合法的表达式，但“min<int>({4, 3, 2, 'a', 7})”就没有问题。

注意，双参数的最大最小算法返回的是引用，而 initializer_list 作为参数的算法则返回值。在一般的使用场景下，如果我们在同一条语句里立即使用算法返回的结果，或者把结果赋给一个非引用的变量，则这个差异通常可以忽略。

### 向后兼容性的魔咒

前一个脚注讨论的 max 的行为，以及第 155 页脚注讨论的 memcpy 的兼容性，都展示了现代软件里向后兼容性的重要性。不同的人群，对向后兼容性的看重程度也不一样。比如，对于 memcpy 处理有重叠的内存复制问题，Linus Torvalds 站在维护兼容性这边，而 Ulrich Drepper 则倾向于认为让有未定义行为的程序早点崩溃是好事——但无论如何，让现有可工作的程序崩溃会造成严重后果，所以后来 glibc 至少让老的程序里的 memcpy 链接到一个保持向后兼容性的符号，不会因为升级库让已有的程序出问题了。max 的情况更复杂了点，因为这里是“正确性”和“现有标准”冲突。C++ 标准委员会比较保守，轻易不会去破坏向后兼容性。

关于软件对外接口的契约，还有一个让人有点丧气的 Hyrum 定律，也跟向后兼容性相关：“**如果 API 的用户足够多，那你在契约中的承诺就不重要了：系统的所有可观察行为都会有人依赖。**”memcpy 问题正是如此。某种程度上，也是一种人性：人们习惯于观其行，而不是听其言。

不过，作为成熟的开发者，我们至少应当做到，不要去做文档里禁止的事情（包括产生未定义行为）。

## 9.3 并行算法

MapReduce 之所以出名，是因为这个算法是可以高度并行的，适合大数据和并行计算领域。C++17 之前的 transform 和 accumulate 是传统的单线程函数，无法并行，也不能利用现代硬件里的多核。这个问题到了 C++17 有了重大改进：我们可以简单地对代码稍作修改，就能让它利用现代硬件里的特性，达到更高的性能。

对于可以并行的算法，我们现在可以简单地包含 <execution> 头文件，然后在算法的函数调用开头加上额外的执行策略参数即可。目前我们有四种不同的执行策略：

- std::execution::seq：传统的顺序执行策略
- std::execution::par：并行执行策略，表示希望使用多个线程并行执行
- std::execution::unseq：无顺序执行策略，表示希望使用向量化执行，在单个线程上使用一次操作多条数据的指令
- std::execution::par_unseq：并行无顺序执行策略，表示希望同时使用多线程和向量化执行

在本章描述过的算法里，大部分可以支持这个额外的执行策略参数。不支持执行策略的主要是下面这些算法：

- accumulate
- iota
- generate
- binary_search
- lower_bound/upper_bound/equal_range
- max/min/minmax

虽然 accumulate 因为语义上规定了是左折叠，不能支持并行执行策略，但具有类似功能的 reduce 可以。比如下面这条语句即可并行地对容器 v 中的内容执行并行归约（累加）操作（par_reduce.cpp）：

```
double result = reduce(execution::par, v.begin(), v.end());
```

并非所有执行策略在所有平台上都有良好的支持，但至少并行执行策略已被 MSVC 和 GCC 的标准库（含 Clang 使用 GCC 标准库的情况）所支持。在 GCC 里使用并行策略需要外

部库 TBB（Threading Building Blocks）的帮助①，如在 Linux 上编译并行归约的示例程序可使用以下命令行：

```
g++ -std=c++17 -O3 par_reduce.cpp -ltbb
```

实测下来，并行执行策略确实可以获得数倍的性能提升。

## 9.4 C++20 的范围算法*

我们已经看到了，很多算法需要两个迭代器表示要操作的数据范围。比如下面的程序（copy_sort_cxx11.cpp）：

```
#include <algorithm>  // std::copy/sort
#include <iostream>   // std::cout
#include <iterator>   // std::ostream_iterator

int main()
{
    using namespace std;
    int a[] = {1, 7, 3, 6, 5, 2, 4, 8};
    copy(begin(a), end(a), ostream_iterator<int>(cout, " "));
    cout << '\n';
    sort(begin(a), end(a));
    copy(begin(a), end(a), ostream_iterator<int>(cout, " "));
    cout << '\n';
}
```

这里 begin(a) 和 end(a) 写了三遍，是不是显得有点无聊和啰唆？

很多人留意到了迭代器虽然灵活，但不是一个足够高级的抽象——这甚至让 Andrei Alexandrescu 喊出了“Iterators must go”（迭代器必须消失）的口号。而到了 C++20，我们就可以利用抽象的“范围”，把代码写成以下形式来进行简化（copy_sort_cxx20.cpp）：

```
#include <algorithm>  // std::ranges::copy/sort
#include <iostream>   // std::cout
#include <iterator>   // std::ostream_iterator

int main()
{
    using namespace std;
    using std::ranges::copy;
```

① 在 Linux 上安装 libtbb-dev 或类似开发包；在 macOS 上可使用 Homebrew 安装 tbb。

```
    using std::ranges::sort;
    int a[] = {1, 7, 3, 6, 5, 2, 4, 8};
    copy(a, ostream_iterator<int>(cout, " "));
    cout << '\n';
    sort(a);
    copy(a, ostream_iterator<int>(cout, " "));
    cout << '\n';
}
```

这里，我们不再使用 std 名空间下的 copy 和 sort，而是使用了 std::ranges 名空间下的 copy 和 sort。它们可以支持更简单的写法。

另一个小区别是，std::ranges::sort 目前默认使用 std::ranges::less 来进行比较（而不是 std::less）。它对待比较的对象有进一步的要求，必须既支持 < 操作，也支持 == 操作。也就是说，它对于待比较对象的要求不再仅仅是满足严格弱序（strict weak ordering）关系，而是要进一步满足严格全序（strict total ordering）关系。

也许你会有疑问，为什么 C++ 标准委员会不把新的更简单的算法也放在 std 名空间下呢？除了范围库整体在 std::ranges 名空间下，以及它使用了特殊的防实参依赖查找的实现技术[①]，还有一个重要原因是这些新版本的算法同时支持上面这样的参数形式和老的参数形式，但这里存在两个潜在变化：

- 范围库算法支持哨兵类型（8.3.3 节），表达范围的两个迭代器可以类型不同。
- 因为表示结束的迭代器可以是哨兵类型而不是真正的迭代器，返回结束位置的迭代器变得有意义了。因此很多算法的返回值发生了变化，通常是多返回一个迭代器。

我们上面用到的两个算法都有这方面的变化。std::sort 的返回类型是 void，而 std::ranges::sort 的返回类型成了迭代器——指向结束位置。std::copy 的返回值是目标范围的结束位置迭代器，而 std::ranges::copy 的返回值是一个结构体，成员 in 指向输入的结束位置，成员 out 指向输出的结束位置。

很多范围算法还会允许使用一个投影参数——可以是函数对象、成员函数指针或数据成员指针。在有投影之前我们用 lambda 表达式来进行比较能达到相同的效果，但使用投影往往可以获得更好的可读性，如下所示（sort_projection.cpp）：

```
#include <algorithm>      // std::ranges::sort
#include <functional>     // std::less
#include <iostream>       // std::cout
```

① 称为“niebloid”，因 ranges 提案的主要作者 Eric Niebler 而得名。

```
#include <string_view>      // std::string_view
#include <utility>          // std::pair
#include "ostream_range.h"  // operator<< for ranges

int main()
{
    using namespace std;
    using std::ranges::sort;
    using MyPair = pair<int, string_view>;
    MyPair a[]{{1, "one"}, {2, "two"}, {3, "three"}, {4, "four"}};
    sort(a, less{}, &MyPair::second);  // (1)
    cout << a << '\n';
}
```

输出为按英文排序的结果：

```
{ (4, "four"), (1, "one"), (3, "three"), (2, "two") }
```

在 C++20 之前，上面的排序语句 (1) 我们得这样写：

```
    sort(begin(a), end(a),
         [](const MyPair& lhs, const MyPair& rhs) {
             return lhs.second < rhs.second;
         });
```

这显然就要麻烦多了。

另外，值得注意的一点是，范围算法并不是把之前的算法简单包一层，像下面这个样子：

```
template <typename Rng, typename T>
auto find(Rng&& rng, const T& value)
{
    return std::find(std::forward<Rng>(rng).begin(),
                     std::forward<Rng>(rng).end(), value);
}
```

这样的实现方式会让下面的危险代码（看似）可以工作：

```
auto it = find(vector{1, 2, 3}, 3);
cout << *it << '\n';
```

你应该已经能够识别，虽然 `find` 一定能成功，但下面的解引用会悬空，造成未定义行为。而范围库里引入了很多复杂概念和技巧，使得下面的解引用能够直接在编译时失败——这种复杂性是一把双刃剑：一方面，你的代码如果能编译，往往是能够正常工作的（某种程度上可以类比为 Rust 的借用检查）；另一方面，如果你的代码不能编译，错误信息可能会涉及很多不熟悉的概念，因而难以解读。在初次使用范围算法遇到错误时，建议既要仔细检查代码里是不是有跟生存期相关的问题，又可以同时考虑换其他的写法，而不是一味跟编译器和标准库较劲。在有疑问时，多使用左值，以确保对象有正确的生存期。

## 9.5 小结

本章概要描述了 C++ 标准库提供的算法。我们首先讨论了映射、归约、过滤三种典型范式，然后讨论了常用的生成、复制、搜索、排序和其他一些算法。C++17 提供的并行执行策略使我们在多核环境下可以“自动”获得性能提升；而 C++20 的范围算法又为我们提供了更简洁和更灵活的表达方式。

# 第 10 章　视图

本章讨论“不拥有”其元素的对象——视图（view）。视图本身作为一个概念，跟 C++ 标准的具体版本相关性不大。然而，直到 C++17，C++ 里才直接引入易用的视图类型，随后，在 C++20 中又增加了更多的视图类型。这些视图类型是本章的核心主题。

## 10.1　视图概述

string 和容器都“拥有”它们的元素。在不关心所有权时，我们可能会使用迭代器，也可能使用指针——本质上也是一种迭代器。此外，我们还有一种非常直观的表达方式，就是使用并不拥有指向元素的专门视图对象。

不过，迭代器、指针和视图对象都不持有指向的对象，因此我们需要留意它们指向的对象的生存期。使用视图对象不当，跟使用指针不当一样，会导致悬空引用。视图对象通常不适合长期保存，除非同时保存其所指向的对象。一般应避免将视图对象保存为全局变量或成员变量。

视图最合适的应用场景是参数传递。视图的复制应为常量复杂度，所以我们一般使用传值的方式传递视图对象（就像我们一般使用传值的方式传递指针一样）。

## 10.2　string_view

string_view 是 C++17 引入的一种新类型，它提供了非常方便的传递字符串（或其中一部分）的方式。多个 string_view 可以指向同一个底层字符串，如图 10-1 所示。

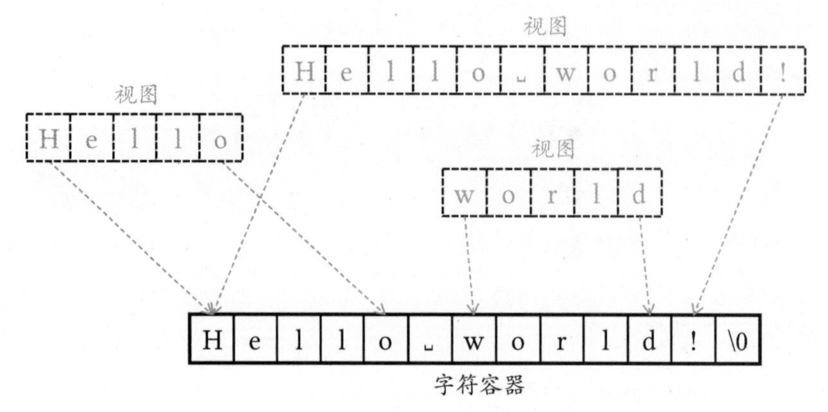


图 10-1：多个 string_view 指向同一个底层字符串

### 10.2.1 基本用法

下面是一个非常简单的使用 string_view 的例子：

```
string greet(string_view name)
{
    string result("Hi, ");
    result += name;
    result += '!';
    return result;
}
```

这个 greet 函数接受一个 string_view，然后生成一个字符串并返回。显然，我们可以传递一个 string_view 对象给这个函数，但更重要的是，我们可以传递其他更常用的字符串类对象，包括字符串字面量和 string。

这样可以：

```
auto greeting = greet("C++");
```

这样也可以：

```
string name;
getline(cin, name);
auto greeting = greet(name);
```

我们可以这样做，是因为 string_view 可以通过（常）字符指针来构造，而 string 也能自动转换成 string_view。究其本质，string_view 只保存两样东西：

- 一个 const char*，指向字符串的开头
- 一个 size_t，表示字符串的长度

换句话说，string_view 是一个字符串的只读视图，不保存字符串，而只保存字符串的指针和长度。使用者需要确保在使用 string_view 的时候，底层的字符串一直存在。

可以通过提供指针和长度来构造一个 string_view。不过，更常见的用法，仍然是通过字符串字面量来构造 string_view，及把 string 自动转换成 string_view。

这里顺便提一下 3.2.1 节里说过的字符串字面量是左值的原因。对于一个字符串字面量，编译器实际上会默认生成一个静态的字符串对象，即上面的前一种写法基本等效于：

```
static const char _str1[] = "C++";
auto greeting = greet(_str1);
```

相比迭代器或指针，视图的优势就是更加直观、易用、不容易出错，因而也更加安全——毕竟，在你写“s1.data(), s2.size()”时，编译器看不出你的 s2 到底是不是想写 s1 而写错了。

## 10.2.2 视图的生存期问题

当我们在传参场景之外使用 string_view 时，就需要十分小心生存期问题。比如，下面的代码就是有问题的：

```
string_view name = string("C++");
```

问题在于，在这行语句执行结束时，临时 string 对象就已经不存在。因此 string_-view 对象会指向已经被销毁的字符串对象，导致未定义行为。你后面再去使用 name 的话，会发现它有时有你期望的内容，有时则是乱码，有时甚至可能导致程序崩溃。遗憾的是，目前（2024 年）的主流 C++ 编译器里，只有 Clang 会对这样的代码进行告警。

另外一种可能的出错场景是把 string_view 存下来或返回。在 10.2.1 节 greet 函数的执行期间，正常的代码没有任何理由会修改底层字符串或发生生存期问题；即使我们用类似上面错误的方式写 greet(string("C++"))，代码仍然完全合法，因为临时字符串对象的析构动作会发生在 greet 函数返回之后。但如果这个函数把 string_view 存下来或返回，则是另外一个故事了——类似于上面的错误就可能会发生。

### 10.2.3 string_view 和 string

在很多原本我们可能使用 string 的场合，使用 string_view 可能会带来时间和空间上的好处。

以 greet 函数为例。我们考虑一下不使用 string_view 时的做法：

1. 我们可以使用 greet(const string&) 这样的按引用传参方式。这样的参数形式对 string 实参当然很友好，但对字符串字面量就不友好了。虽然使用字符串字面量看起来完全正常，但编译器产生的代码是相当无聊和低效的：它会生成一个临时 string 对象，把字符串字面量中的内容全部复制进去，然后拿这个临时对象去调用 greet 函数，并在函数返回之后销毁这个临时的 string 对象。当没有小字符串优化或字符串长度超过小字符串优化允许的大小时，这尤其糟糕，因为我们会有极其没有意义的堆上内存分配和释放动作。
2. 我们可以使用 greet(const char*) 这样的传统接口。这样的参数形式对字符串字面量实参很友好，但对 string 对象来讲，就不方便了——我们会需要使用 s.c_str() 这样的形式来传参。还有，如果这个字符串很长，获取字符串的长度 $N$ 也会是一个低效的操作，复杂度为 $O(N)$。此外，我们也没法直接使用 string 类提供的方便的操作，如 find、substr 等。

如果我们把形参替换成 string_view 的话：

1. 当我们传递的实参为 string 时，string 会使用内部指针和长度高效地生成 string_view 对象。
2. 当我们传递的实参可退化为 const char* 时，编译器会自动获取这个字符串的长度（通过调用 char_traits<char>::length(s)）。这里又可以细分为两种情况：字符串内容在编译时确定（即字符串字面量），及字符串内容在编译时不确定。当字符串内容在编译时可确定时，string_view 具有最大的优势：不仅没有任何额外的开销，而且目前主流的优化编译器都可以在编译时算出字符串的长度，因而可以产生最高效的代码。否则，string_view 会在运行时动态获取字符串的长度。如果你后续需要字符串的长度，那这种方式也非常合理，没有额外开销。

此外，虽然 string_view 不是 string，但它的成员函数跟 string 还是非常相似的，同样有 data、size、begin、end、find 等方法。它跟 string 最为显著的不同点是：

- 不能修改字符串的内容（string_view 是一个**只读**视图）。data 成员函数返回的是 const char*，而不像 string 的 data 成员函数从 C++17 开始可以返回 char*，允许程序员直接通过指针修改底层的字符串（当然，不允许超过尾部）。
- 没有 c_str 成员函数。string 的 c_str 和 data 成员函数在语义上有区别：c_str 从 C++98 开始就一直保证返回的字符串是零结尾的，而 data 要从 C++11 开始才能保证这一点。string_view 的 data 成员函数则完全不保证返回的字符串是零结尾的，即使构造 string_view 使用的字符串以零结尾——因为只有这样，我们才能高效地取出字符串的一部分，形成一个新的 string_view 对象。这也意味着，在我们需要把字符串指针传到期待零结尾字符串的 C 函数接口时，使用 string_view 不合适。
- substr 成员函数返回的是一个新的 string_view，而非 string。生成新的指针和长度只是简单的加减运算，当然也就很高效，但别忘了，刚说过，产生的结果可能并非以零结尾，即使原始的 string_view 是零结尾的。
- 我们额外有成员函数 remove_prefix 和 remove_suffix，可以修改当前 string_-view 对象（但不会动底下的字符串）。remove_prefix 去掉开头的若干字符，因而如果 string_view 原先是零结尾的，现在仍然是；remove_suffix 去掉结尾的若干字符，显然，即使 string_view 原先是零结尾的，在这个操作之后就不再是了。

作为 C++ 标准的一部分，string_view 和 string 之间有非常良好的交互[①]。string 的成员函数如果接受 string 作为参数的话，一般也可以接受 string_view 作为参数。一个 string 可以隐式转换为 string_view（因而我们可以把 string 对象直接传递给需要 string_view 的函数），而反过来我们也可以把 string_view 转换为 string，但那时我们需要一次显式构造——如果用一个 string_view 对象 sv 去调用原型为 f(const string&) 的函数，我们需要写“f(string(sv))”。这是因为，到视图的隐式转换性能开销很低，为很多场景所需要；但反方向的转换性能开销可能较高，因而必须显式表达出来。

最后，补充一点，上面一直在讲 string_view，那主要是因为对许多人——尤其是不开发 Windows 应用的人——来说，string_view 一般就已经够用了。就如 string 是一个类型别名一样，string_view 也是一个类型别名：std::string_view 相当于 std::basic_-string_view<char>。我们可以使用其他的字符类型去特化 basic_string_view，系统也已经帮我们定义好了相应的别名，如 wstring_view、u32string_view 等。你可以根据自己的需要选用。

① 如果因为环境不支持 C++17 而使用第三方或自己实现的 string_view，那有些功能就会缺失。

### 10.2.4 string_view 的哈希*

跟 string 一样，string_view 支持哈希操作。string_view 的哈希有一个特性很有用，它可以接受通常可转换为 string_view 的对象作为参数，如 string 和 const char* 类型的对象。利用这一点，我们可以写出下面这样适用于 string 类型键的通透哈希对象：

```
struct MyStrHash {
    using is_transparent = void;
    size_t operator()(string_view str) const noexcept
    {
        return hash<string_view>{}(str);
    }
};
```

现在，我们就能声明一个 unordered_set<string, MyStrHash, equal_to<>> 类型的对象。它使用 string 作为键类型，但在 C++20 或之后的标准里，查找操作（如 find 和 contains）可以使用任何能够转换为 string_view 的对象，而无须先把键转换为 string。

## 10.3 span

C++20 引入的 span 是另外一个非常有用的视图类型。如果你想在 C++14/17 的环境里使用 span 的话，则可以使用微软 GSL 库[①]中定义的 gsl::span。除了名空间不同（std 还是 gsl），两者目前行为基本一致——只是 gsl::span 会做越界检查，因而更安全，但也可能会因此带来一些性能问题。我们后面会讨论到这一点。

### 10.3.1 基本用法

我们先通过一些例子来直观地了解一下 span。

假设我们有一个通用的打印整数序列的函数：

```
void print(span<int> sp)
{
    for (int n : sp) {
        cout << n << ' ';
    }
    cout << '\n';
}
```

① https://github.com/microsoft/GSL

我们可以使用各种各样的提供连续存储的整数“容器”作为实参传给 print 函数。比如，下面这些变量都是可以传递给 print 的：

```
array a{1, 2, 3, 4, 5};
int b[]{1, 2, 3, 4, 5};
vector v{1, 2, 3, 4, 5};
```

而不提供连续存储的容器则不能这么用，如：

```
list lst{1, 2, 3, 4, 5};
```

不过，应留意 span<char> 和 string_view 有较大的差异，并不彼此对应。最核心的区别在于，span<char> 允许你更改底层的数据，而 string_view 不允许。刨除接口上的区别，span<const char> 跟 string_view 有相似之处。前面给出的 print 实际存在 const 正确性问题：你如果有一个容器的 const 引用的话，将无法使用 print 函数来打印。

正确的 print 应使用 span<const int> 作为形参类型。需要修改容器内容的 increase 函数才应该使用没有 const 的 span<char> 来传参：

```
void increase(span<int> sp, int value = 1)
{
    for (int& n : sp) {
        n += value;
    }
}
```

如果我们调用 increase(a) 的话，a 的内容就会变为 {2, 3, 4, 5, 6}。

### 10.3.2 一些技术细节

我们可以直接使用指针加长度来构造 span，也可以用连续存储的序列范围作为参数来构造 span（GSL 和 C++20 使用了不同的方法来限制容器类型，但结果仍是基本一致的），一般有：

- 数组
- array
- vector
- 其他 span

跟连续存储的序列容器（如 vector）及 string_view 一样，span 具有一些标准的成员函数，如：

- begin
- end
- front
- back
- size
- empty
- data
- operator[]

span 也有一些自己特有的成员函数：

- size_bytes：用字节数计算的序列大小（而非元素数）
- first：开头若干项组成的新 span（注意这跟 string_view 的 remove_prefix 和 remove_suffix 代码风格不同，它不修改自身）
- last：结尾若干项组成的新 span（同样，它不修改自身）
- subspan：根据给定的偏移量和长度组成的新 span（这跟 string_view 的 substr 有些类似）

span 还有一个特点，它的长度可以在编译期确定。它有第二个模板参数 Extent，默认值是 dynamic_extent，代表动态的长度，这种方式较为常用和灵活。但如果你的 span 可以在编译期确定长度的话，你完全可以利用这一特性来进一步优化代码。事实上，对于数组和 array 的情况，如果不指定模板参数，默认推导就会得出一个编译期固定的长度。

比如，对于我们前面定义的变量 a，使用“span sp{a};”这样的声明产生的实际类型不是 span<int, dynamic_extent>，而是 span<int, 5>。由于长度编码在类型里不占用内存空间，因而它比 span<int> 一般要少占用一半内存。同时，动态长度的 span 能通过静态长度的 span 隐式构造出来，因此把这个静态长度的 sp 传给 print 函数也没有问题。

最后，再强调一下，span 本质上就是指针加长度的一个语法糖，程序员必须保证在使用 span 时，底层的数据一直合法地存在，否则会导致未定义行为。我曾经见过一个隐晦的代码问题，简化后是下面这个样子（Data 是某个结构体）：

```
span<Data> sp;
…
if (…) {
```

```
    vector<Data> v = …;
    sp = v;
}
doSomething(sp);
```

这就是一个典型的释放后使用。麻烦的是，在单线程的情况下，代码运行通常不会出错，你很难发现里面的问题。问题通常在多线程环境中才会暴露：有其他线程正好分配到了被释放的内存，并在 doSomething 执行完之前往里写入了其他内容。这显然不是一个可以非常容易复现的问题，你可以想象一下测试人员在“抓这个虫子”的时候有多么苦恼……软件的正确性，尤其在多线程环境里，是要靠逻辑证明而不是测试来保证的。

### 10.3.3 gsl::span 的性能问题

前面我提到过，gsl::span 会做越界检查，且更安全，但也因此可能带来一些性能问题。最典型的情况就是把一个 span 的内容复制到另一个 span 里，如：

```
std::copy(sp1.begin(), sp1.end(), sp2.begin());
```

目前测试下来，除了 MSVC 标准库的 copy 实现对 span 有特殊的处理逻辑，其他环境都会因为每拷贝一个元素就要执行越界检查而导致巨大的性能损失。当然，取决于具体的编译器，产生的影响也各不相同。我在测试里看到过使用 gsl::span 要比使用 std::span 的耗时增加几十倍！

所幸，这个问题有一个非常简单的解决方法，使用 gsl::copy 即可：

```
gsl::copy(sp1, sp2);
```

这个写法简单，有边界检查，也没有额外的开销，看一下 gsl::copy 的源代码，你就知道它是先检查边界，再使用指针和长度进行拷贝：

```
Expects(dest.size() >= src.size());
std::copy_n(src.data(), src.size(), dest.data());
```

有兴趣的读者可以自行测试一下不同方式下的性能（精确测试需要用到一些我们还没有讨论到的技巧，但测出两者有明显性能差异并不难）。

## 10.4 C++20 里的视图*

到 C++17 为止，**视图**还不是一个语言层面能真正表达的概念。而到了 C++20，我们就真正有了 std::ranges::view 这个“概念”，来支持对视图的抽象表达。

我们通过几个例子来看一下 C++20 提供的视图功能。接下来的代码都需要包含 <ranges> 头文件（在其他需要包含的头文件之外）。在输出范围时，我们假设代码也包含了 ostream_range.h 头文件。

### 10.4.1 映射

std::views::transform 是一个映射视图，允许我们在访问一个范围里的元素时获得其映射（或变换），而非元素本身。

如果 a 是一个数组、array、vector 或其他容器，容器的元素类型是 int，下面的代码可以输出每一项的平方：

```
std::cout << (a | std::views::transform([](int n) { return n * n; }));
```

注意对这个视图来说，映射不占用跟 a 大小相关的空间。每次遍历这个视图都会执行映射动作。换句话说，如果我们要多次使用这个视图的话，传统的 transform 算法可能性能更高（但会占用更大的空间）。

### 10.4.2 过滤

类似地，如果我们接受每次使用视图都会重新遍历和过滤范围这一现实，那过滤视图也是个空间效率非常高的解决方案。显然对于需要反复过滤的场景，过滤视图并不合适。反过来，如果对过滤的结果只需要进行单次遍历，那过滤视图就非常方便。

下面是输出 a 范围中的偶数的代码（注意 a 不必是个容器，而可以是任意范围，包括前面的映射视图）：

```
std::cout << (a | std::views::filter(
                      [](int n) { return n % 2 == 0; }));
```

### 10.4.3 反转

前面描述的视图可以作用于任意输入范围——对其迭代器的要求只是满足输入迭代器即可。就跟迭代器的情况类似，我们也可以对范围提出更高的要求，如前向范围、双向范围、随机访问范围，等等。下面的反转视图就只能作用在双向范围上。对于标准容器，这意味着 forward_list 和无序关联容器不能使用反转视图。

对于满足要求的范围，下面的代码可以反转输出其内容：

```
std::cout << (a | std::views::reverse);
```

### 10.4.4 取子元素

对于有多个子元素的容器（包括 map、unordered_map、vector<tuple<…>> 等），有一个很有用的视图是 elements_view，它的作用是形成所有元素中的某一子项的视图。特别地，取第 0 项的也被称为 keys_view（keys_view<R> 相当于 elements_view<R, 0>），取第 1 项的也被称为 values_view（values_view<R> 相当于 elements_view<R, 1>）。这就使得我们访问一个 map 中的所有"键"（keys）或所有"值"（values）变得非常方便。

下面的代码可以输出 mp 中的所有值：

```
std::map<int, std::string> mp{
    {1, "one"}, {2, "two"}, {3, "three"}, {4, "four"}};
std::cout << (mp | std::views::values);
```

输出是：

```
{ "one", "two", "three", "four" }
```

### 10.4.5 管道和管道的性能

到目前为止，我一直是用管道形式（使用"|"）。这种方式更加方便、易于组合。虽然"std::views::values(mp)"似乎跟"mp | std::views::values"没多大区别，但对于更复杂的组合，管道表示方式就有较大的可读性优势了。比如，下面的代码可以执行反转、过滤和取值（cxx20_views.cpp）：

```
std::cout << (mp | std::views::reverse
                 | std::views::filter([](const auto& pr) {
                       return pr.first % 2 == 0;
                   })
                 | std::views::values)
          << '\n';
```

结果是：

```
{ "four", "two" }
```

这里有一个性能细节：管道的顺序很重要。

在上面的示意代码里，reverse 直接作用在一个双向范围上。后续过滤之后取 get<1>，过滤表达式会求值 4 次，没有什么额外的开销。如果我们把 filter 放到 reverse 前面，那由于一些实现上的细节原因，过滤表达式就会求值 8 次了！

类似地，一旦过滤成功，值往下一步传时，会重新从 filter 之前的数据来源取值。如果我们在 filter 之前有 transform 的话，transform 此时就会重复执行。下面的代码展示了这个问题（cxx20_views_bad_transform.cpp）：

```
int tf_count{};
std::cout << (mp | std::views::transform([&tf_count](const auto& pr) {
                       ++tf_count;
                       return pr.first;
                   })
                 | std::views::filter([](int num) {
                       return num % 2 == 0;
                   }))
          << '\n';
std::cout << tf_count << " transformations are made\n";
```

输出结果会是：

```
{ 2, 4 }
6 transformations are made
```

如果映射操作较为复杂的话，这可能会是个问题。你可以尝试改造一下代码，把 filter 放到 transform 前面，应该就可以只做 2 次映射操作了。

对于这几个常用的视图，我们应当记住：如果有 reverse 的话，应该放在管道的最前面；有 filter 的话，应该尽量靠前放，但不要放到 reverse 之前。对于复杂的组合，如果有较高性能需求的话，建议自己测试一下。

### 10.4.6 其他视图

C++20 还提供了很多其他视图，下面我们再简单列举其中一部分：

- 全范围视图（views::all）：用来生成包含范围内所有元素的视图。通常在需要创建一个视图但传入的参数可能不是视图（如容器）时，会使用该操作（很多视图在构造时会自动调用它）。如果传入的对象是左值，生成的结果是 ref_view（视图里会保存对象的引用）；否则生成的结果是 owning_view（视图会将对象移动到视图内部并保存）。
- 取用视图（views::take）：由一个视图的前 *n* 个元素组成的视图。当我们只关心一个序列的开头若干项时可使用该视图。
- 条件取用视图（views::take_while）：由一个视图的开始直到首个谓词返回 false 为止的元素组成的视图。当我们希望在某个条件不满足即终止某个序列时可使用该视图。

- 丢弃视图（views::drop）：丢弃一个视图的前 *n* 个元素后剩下的元素组成的视图。
- 条件丢弃视图（views::drop_while）：跟 take_while 相反，由一个视图的首个谓词返回 false 开始的元素组成的视图，可用来丢弃一个视图里满足某条件的所有开头的元素。
- 拉平拼接视图（views::join）：把范围里所有子项拼接起来的视图，如可以从 { string("Hell"), string("o "), string("world!") } 得到大致相当于 "Hello world!" 内容的视图。
- 分割视图（views::split）：把视图里的元素按照分隔符切割成子范围的视图——C++ 里终于有了可以用来分割字符串的工具了！
- ……

C++23 也进一步提供了更多的视图，如 views::zip 和 views::chunk。要进一步了解 C++20 和 C++23 的视图，请查看 [CppReference: Ranges library]。

## 10.5 小结

本章介绍了几个有用的视图类型。使用它们，你可以简化代码、统一函数的接口，同时保持程序的高效执行。这些类型的对象可以高效返回和复制，但你需要留意对象的生存期，保证视图里面实际指向的对象在视图的使用期间一直存在。比较简单的做法是只在传参时使用视图，而不把视图保存下来，这样通常没有生存期问题。

# 第 11 章　智能指针

本章讨论 C++ 标准库提供的智能指针类型，以及使用它们时需要注意的要点。

## 11.1　智能指针概述

到目前为止，我们主要使用的是 C++ 里满足值语义的对象。但一旦进入面向对象设计，我们通常就不得不使用基类的指针来访问对象。在 C++11 之前，我们不得不使用有所有权的裸指针，手工来维护这些对象的生存期，这非常容易出错，导致资源泄漏。从 C++11 开始，我们认为在绝大多数情况下就不应该再使用有所有权的裸指针了，而应该用智能指针来代替。

C++ 标准库提供了几种不同类型的智能指针，来满足常用场景的需要。下面我们来逐一讨论。

## 11.2　唯一所有权的智能指针 unique_ptr

### 11.2.1　基本使用场景和示例

最简单的智能指针是具有**唯一所有权**的 unique_ptr。它满足了我们对智能指针的基本期望：

- 可以在析构时销毁管理的对象并释放堆上的内存
- 支持移动相关的操作
- 支持指针需要的常用操作

对于一般的用法，unique_ptr 的空间开销跟普通指针相同，时间开销跟手工的 new 和 delete 也几乎完全一致。对于对象生存期非常明确的场景，unique_ptr 是最合适的选择。

以我们在 1.2.5 节讨论过的 String 类为例：

```
class String {
    …
```

```
private:
    char*  ptr_;  // 指向堆上字符串内容的指针
    size_t len_;  // 字符串的长度
};
```

这里，ptr_ 就是一个有所有权的裸指针——它管理字符串的生存期，但它需要外部的代码来处理分配和释放内存的动作。智能指针可以接管此类动作，尤其是能够自动释放内存。

下面是原先的构造函数和析构函数：

```
    String() : ptr_(nullptr), len_(0) {}
    String(const char* s) : ptr_(nullptr), len_(strlen(s))
    {
        if (len_ != 0) {
            ptr_ = new char[len_ + 1];
            memcpy(ptr_, s, len_ + 1);
        }
    }
    ~String() { delete[] ptr_; }
```

如果我们把 ptr_ 的类型从 char* 改为 unique_ptr<char[]>，那我们就不需要析构函数了——ptr_ 能在自身被析构时释放其持有的内存。构造函数只要稍稍改动一下即可：

```
    String() : len_(0) {}
    String(const char* s) : len_(strlen(s))
    {
        if (len_ != 0) {
            ptr_ = make_unique<char[]>(len_ + 1);
            memcpy(ptr_.get(), s, len_ + 1);
        }
    }
```

unique_ptr 有默认构造函数，能对自己进行合适的初始化（因此我们不需要在成员初始化列表中明确对其进行初始化）。它有析构函数，能释放自己持有的资源。它没有拷贝构造函数和拷贝赋值运算符，不支持对象的复制；但它有移动构造函数和移动赋值运算符，能完美支持移动语义。

类似地，2.2 节的 createShape 现在也可以使用智能指针改写：

```
unique_ptr<Shape> createShape(ShapeType type)
{
    …
    switch (type) {
```

```
    case ShapeType::circle:
        return make_unique<Circle>(…);
    case ShapeType::triangle:
        return make_unique<Triangle>(…);
    case ShapeType::rectangle:
        return make_unique<Rectangle>(…);
    …
    }
}
```

这样，我们就不再需要 ShapeWrapper 了（它实际就是个很不完备的智能指针）。使用时我们可以直接写：

```
auto ptr = createShape(…);
```

在 ptr 超出作用域时，之前创建的对象即会自动被销毁。

### 11.2.2　一些技术细节

我们已经展示了，unique_ptr 是一个具有唯一所有权的智能指针。它是一个简单的 RAII 对象，能帮我们自动管理堆上对象的生存期。它不支持拷贝操作，但支持移动。前一节我们没有强调的是，它通过 C++ 的各种机制完美地模仿了指针的基本功能：

- 通过 operator* 成员函数返回持有对象的引用，以支持“*p”的用法
- 通过 operator-> 成员函数返回持有对象的指针，以支持“p->”的用法
- 通过 operator bool 成员函数表示是否持有对象（布尔上下文的自动类型转换），以支持像“if (p)”或“p ? … : …”这样的用法
- 通过 operator[] 成员函数支持数组下标的用法（下标运算符）；这仅当 unique_ptr 持有数组类型时可用，因而比裸指针更安全
- 通过模板形式的构造函数转移对象的所有权，以支持类似派生类指针向基类指针自动转换的用法，如 11.2.1 节里的 unique_ptr<Circle> 转换为 unique_ptr<Shape>
- 通过独立的 operator==、operator< 等函数支持 unique_ptr 的比较操作

此外，它还具有下面这些普通公开成员函数：

- get：获得持有对象的指针
- release：返回持有对象的指针并释放所有权（不再删除）
- reset：清除持有的对象（删除）；可选通过传入的指针持有一个新对象

- swap：跟另一个同类型的 unique_ptr 交换内容
- get_deleter：获得持有对象的删除器

除了删除器，概念上应该都比较简单。删除器是一个函数对象，用来负责在 unique_-ptr 析构时“删除”持有的指针。默认行为是 delete（对于数组是 delete[]），但我们也可以使用不同的删除器，来修改析构时的行为。具体我们留到 11.5 节再展开讨论。

## 11.3 共享所有权的智能指针 shared_ptr

### 11.3.1 基本使用场景和示例

更复杂的智能指针是具有**共享所有权**的 shared_ptr。在大部分使用 unique_ptr 的地方，基本上你都可以无缝换用 shared_ptr，而代码仍然能够正常工作。这是因为 shared_ptr 能支持 unique_ptr 的所有操作，再加上额外的操作——其中包括 unique_ptr 不支持的拷贝构造和拷贝赋值。这是因为 shared_ptr 使用了控制块来共享对象的所有权（参见图 11-1）。

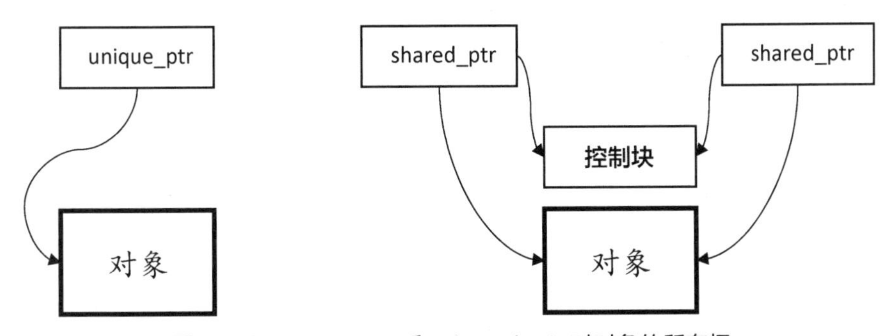


图 11-1：unique_ptr 和 shared_ptr 对对象的所有权

unique_ptr 是一种没有额外开销的智能指针，使用它和使用裸指针几乎没有区别——只是它不能复制，另外，能自动销毁对象。而 shared_ptr 具有更复杂的管理机制，它使用控制块来存储一些管理对象生存期所需的基本信息，其中最重要的就是对象的引用计数。在一般的实现里，shared_ptr 里有两个指针，其中一个指向控制块，一个指向真正的对象。在移动 shared_ptr 时，实现可以跟 unique_ptr 一样，把两个指针复制过去，并把被移动的 shared_ptr 里的指针清空。而在复制 shared_ptr 时，那动作就不一样了：实现需要复制两个指针，并在控制块上的引用计数加一。假设我们有两个 shared_ptr 指向同一个对象，引用计数值就是 2，并且我们可以使用成员函数 use_count 来获得这一信息。

假设我们使用容器 v 来存放智能指针，那对于 unique_ptr，每次执行 push_back 操作时必须使用一个右值，如下面两行之一：

```
v.push_back(createShape(…));
v.push_back(std::move(ptr));
```

如果使用上面的第二种形式，那在 push_back 操作之后，作为惯例，我们就不应该（也无法）再使用 ptr 了——除非对其重新进行初始化。而 shared_ptr 则有不同的行为。下面的代码完全合法：

```
auto ptr = create_shape(…);
v.push_back(ptr);
ptr->进一步操作();
```

ptr 在插入到容器之后，仍然是一个有效的智能指针，在目前的情况下，跟 v.back() 基本等效。当然，就目前的代码而言，先插入再操作的写法并不是必要的；而如果后续 ptr 不再使用，那可以先执行操作，再使用 std::move(ptr) 来执行 push_back，这样会更加高效——我们就不需要调整引用计数了。

如果你觉得前面的代码可以不需要使用 shared_ptr，那你的思路非常正确。shared_ptr 往往不是必需的：如果可以找到一个对象来明确负责另外一个对象的生存期，那 unique_ptr 就足够了；只有在你做不到这点时，你才应该使用 shared_ptr。

下面是一些可能需要使用 shared_ptr 的场景：

- 消息有多个并发处理者
- 异步代码需要把当前对象的进一步处理注册到某个异步回调上
- 写入时复制（copy-on-write）的对象，如允许同时读和修改的树形结构（参见第 291 页开始的“shared_ptr 上的原子操作”一节）

可以看到，真正需要使用 shared_ptr 的地方并不多，且往往是在需要并发/异步的场合。很多情况下使用 shared_ptr 无非是偷懒，完全可以用 unique_ptr 来代替——当然，此时你往往得更多地使用 std::move 了。

### 11.3.2　弱指针 weak_ptr

有一种跟 shared_ptr 强相关的智能指针类型是 weak_ptr。它要解决的是环形引用的问题，即多个对象里的引用计数智能指针构成了一个环形。weak_ptr 的解决方式是在控制块里放置一个独立的*弱引用计数*（相对地，shared_ptr 的引用计数就是*强引用计数*）。弱引用计数非零不会影响对象的生存期，但仍然会影响控制块的生存期。

我们可以用 shared_ptr 来构造 weak_ptr，或对其进行赋值。使用下面的代码，我们可以尝试从 weak_ptr 重新获得 shared_ptr：[①]

```
if (auto sptr = wptr.lock()) {
    // 获得有效 shared_ptr 的处理
} else {
    // 指向对象已经失效时的处理
}
```

正如讨论 shared_ptr 时所说过的，shared_ptr 常常并不必要，而一定要使用 weak_ptr 的时候就更少了。比如，如果你觉得指向父结点可以用 weak_ptr 的话，那你需要考虑：

1. 如果只可能有一个父结点（树形结构），那是不是根本都不需要 shared_ptr?
2. 如果子结点存在时父结点一定存在，那是不是直接用裸指针就好?

### 11.3.3　引用计数的性能问题

当使用共享所有权的智能指针时，非常容易发生的性能问题是不经意间就对引用计数进行了增减。引用计数的增减通常是个原子操作，这在多线程环境里很容易导致性能问题。如果你按值传递 shared_ptr，就会发生这类问题。不过，解决这类问题的正确方式也不是按引用传递 shared_ptr，而是在无关生存期的函数接口中不要使用智能指针：使用普通的引用（保证对象存在）或指针（对象可能不存在，指针为空）就好。参见下一节。

Andrei Alexandrescu 曾报告过一个真实案例：在 2013 年，Facebook 把 RocksDB 里的 shared_ptr 从值传参改成传普通引用/指针，该优化在某项基准测试中使得每秒查询次数提升到了原来的 4 倍！

使用 shared_ptr 时，我们常常需要创建局部变量来增加引用计数，以防被引用的对象在使用期间因全局 shared_ptr 被修改而被销毁。如果使用这种用法的话，要确保这样的代码放在不会反复执行的地方，以免影响性能。如下面的代码就有性能问题，而应当把 ptr 的初始化移到循环外：

```
shared_ptr<Obj> g_ptr = …;  // 某全局变量

// 某函数内
…
```

① weak_ptr 也有检查对象是否失效的 expired 成员函数，但在并发环境里这个函数基本没有用。

```
for (auto& x : rng) {
    auto ptr = g_ptr;
    use(x, *ptr, …);
}
```

## 11.4 智能指针的传递方式

智能指针传参的首选是不要使用智能指针。在一个函数不涉及所有权管理的时候，使用普通的指针（可能为空时）或引用（可以保证不为空时）是最合适的方式。这样，我们在调用这个函数时，既可以使用智能指针（但需要使用 get 成员函数或使用 * 解引用），也可以使用没有用智能指针管理的普通对象、引用或指针。这样，我们不用智能指针，反而提高了代码的通用性和灵活性。

反过来，如果一个函数确实就是要管理对象的所有权，那传参/返回值就该用智能指针了。下面的代码列出了典型使用方式：

```
unique_ptr<Obj> factory();                    // 生产 Obj
void sink(unique_ptr<Obj>);                   // 消费 Obj
void reseat(unique_ptr<Obj>&);                // 将或可能修改指针
void thinko(const unique_ptr<Obj>&);          // 通常不是你想要的

shared_ptr<Obj> factory();                    // 确知生产结果需共享
void share(shared_ptr<Obj>);                  // 将保留引用计数
void reseat(shared_ptr<Obj>&);                // 将或可能修改指针
void may_share(const shared_ptr<Obj>&); // 可能保留引用计数
```

简单解释一下：

- factory 用来生成智能指针，并使用直接返回的简单方式。如果我们确知生产结果会被共享，那直接生产 shared_ptr 就好；否则，可以使用 unique_ptr，它具有较高的通用性，因为它不仅可以用在需要 unique_ptr 的场合，也可以用来产生一个新的 shared_ptr（通过使用 unique_ptr 右值的构造函数或赋值运算符）。
- sink 可以转移一个 unique_ptr 的所有权，如保存到成员变量或全局变量里；调用 sink 的地方必须提供一个 unique_ptr 右值。类似地，share 可以把一个 shared_ptr 保存起来，但因为 shared_ptr 允许复制，调用 share 的地方可以提供 shared_ptr 的左值（引用计数加一）或右值（引用计数不变）。对于支持移动的复杂对象，这是提高代码灵活性的惯常做法。出于性能考虑，在最终保存时，我们都应该使用右值的形式，如“saved_ = std::move(ptr);”（在 shared_ptr 的情况下，没有 std::move 时编译也能通过，但一般会有性能损失）。

- 两个 reseat 都是用来修改传入的智能指针变量，因而使用左值引用传参的形式。这个比较简单。
- const 左值引用对于 unique_ptr 没有什么意义，一般不应使用——跟普通指针相比，它只是增加了调用方必须持有 unique_ptr 这样一种限制，很难想象这会有意义。对于 shared_ptr，const 左值引用至少存在一种潜在有意义的用法——该函数在某些条件下会保存该智能指针（并增加引用计数），但在另外一些条件下不会（因此传入参数时不应立即增加引用计数）。

对于 sink(unique_ptr<Obj>) 这种情况，还存在一定的争议——有人认为用 sink(unique_ptr<Obj>&&) 会更好，因为如果 sink 函数抛出异常的话，使用右值引用传递可以不丢失传过去的对象。我个人认为这个修改可有可无：如果实参是个临时对象，那它一定会丢失；如果实参是个静态对象，那我倾向于认为这是个设计问题；如果实参是个局部变量，那除非调用侧有直接的 try/catch（局部的异常捕获通常也像是个反模式），否则这个对象也会丢失。所以还不如统一使用值传参——简单、一致，理论上还少一次间接。对于调用侧，调用 sink 一定也就意味着不需要再考虑这个右值会再次使用的问题了。

## 11.5 删除器的行为定制

不管哪一种智能指针，它的删除器行为都是可以定制的：默认行为是 delete 保存下来的裸指针，但使用者可以对此进行修改。在如何定制上，两种智能指针就有区别了：unique_ptr 的删除器是模板的第二个参数，但 shared_ptr 则没有把删除器当作模板参数。这一区别的原因是，unique_ptr 追求的是低开销，跟裸指针开销相似；而 shared_ptr 本来就需要为控制块额外分配内存，再增加删除操作的信息也不是什么问题。

下面的代码示例使用智能指针加函数对象来关闭文件：

```
struct file_closer {
    void operator()(FILE* fp) const
    {
        if (fp) {
            fclose(fp);
        }
    }
};
…
unique_ptr<FILE, file_closer> ptr1{fopen(filename, "r")};
shared_ptr<FILE> ptr2{fopen(filename, "r"), file_closer{}};
```

由于 unique_ptr 的删除器是模板参数，你一般无法使用普通的函数，也不能直接使用 lambda 表达式，而需要定义一个函数对象[①]。这个问题要到 C++20 才算部分解决，因为我们可以在未求值上下文（unevaluated context）里使用 lambda 表达式了：

```
unique_ptr<FILE, decltype([](FILE* fp) { fclose(fp); })>
    ptr{fopen(filename, "r")};
```

而因为 shared_ptr 的删除器不是模板参数，使用起来要更加简单：

```
shared_ptr<FILE> ptr{fopen(filename, "r"), [](FILE* fp) {
                         if (fp) {
                             fclose(fp);
                         }
                     }};
```

要注意，跟 free 不同，传递一个空指针给 fclose 是未定义行为。因此，可能用于 shared_ptr 的删除器需要判断指针是否为空，以免在引用计数降到零时去 fclose 一个空指针。但 unique_ptr 的删除器则不需要，因为 unique_ptr 的析构函数仅在指针非空时才调用删除器。

为了方便编码、减少重复，我们可以使用函数 make_unique 和 make_shared 来创建智能指针：

```
auto ptr1 = make_shared<Obj>();             // Obj 出现一次
shared_ptr<Obj> ptr2(new Obj());            // Obj 出现两次
auto ptr3 = shared_ptr<Obj>(new Obj());     // Obj 出现两次
```

可以看到，第一种写法最为简洁、无重复。此外，跟 make_unique 的情况不同，使用 make_shared 还有实实在在的性能好处：原先要分配两次内存（对象和控制块），现在就可以一次性分配在一起了。

### 现代 C++ 还可以使用裸指针吗?

有一种常见的误解是：现代 C++ 里不应该再使用裸指针（或称为原始指针）。这是完全错误的。指针的用法里，部分可以被引用替代，部分可以被智能指针替代，但仍有很多场合，我们需要使用普通的裸指针，来指向一个已经存在的对象。如果对这个指向的对象没有所有权，我们就不能使用智能指针。如果这个对象没有放在堆上，我们也没办

① 你确实可以声明 unique_ptr 的第二个模板参数为函数指针，然后构造时传递一个函数或 lambda 表达式。然而一般不推荐这么做，因为这样一来 unique_ptr 的大小就翻倍了，代码还会变得难以内联优化。

法使用智能指针——而把东西一股脑全放到堆上就绝对是错误的用法了，会导致严重的性能后果。在视图的实现里，我们几乎肯定会用到裸指针。因为有赋值重新绑定的需要，对象的数据成员我们甚至一般也不推荐使用引用——只有指针才能通过赋值重新绑定。

建议读者参考一下 C++ 核心指南里下面这几条跟裸指针使用相关的条款：

I.11：永远不要用原始指针（`T*`）或引用（`T&`）来转移所有权。

F.7：对于一般用途，使用 `T*` 或 `T&` 作为参数，而不是智能指针。

C.12：不要把可拷贝或可移动类型的数据成员变成 `const` 或引用。

R.3：原始指针（`T*`）不表示所有权。

## 11.6　小结

本章介绍了 C++ 标准库里的三种智能指针。现代 C++ 强烈建议，应该用智能指针替代具有所有权的裸指针。在选用智能指针时，为简单和性能起见，我们应优先选择使用有唯一所有权的 `unique_ptr`，而仅在对象生存期无法由作用域或另外的单一对象管理时，才使用其他更复杂的智能指针。

此外，对于简单的内存管理的情况，我们推荐使用简洁的 `make_unique` 和 `make_shared` 函数。而通过使用定制删除器，我们也可以使用智能指针来管理非内存资源。

# 第 12 章　现代 C++ 的一些重要改进

目前我们已讨论了现代 C++ 的诸多重要特性。本章将聚焦一些较小的改进点。这里的"小"并非意味着不重要——而是指概念相对简单，不需要大篇幅来解释。

## 12.1 类

现代 C++ 里关于类最重大的改进有两方面：移动相关的特殊成员函数，以及特殊成员函数的默认提供和删除机制。这些在第 3 章里已经进行了充分的讨论。本节我们讨论两个较小的改进：类数据成员的默认初始化，以及显式的 override 和 final 标注。

### 12.1.1 类数据成员的默认初始化

对于传统的数据类型（简旧数据），如 int、指针、C 兼容的结构体等，声明该类型的变量，或在类/结构体里声明该类型的数据成员，都不会对其进行初始化，这是很多代码缺陷的根源。C++ 的构造函数可以确保对数据成员进行初始化，但从语法上来讲，由于构造函数和数据成员的位置可能相差较远，很容易发生在修改数据成员的时候，由于忘了同时修改构造函数，或者多个构造函数中只修改了其中一部分，而仍然有数据成员未初始化的情况。使用类的默认成员初始化器语法，可以在很大程度上解决这一问题。我们至少可以保证，类的数据成员会有一个确定的初值，而不是一个测试时可能无法复现的随机值。

下面是一个例子：

```
struct Point {
    Point() = default;
    Point(float x, float y, float z = 0.0F)
        : x_(x), y_(y), z_(z)
    {
    }

    float x_{};
    float y_{};
    float z_{};
};
```

上面的代码里，我指定了 x_、y_、z_ 的初值都是 float{}，即 0.0F。我们也可以使用“float x_ = 0.0F;”这样的形式，但使用花括号初始化语法既简洁，又能防止有损转换（详见 4.6.4 节），因此一般是首选的方式。

此外，我们可以看到，这种方式搭配默认提供的默认构造函数也非常方便。对于其他形式的构造函数，也完全可以只初始化自己关心的数据成员，而把其他数据成员的初始化留给默认初始化器。这跟我们在成员初始化列表里初始化所有非静态数据成员也完全等价：每个非静态数据成员按声明顺序[①]恰好初始化一次。

## 12.1.2 override 和 final

override 和 final 是两个 C++11 引入的新说明符。它们不是关键字，仅当出现在函数声明尾部时起作用，不影响我们使用这两个词作变量名等其他用途。这两个说明符都可以加在类成员函数声明的尾部。我们一般的推荐用法是单独使用其中之一，且不跟 virtual 联用。

override 显式声明了成员函数必须是一个虚函数且覆盖了基类中的该函数。如果有 override 声明的函数不是虚函数，或基类中不存在这个虚函数，编译器会报告错误。这个说明符的主要作用有两个：

- 给开发人员更明确的提示，这个函数覆盖了基类的成员函数；
- 让编译器进行额外的检查，防止程序员由于拼写错误、参数不一致或代码改动没有让基类和派生类中的成员函数名称完全一致。

举例来说，如果我们有下面的代码：

```
class Base {
public:
    virtual void foo();
};

class Derived : public Base {
public:
    virtual void foe();
};
```

① 如果构造函数后面的成员初始化列表不按照数据成员的声明顺序来进行初始化的话，可能会有严重的误导作用，因此 GCC（默认设置下）和 Clang（使用 -Wall 时）能对这种情况进行告警。很遗憾，MSVC 目前不对此进行告警，因此会更有必要使用静态扫描工具来检查这一问题。

那编译器当然是看不出 foe 是拼错了还是一个新的虚函数。而如果把派生类写成下面这样的形式：

```
class Derived : public Base {
public:
    void foe() override;
};
```

那编译器就能直接告诉你，基类没有对应名字的虚函数，编译会失败。

类似地，final 声明了成员函数必须是一个虚函数且该虚函数不可在当前类的派生类中被覆盖。如果有一点没有得到满足的话，编译器就会报错。

final 还有一个用法是放在被定义的类或结构体名后面，用来标志它不可被派生。虽然在面向对象体系的叶子结点上使用 final 也许合理，但我们需要注意，使用 final 往往非必要且可能损坏代码的可扩展性。如果你有特别明确的理由（如性能或防误用）要使用 final，那当然可以用；否则，建议谨慎为上①。特别需要注意的是，一个不被设计为基类的类/结构体也可以被继承，因为继承不单是接口继承，也可以是实现继承。比如，我在项目里私有继承过 std::array，添加我需要的行为，并使用 using 来向外暴露我需要的原有接口：

```
template <typename T, std::size_t N>
class MyArray : private std::array<T, N> {
    using base = std::array<T, N>;

public:
    …

    using base::begin;
    using base::end;
    using base::front;
    using base::back;
    …
};
```

私有继承意味着 array 原先的成员函数不直接对外暴露（因此我需要使用 using），并且 array* 不能指向 MyArray（这样别人无法使用 array 的指针来释放 MyArray）。如果由于 final 或其他原因无法使用私有继承的话，我就只能用组合，让 array 成为类里的成员——这虽然也可以工作，但会让代码啰唆很多，添加很多无聊的转发型代码，像下面这样：

① 可参见 [Guidelines: C.139]，“在类上使用 final 应当谨慎”。

```
template <typename T, std::size_t N>
class MyArray {
public:
    …

    auto begin()       { return data_.begin(); }
    auto begin() const { return data_.begin(); }
    auto end()       { return data_.end(); }
    auto end() const { return data_.end(); }
    auto& front()       { return data_.front(); }
    auto& front() const { return data_.front(); }
    auto& back()       { return data_.back(); }
    auto& back() const { return data_.back(); }
    …

private:
    std::array<T, N> data_;
};
```

begin、end 等成员函数的实现啰唆、存在重复、容易出错，const 和非 const 版本还得分别再重复一次，返回值还不能全部用 auto[①] ……

幸好 C++ 标准库的类型没有一个被标成 final。

## 12.2 静态断言

C++98 的 assert 允许在运行时检查一个函数的先决条件是否成立，但那时没有直接的方法让开发人员在编译的时候检查某个先决条件是否成立。比如，如果模板有个参数 alignment，表示对齐，那我们最好在编译时就检查 alignment 是不是二的整数次幂。在 C++11 之前，人们已经引入了一些模板技巧来达到这个目的，但用法上有点偏向专家，输出的信息也不那么友善。比如，我之前使用的方法，会产生类似下面这样的输出：

```
In file included from test.cpp:1:
test.cpp: In instantiation of 'void test() [with long unsigned int alignment = 5]':
test.cpp:13:12:   required from here
static_assert.h:44:44: error: 'compile_time_error<false>
ERROR_Alignment_must_be_power_of_two' has incomplete type
   44 |         compile_time_error<((_Expr) != 0)> ERROR_##_Msg; \
      |                                            ^~~~~~
test.cpp:7:5: note: in expansion of macro 'STATIC_ASSERT'
```

① 不过，在这里返回值全部用 decltype(auto) 是可以的。

```
    7 |     STATIC_ASSERT((alignment & (alignment - 1)) == 0,
      |     ^~~~~~~~~~~~~
```

能起作用，但不够直观。C++11 直接从语言层面提供了静态断言机制，不仅能输出更好的信息，而且适用性也更好，可以直接放在类的定义中，而不像之前用的特殊技巧只能放在函数体里。对于类似上面的情况，现在的输出是：

```
test.cpp: In instantiation of 'void test() [with long unsigned int alignment = 5]':
test.cpp:13:12:   required from here
test.cpp:7:49: error: static assertion failed: Alignment must be power of two
    7 |     static_assert((alignment & (alignment - 1)) == 0,
      |                   ~~~~~~~~~~~~~~~~~~~~~~~~~~~~~~^~~~
test.cpp:7:49: note: the comparison reduces to '(4 == 0)'
```

静态断言语法上非常简单，就是：

```
static_assert(编译期条件表达式, 可选输出信息);
```

产生上面的示例错误信息的代码是：

```
static_assert((alignment & (alignment - 1)) == 0,
              "Alignment must be power of two");
```

对于模板编程，静态断言是重要的工具，能够尽早给出对用户有用的错误信息，而不是让用户淹没在跟实现细节相关的错误信息里。

## 12.3 字面量

### 12.3.1 用户定义字面量

字面量在 C++98 里只能是原生类型，如：

- "hello"：字符串字面量，类型是 const char[6]
- 1：整数字面量，类型是 int
- 0.0：浮点数字面量，类型是 double
- 3.14f：浮点数字面量，类型是 float
- 123456789UL：无符号长整数字面量，类型是 unsigned long

C++11 引入了用户定义字面量，可以使用“operator""后缀”（字面量运算符，literal operator）的形式来将用户提供的字面量转换成实际的类型。C++14 则在标准库中定义了不少字面量运算符。下面的程序展示了它们的基本用法（std_literals.cpp）：

```
#include <chrono>       // std::chrono_literals
#include <complex>      // std::complex/complex_literals
#include <iostream>     // std::cout
#include <string>       // std::string_literals
#include <string_view>  // std::string_view_literals
#include <thread>       // std::this_thread::sleep_for

using namespace std;

int main()
{
    cout << "i * i = " << 1i * 1i << '\n';
    cout << "Waiting for 500ms\n";
    this_thread::sleep_for(500ms);
    cout << "Hello world"s.substr(0, 5) << '\n';
    cout << "Hello world"sv.substr(6) << '\n';
}
```

输出是：

```
i * i = (-1,0)
Waiting for 500ms
Hello
world
```

这个例子展示了 C++ 标准里提供的生成虚数、时间、string 和 string_view 对象的后缀。一个需要注意的地方是，我在上面使用了 using namespace std，这会同时引入 std 名空间和里面的内联名空间（inline namespace），包括了上面的字面量运算符所在的四个名空间：

- std::literals::complex_literals
- std::literals::chrono_literals
- std::literals::string_literals
- std::literals::string_view_literals

内联名空间虽然是独立的名空间（其中生成的符号具有完整的名字），但在上层名空间也可见。这意味着，你在某一作用域里使用了下面任一语句之后，都能在里面使用 string 字面量后缀：

```
using namespace std;
```

```
using namespace std::literals;
using namespace std::literals::string_literals;
using namespace std::string_literals;
```

在产品代码中，一般不会（也不应该）全局使用 using namespace std。这种情况下，应当在用到这些字面量的作用域里导入需要的名空间，以免发生冲突。在类似上面的例子里，就是在函数体的开头写：

```
using namespace std::literals;
```

或导入更细的里层名空间。

要在自己的类里支持字面量也相当容易，唯一的限制是非标准的字面量后缀必须以下划线“_”打头。比如，假如我们有下面的长度类：

```
class length {
public:
    enum unit {
        metre,
        kilometre,
        millimetre,
        centimetre,
        inch,
        foot,
        yard,
        mile,
    };
    explicit length(double v, unit u = metre)
        : value_(v * factors[u])
    {
    }

    double value() const { return value_; };

private:
    double value_;

    static constexpr double factors[] = {
        1.0, 1000.0, 1e-3, 1e-2, 0.0254, 0.3048, 0.9144, 1609.344};
};

length operator+(length lhs, length rhs)
{
    return length(lhs.value() + rhs.value());
```

```
}

// 可能有其他运算符
```

我们可以手写“length(1.0, length::metre)”这样的表达式，但估计大部分程序员都会觉得太啰唆吧。反过来，如果像下面这么写，大家应该还是基本乐意的：

```
1.0_m + 10.0_cm
```

要允许上面这个表达式，我们只需要提供下面的运算符即可：

```
length operator""_m(long double v)
{
    return length(static_cast<double>(v), length::metre);
}

length operator""_cm(long double v)
{
    return length(static_cast<double>(v), length::centimetre);
}
```

如果美国国家航空航天局采用了类似的系统的话，火星气候探测者号的事故也许就不会发生了（[Wikipedia: Mars Climate Orbiter]）。当然，历史无法重来，而且 C++ 引入这样的语法已经是在事故发生之后十多年了……

要想了解进一步的技术细节，请参阅 [CppReference: User-defined literals]。

### 12.3.2 二进制字面量

相信大部分读者知道，C++ 里有 0x 前缀，允许直接写出像 0xFF 这样的十六进制字面量。另外一个目前使用得稍少的前缀就是 0，后面直接跟 0—7 的数字，表示八进制的字面量，在跟文件系统打交道的时候还会经常用到——有经验的 Unix 程序员恐怕会觉得 chmod(path, S_IRUSR|S_IWUSR|S_IRGRP|S_IROTH) 并不比 chmod(path, 0644) 更为直观。从 C++14 开始，我们对于二进制也有了直接的字面量，如：

```
unsigned mask = 0b111000000;
```

这在需要比特级操作等场合非常有用。

不过， IO 流里只有 dec、hex、oct 三个操纵器（manipulator），而没有输出二进制数字的操纵器，因此输出一个二进制数不能像十进制、十六进制、八进制那么直接。一个间接方式是使用 bitset，但调用者需要手工指定需要输出的二进制位数：

```
cout << bitset<9>(mask) << '\n';
```

这样一来，我们对于上面的二进制字面量就能得到下面的输出：

```
111000000
```

**可以滥用用户定义字面量吗?**

Bjarne 在 HOPL4 论文的 4.2.8 节提到了一个故事：在最早想要支持二进制字面量时，有人提出可以使用用户定义字面量来实现，通过后缀“`_01`”来表示。不过，后来，C++ 标准委员会还是决定参照已有的“`0x`”这样的先例，给二进制字面量一个更自然的表达方式。

C++ 强调在语言层面尽量提供基础的机制，然后用库来解决问题。不过，在一些常见的使用场景下，还是在语言里直接提供了相应的功能，而不是利用库。二进制字面量是一个例子，静态断言是另外一个例子。

## 12.4 数字分隔符

数字长了之后，看清位数就变得麻烦了。从 C++14 开始，允许我们在数字型字面量中任意添加“'”来使其更可读。具体怎么添加，完全由程序员根据实际情况约定。某些常见的情况可能会是：

- 十进制数字使用三位的分隔，对应国际单位里常用的千、百万等单位。
- 十进制数字使用四位的分隔，对应中文习惯的万、亿等单位。
- 十六进制数字使用两位或四位的分隔，对应字节或双字节。
- 二进制数字使用三位的分隔，对应文件系统的权限分组。
- ……

一些实际例子如下所示：

```
unsigned mask = 0b111'000'000;
long r_earth_equatorial = 6'378'137;
double pi = 3.14159'26535'89793;
const unsigned magic = 0x44'42'47'4E;
```

提醒一下：不要在跟 C 共享的头文件里使用数字分隔符——至少某些 C 编译器在看到奇数个单引号时会发出告警，即使代码处于条件编译应该跳过的部分。

## 12.5 constexpr 变量和函数*

从 C++11 开始，编译期计算的功能在不断地增强。我们使用 constexpr[①] 关键字来标注可以在编译期使用的对象，它们是：

- constexpr 变量
- constexpr 函数

constexpr 变量是编译时完全确定的常量。constexpr 函数至少对于某一组实参可以在编译期产生常量结果。

constexpr 函数不总是产生一个编译期常量，它也可以作为普通函数来使用。编译器也没法通用地检查这一点。编译器可以强制的是：

- constexpr 变量必须立即初始化
- 初始化只能使用字面量或常量表达式，后者不允许调用任何非 constexpr 函数

constexpr 的实际规则比较复杂，而且随着 C++ 标准的演进也一直在发生变化，特别是对 constexpr 函数可以如何实现的要求在慢慢放宽。在 C++11 里，一个能在编译期使用的 constexpr 函数连循环和局部变量都不能使用；而到了 C++17，一个能在编译期使用的 constexpr 函数可以支持大部分普通函数的行为。但它仍有一些限制：必须初始化所有局部变量；只能使用常量表达式，其中不能调用任何非 constexpr 函数。这就排除了输入/输出、内存操作等不允许在编译期使用的功能。到 C++20，要求进一步放宽（在此暂不展开），并且常见的算法（如 transform、copy、fill 等）也都标成了 constexpr，可以在 constexpr 函数里使用。

注意我这里的措辞是“能在编译期使用的 constexpr 函数”。这是因为一个 constexpr 函数可以在编译期使用，也可以在运行期使用——我们可以让一个函数在这两种场景下都发挥功能。编译器会决定，是否在某一个场景下在编译时即执行 constexpr 函数获得其结果。constexpr 变量的初始化必须在编译时进行，因此初始化表达式调用的 constexpr 函数也必须在编译时执行。我们来看一下具体的例子：

```
constexpr int sqr(int n)
{
    return n * n;
}
```

① 代表 constant expression（常量表达式），它的发音一般是 /'kɒnstˌekspə(r)/。

```
int main()
{
    int n = sqr(3);                                    // (1)
    printf("%d\n", n);
}
```

对于这样的代码，(1) 处的 sqr(3) 是不是在编译时直接计算出结果（运行时还有没有对 sqr 函数的调用），由编译器自行决定。不同的编译器和不同的编译选项，会导致不同的结果[①]。但如果我们在 (1) 处的声明前加上 constexpr，那求值就一定会在编译时发生[②]；如果这个函数违反 constexpr 的限制要求（如读取未初始化的变量或调用了非 constexpr 的函数），那编译器就会报错，终止编译。

因为 constexpr 函数可以在编译期求值，我们可以用它来对全局/静态变量进行静态初始化。不过，如果变量不是 constexpr 变量，我们就没法保证编译器一定会在编译期完成初始化操作了（虽然目前三大主流编译器对于全局变量 int n = sqr(3); 确实都可以进行静态初始化）。特别是，如果 constexpr 函数里在实际执行分支上调用了非 constexpr 函数，那编译器就会产生动态初始化的代码了，连告警都不会有。要保证一个非 constexpr 变量在编译期静态初始化，我们需要 C++20 和 constinit 关键字：如果一个 constinit 变量不能静态初始化，编译器会直接产生一个错误，而不是将初始化延迟到程序运行时[③]。

constexpr 函数想要在编译期求值，调用者需要能看到函数体，因此它默认就是内联的，常常放在头文件里（否则只有定义该函数的源文件才能调用该函数）。类似地，全局的 constexpr 变量的定义一般也直接放在头文件里，但它并不默认就是内联的。除了类的静态 constexpr 变量（默认就是内联的），其他 constexpr 变量往往需要我们手工加上 inline 说明符。

### 12.5.1 字面类型

一个类的构造函数可以是 constexpr。特别地，一个类如果具有 constexpr 构造函数并且析构函数不需要执行任何动作[④]，那这样的类属于字面类型（literal type），可以跟简旧数据类型的对象一样，声明成 constexpr 变量，或进行静态初始化。

① 可参见 https://godbolt.org/z/6b7GGx8d8。
② 可参见 https://godbolt.org/z/f5WKbfPG7。
③ 可参见 https://godbolt.org/z/rG599Wb1b。
④ 到 C++20 放宽为具有 constexpr 析构函数即可。

虽然用户定义字面量不一定会生成字面类型的对象，但很多用户定义字面量是字面类型。以标准库提供的用户定义字面量为例：

- 1i 的类型是 std::complex<double>，是字面类型；
- 500ms 的类型是 std::chrono::duration，是字面类型；
- "Hello world"sv 的类型是 std::string_view，是字面类型；
- "Hello world"s 的类型是 std::string，不是字面类型。

在我们目前讨论过的常见标准库类型里，array、initializer_list 和 pair 也都是字面类型（前提是元素类型也是字面类型），可以声明成 constexpr 变量，或进行静态初始化。

前面的 length 类（12.3.1 节）跟简旧数据的行为很相似，只需要把构造函数声明成 constexpr，我们也就得到了一个字面类型。

## 12.6 枚举类和指定枚举的底层类型

C++ 从 C 那里继承过来的枚举类型存在一些问题：

- 枚举值会暴露在定义枚举所在的作用域里，可能会污染外围名空间。因此，在类外部定义的枚举往往不得不加上一个固定的前缀。
- 枚举值的底层整数类型由实现定义，可能因编译选项的改变而改变。
- 虽然 C++ 的规则比 C 语言严格，禁止了从整数向枚举的转换，但仍允许从枚举向整数的转换。在有些场景下，这仍然不够严格。

枚举类（enum class）和指定枚举的底层类型解决了这些问题：

- 枚举类的枚举值具有强作用域，必须使用枚举类名和“::”作为前缀，因而不会有名空间污染问题。
- 枚举类的底层类型固定为 int。不过，枚举类和普通枚举现在都可以在定义时用“: 底层类型”的方式手工指定底层的整数类型。
- 枚举类的枚举值不会自动转换成整数。如果要转成整数类型，需要自己使用 static_cast[1]。

下面的代码展示了一些基本用法：

[1] 能自动转成底层整数类型的 to_underlying 函数模板要等到 C++23 才进入 C++ 标准。

```
enum class Color : uint8_t { red = 1, green, blue };
…
Color r = Color::blue;
switch (r) {
case Color::red  : cout << "red\n";   break;
case Color::green: cout << "green\n"; break;
case Color::blue : cout << "blue\n";  break;
}
int n = r;  // 错误：不存在从有作用域枚举到 int 的隐式转换
int n = static_cast<int>(r);  // OK：n = 3
```

当你需要使用枚举类型时，默认情况应选用枚举类，尤其是如果你没有枚举值自动转整数的需求的话。

### 12.6.1 byte 类型

C++ 规定 char、signed char 和 unsigned char 是最小可寻址的基础类型，且大小至少为 8 比特。因此，很多项目里会使用 unsigned char 或 uint8_t 作为字节类型——后者实际上通常就是前者的一个类型别名。此时，字符类型的流输入/输出特性往往会带来麻烦。比如，你希望输出一个字节值为 0x30 的值，但如果你一不小心直接用 << 向 ostream 输出的话，得到的结果会是“0”，而不是“0x30”或“48”。C++17 引入了 std::byte 类型，会在这种情况下使得编译失败，以避免此类错误的发生。

byte 就是一个枚举类，定义本身非常简单（在 <cstddef> 头文件里）：

```
enum class byte : unsigned char {};
```

枚举本身不具备 IO 流上的输入/输出能力，因此我们在输入/输出时必须显式地进行转换。如果你希望以普通十进制整数的形式来输出 byte 值 b 的话，可以使用下面两种方式之一：

```
cout << static_cast<int>(b) << '\n';
cout << to_integer<int>(b) << '\n';
```

这两种方式可以认为基本上没有区别，但 to_integer 函数模板只能用在 byte 上，某种程度上可以认为更加明确和安全一些。

虽然 byte 只是一个枚举类，但标准库里也添加了字节常常需要的与、或、移位等操作。详情请自行参阅 [CppReference: std::byte]。

最后要说明的一点是，byte 类型由于只是一个枚举类，它在使用上相比 uint8_t 仍然有一些不方便的地方。最典型的情况是写字面量不够方便。下面展示了用这两种类型如何分别指定 4 字节数组的初始化：

```
array<byte, 4> a1{byte{1}, byte{2}, byte{3}, byte{4}};
array<uint8_t, 4> a2{1, 2, 3, 4};
```

如果你用字节类型来中转存储数据、不需要这种字面量初始化的话，那 `byte` 类型完全没有问题。但反过来，如果你使用自己的定制输出方式，`uint8_t` 的输出问题也是可以消除的[①]。如果你的项目中已经开始使用 `uint8_t`，那只要谨慎使用，并不一定需要改用 `byte`。

## 12.7 多元组 tuple

`tuple` 是 C++98 里的 `pair` 类型的一般化，可以表达任意多个固定数量、固定类型的值的组合。下面的代码大体展示了其基本用法（`tuple.cpp`）：

```
#include <algorithm>  // std::sort
#include <iostream>   // std::cout
#include <string>     // std::string
#include <tuple>      // std::tuple
#include <vector>     // std::vector

using namespace std;

using num_tuple = tuple<int, string, string>;          // (1)

ostream& operator<<(ostream& os, const num_tuple& value)
{
    os << get<0>(value) << ',' << get<1>(value) << ','
       << get<2>(value);
    return os;
}

int main()
{
    cout << "Tuple size is "
         << tuple_size_v<num_tuple>                    // (2)
         << '\n';
    vector<num_tuple> vn{                              // (3)
```

① `ostream_range.h` 对 `uint8_t` 的容器输出就有特殊处理。在更正式的项目里，一般不推荐直接修改流输出机制，那样容易发生冲突。此时，可考虑像 Mozi 项目那样，不使用 `<<` 而使用独立输出函数，也可以“正常”输出 `uint8_t`：https://github.com/adah1972/mozi。

```
        {1, "one", "un"},
        {2, "two", "deux"},
        {3, "three", "trois"},
        {4, "four", "quatre"},
    };
    get<2>(vn[0]) = "une";                              // (4)
    sort(vn.begin(), vn.end(),
         [](auto& x, auto& y) {
             return get<2>(x) < get<2>(y);              // (5)
         });
    for (const auto& value : vn) {
        cout << value << '\n';                          // (6)
    }
}
```

(1) 定义了一个三元组 num_tuple，内容是整数、字符串、字符串。(2) 输出了三元组的项数，当然就是 3。随即 (3) 定义了 num_tuple 的 vector，存放阿拉伯数字、英文和法文（此时也暴露了 tuple 没有字段名、语义不够清晰的问题）。(4) 和 (5) 展示了通过 get 模板函数对多元组进行访问，包括写和读。最后 (6) 输出了 vector 里的内容。输出结果是：

```
Tuple size is 3
2,two,deux
4,four,quatre
3,three,trois
1,one,une
```

要注意，上面只是展示 tuple 的基本功能和用法——如果实际代码写成上面的样子，那虽然比起结构体省了个定义，可读性反而变差了。我们使用 tuple 更频繁的场景是编译期编程（参见本系列的第二本书），以及使用 tie 来快速生成比较函数。

### 12.7.1 利用 tuple 的快速比较

因为 tuple 支持自然的逐项比较操作，我们可以用 tie 来方便地对结构体或类生成比较函数。以下面的结构体为例：

```
struct PersonInfo {
    string name;
    string id_num;
    int birth_year;
};
```

如果我们想把它放到关联容器里去，最简单通用的方式就是定义一个 < 比较运算符。

定义方式可以是：

```
bool operator<(const PersonInfo& lhs, const PersonInfo& rhs)
{
    return tie(lhs.name, lhs.id_num) < tie(rhs.name, rhs.id_num);
}
```

这里 tie 的结果是产生了类型为 tuple<const string&, const string&> 的对象。tuple 使用逐项的 == 比较来实现 ==，使用逐项的 < 比较来实现 <、<=、> 和 >=（不使用 ==）。在上面的比较实现里，就是先对 name 进行比较，在 name 等价时再比较 id_num（忽略 birth_year）。使用 tie，至少比下面的代码要简单[1]（如果待比较的字段数超过两项那就更明显了）：

```
bool operator<(const PersonInfo& lhs, const PersonInfo& rhs)
{
    return (lhs.name < rhs.name) ||
           (lhs.name == rhs.name && lhs.id_num < rhs.id_num);
}
```

## 12.8 时间库 chrono

C++98 仅从 C 语言继承了一些相当原始的时间处理机制，完全没有发挥出 C++ 语言的特长。C++11 引入了全新的 chrono[2] 库，解决了时间方面的典型痛点。C++20 进一步加强了 chrono 库，弥补了原先的一些不足，并增加了日期方面的支持。我们下面就简单讨论一下。

### 12.8.1 C++20 前的 chrono 库

我们先看一段代码，来直观地了解一下 chrono 库提供的一些基本功能（chrono_-measure.cpp）：

```
#include <chrono>    // std::chrono::*
#include <iostream>  // std::cout

using namespace std;

int main()
{
```

[1] 不过，严格来说，手写的代码跟自动生成的有一点点差异。tuple 的自动 < 比较不要求对象支持相等比较，但如果对象支持相等比较的话，相等比较可能更加高效。

[2] chrono 来自古希腊语 χρόνος，意思是时间。在英语里主要作为词根使用，如 chronology（年表）和 chronometer（精密计时器）。

```
    auto t1 = chrono::steady_clock::now();
    cout << "Hello world\n";
    auto t2 = chrono::steady_clock::now();
    cout << (t2 - t1) / 1ns << " ns has elapsed\n";
}
```

这里展示的功能非常简单：

1. 在 main 的开头使用“稳定时钟”测得当前时间；
2. 使用 cout 输出内容；
3. 再次使用“稳定时钟”测得当前时间；
4. 两个时间相减，得到一个时长（使用 cout 输出的耗时），然后除以 1 ns，得到一个数字（纳秒数）来输出。

这里面我们已经看到了 chrono 库提供的三种基本概念：

- 时钟（clock）
- 时间点（time point）
- 时长（duration）

它们之间的基本关系是：

- 每种时钟有一个时间原点（epoch），且可以产生时间点。每种时钟是独立的类型。
- 时间点是从某个时间原点开始计算的时长。时间点 time_point 是类模板，它的模板参数是时钟类型和时长。
- 时间点相减可以得到时长。时长 duration 是类模板，它的模板参数是表示时长的数值类型和比例。

我们在 C++11 时有三种时钟，但 high_resolution_clock（最高精度的时钟）在目前的主流平台和编译器上都是另外两种时钟——system_clock 和 steady_clock——其中之一的别名。每种时钟都提供一些成员类型，其中包括 time_point（时间点）和 duration（时长），一个静态的 now 成员函数来返回当前时间点，以及一个成员常量 is_steady 来表示时钟是否“稳定”。steady_clock 代表一个以稳定频率增加时间的时钟，它的 is_steady 一定是 true，可以保证时间稳定增长不回退，比较适合测时之类的场合。system_clock 代表系统时钟，它产生的时间跟 time_t 和日历时间有明确的对应关系，因此还提供两个额外的静态成员函数 to_time_t 和 from_time_t 来进行转换。由于系统时钟一般可以在外部进行调节，它的 is_steady 值通常是 false。

时长的定义（因而也影响了时间点的定义）使用了比例（ratio）。我们知道：1 纳秒是 $1/10^9$ 秒；纳秒的英文是 nanosecond，国际单位制（SI）里缩写为 ns。这些定义跟 C++ 里的定义完美吻合。在目前的主流标准库实现里，定义差不多是下面这样：

```
using nano = ratio<1, 1000000000>;
using nanoseconds = duration<int64_t, nano>;
```

第一个定义由 `<ratio>` 提供，位于 `std` 名空间里。第二个定义由 `<chrono>` 提供，位于 `std::chrono` 名空间里。为了方便使用，C++ 标准库为常用的 `duration` 情况定义了别名，还可以（从 C++14 开始）使用用户定义字面量，如表 12-1 所示。

表 12-1：C++ 标准库定义的时长类型和用户定义字面量后缀

| 时长类型 | 字面量后缀 | 中文 |
|---|---|---|
| nanoseconds | ns | 纳秒 |
| microseconds | us | 微秒 |
| milliseconds | ms | 毫秒 |
| seconds | s | 秒 |
| minutes | min | 分钟 |
| hours | h | 小时 |

这些标准时长类型的数据表示类型是一种未具体指定的有符号整数类型，但对其最低精度有要求，因为 C++ 标准要求上面每一种时长类型都能表示 ±292 年。对于秒和精度更高的时长类型，底层表示类型通常就是 `int64_t`。

因为时长类型包括了数据表示类型和精度（比例）信息，C++ 提供了在不同时长类型之间的转换能力。对于安全的转换，如从秒到微秒，转换可以自动发生；对于可能损失精度的场景，就需要用 `duration_cast` 来手工进行转型。下面的代码展示了一些能自动转换和不能自动转换的场景：

```
using namespace std::chrono;
seconds s{1};
milliseconds ms = s;              // 可以自动转换到高精度
s = ms;                           // 不能自动转换到低精度
s = duration_cast<seconds>(ms);   // 手工转换可以
duration<double> fs = ms;         // 整数毫秒可以自动转换到浮点数秒
ms = fs;                          // 浮点数秒不能自动转换到整数时长
double value = fs.count();        // 获得底层数字值
```

前面我们提到了时间点相减可以得到时长。它们支持的更完整的算术操作如下所示：

- 时长 ± 时长 → 时长
- 时间点 ± 时长 → 时间点
- 时长 + 时间点 → 时间点
- 时间点 - 时间点 → 时长
- 标量 * 时长 → 时长
- 时长 *（或 / 或 %）标量 → 时长
- 时长 / 时长 → 标量
- 时长 % 时长 → 时长

因此，虽然我们可以写“`chrono::duration_cast<chrono::nanoseconds>(t2 - t1).count()`”来获得 `t2` 和 `t1` 之间相差的纳秒数，“`(t2 - t1) / 1ns`”是一种简洁得多的表达方式。

## 12.8.2 C++20 的 chrono 库改进*

chrono 库虽然已经提供了很多有用的功能，但它仍具有一些缺陷。其中最明显的是：

- 时间点和时长都不能直接输出
- 日期处理仍不方便

这两个问题都在 C++20 里获得了解决。如果使用 C++20 的话，我们现在可以直接写“`cout << (t2 - t1)`”，而不需要写“`cout << (t2 - t1) / 1ns`”。`system_clock` 的时间点也可以直接输出（虽然 `steady_clock` 的时间点仍不可以）。在写现在这段话的时候，我输出 `system_clock::now()` 的结果，得到了：

```
2024-05-06 13:25:35.841466000
```

不过，要注意这个时间并不是下午，因为这是协调世界时（UTC）时间，跟中国标准时（CST[①]）有 8 个小时的时差。要真正处理好时间，需要有时区（time zone）的概念——而 C++20 也提供了相应的支持。其中最简单的情况，显然就是使用本地时区了。下面的代码展示了更多的时间点处理：

```
auto now = chrono::system_clock::now();
```

---

① 注意时区的缩写不具有唯一含义——如 CST 在美国一般会被理解成中部标准时。

```
cout << "UTC time:   " << now << '\n';
auto trunc_now = chrono::time_point_cast<chrono::seconds>(now);  // (1)
cout << "UTC time:   " << trunc_now << '\n';
auto local_tz = chrono::get_tzdb().current_zone();               // (2)
auto zoned_now = chrono::zoned_time(local_tz, trunc_now);        // (3)
cout << format("Local time: {:%F %T}", zoned_now) << '\n';       // (4)
cout << format("Local time: {:%F %T %Z}", zoned_now) << '\n';    // (5)
```

在上面的代码里：(1) 将当前时间降低精度到秒的级别（C++11 已提供）；(2) 获得一个当前时区的指针；(3) 把系统时间转成本地时区时间；(4) 使用 format 来格式化输出[①]，但这里指定的“%F %T”实际上就是默认的输出格式，“年-月-日 时:分:秒”；(5) 则在格式化输出里加入了“%Z”（时区信息）。运行之后，我获得了下面的结果：

```
UTC time:   2024-05-06 14:27:19.534025000
UTC time:   2024-05-06 14:27:19
Local time: 2024-05-06 22:27:19
Local time: 2024-05-06 22:27:19 CST
```

我们现在构造日期也非常方便。为了支持时间的组合以及指定诸如“下个月的同一天”这样的复杂操作，C++ 里提供了相当复杂的类型来表示日期，有：

- year：表示单独的年
- month：表示单独的月
- day：表示单独的日
- year_month_day：表示年、月、日组成的完整日期
- year_month_day_last：表示某年某月的最后一天
- year_month：表示某年某月（日未指定）
- month_day：表示某月某日（年未指定）
- month_weekday：表示某月的第 *n* 个星期几（年未指定）
- ……

为了更方便地表达日期，我们也有新的用户定义字面量年（y）和日（d）[②]。由于日期表达方式有限，只有“年/月/日”“日/月/年”“月/日/年”这几种组合，只需要使用一种字面量后缀即可。下面几种方式都代表 2024 年 5 月 6 日：

- 2024y/5/6d

① 参见 [CppReference: std::formatter<std::chrono::sys_time>]。
② 月没有用户定义字面量，但有每个月的常量。这在非英语国家意义较弱，本书不展开介绍。

- `2024y/5/6`
- `6d/5/2024`
- `5/6d/2024`

下面的代码可以输出 2024 年每个月的最后一天：

```
constexpr auto one_month = chrono::months{1};
using std::chrono::last;
for (auto ymd = 2024y/1/last; ymd < 2025y/1/1;  ymd += one_month) {
    cout << chrono::sys_days{ymd} << '\n';
}
```

注意，我们上面讨论的日期类型的对象，在加减时长时的行为跟时间点有所不同。日期类型加一个月（`months{1}`）会得到下个月的同一天，而直接用时间点则是增加一年的 1/12！在上面的例子里，`ymd` 加一个月得到的是下个月的最后一天；`sys_days` 是系统时钟里以天为精度的时间点类型，它是一个类型别名。我们只能先对 `ymd` 进行操作，然后再把它转成 `sys_days` 来输出——不转换也不行，那样输出里就看不到这是哪一天了。

值得提一下，`days`、`weeks`、`months`、`years` 是 C++20 引入的新时长类型。它们代表的时长跟直觉相符；但作为时长，它们都有确定的秒数。同时，它们每个也都是独特的类型，因此，特定类型可以对这样的加减法做特殊处理——如 `year_month_day` 和 `year_month_day_last` 就只支持跟 `years` 和 `months` 的加减操作。

chrono 还有很多其他出色的功能，这里不再一一说明。建议大家在需要日期时间功能时优先去查阅一下文档，看看标准库是否已经提供。

## 12.9 随机数库 random

C++ 从 C 继承而来的 `rand` 函数具有全局状态，但随机性和精度得不到保证，程序员使用这个函数会有各种各样的问题。C++11 提供了全新的 random 库，把这些问题一扫而空：

- 有多种伪随机数引擎可以选择，每种引擎都具有经数学验证的强度。如果对随机性没有特别需求，也可以直接用 `default_random_engine`（默认随机数引擎）。
- 可以存在多个不同的随机数引擎实例，每个引擎具有局部的状态，多个线程之间互不干扰。
- 可以通过特殊的随机数引擎 `random_device` 从硬件获得真正的随机数值（通常用来初始化伪随机数引擎）。

- 随机数引擎具有不同的类型和相同形式的接口，但对于常见需要随机数的场合，我们有更方便的分布函数对象可以用。除了最基础的均匀整数分布和均匀实数分布，正态分布、泊松分布、伯努利分布等也全都不在话下。

random 库里有很多复杂的细节，但从使用的角度看，它跟 chrono 库类似，掌握几个基本概念就可以上手。下面的代码展示了我们如何使用 random 库来生成一组随机数用于测试（`random_ints.cpp`）：

```
#include <algorithm>        // std::generate
#include <iostream>         // std::cout
#include <random>           // std::mt19937/random_device/...
#include <vector>           // std::vector
#include "ostream_range.h"  // operator<< for ranges

using namespace std;

int main()
{
    auto seed = random_device{}();                                // (1)
    cout << "Seed is " << seed << '\n';
    mt19937 engine{seed};                                         // (2)
    uniform_int_distribution dist{1, 1000};                       // (3)
    vector<int> v(100);
    generate(v.begin(), v.end(), [&] { return dist(engine); });  // (4)
    cout << v << '\n';
}
```

代码比较简单，我就挑几个要点稍稍解释一下。(1) 构造一个 `randome_device` 并立即调用其 `operator()` 生成一个随机数。按照常规测试做法，我们一般需要输出这个种子值，以便在测试发现问题时可以用这个种子值重现整个随机数序列。(2) 使用这个随机数种子初始化类型为 `mt19937` 的伪随机数引擎（这是一个被认为具有较高质量的随机数引擎）。(3) 构造一个均匀整数分布的函数对象，其参数是需生成的整数的最小值和最大值（闭区间）。(4) 使用 `generate` 算法（第 155 页）来向 `v` 填充随机数，生成方式是用随机数引擎作为参数去调用分布函数对象。

由于有了 random 库，下面这些老接口我们现在就不应该再使用了：

- `rand/srand`：无须多说，上面的例子已经展示了替换的用法。
- `random_shuffle`：这个算法用来打乱元素，有“洗牌”一样的作用。但它跟 `rand` 有类似的问题，因此已在 C++17 被移除。替代方式是使用 `shuffle` 函数模板。

下面的代码片段展示了 shuffle 的用法，这段代码的功能是在 v 里存放 1—54 的数字，然后将它们随机打乱：

```
mt19937 engine{seed};
vector<int> v(54);
iota(v.begin(), v.end(), 1);
shuffle(v.begin(), v.end(), engine);
```

mt19937 的上述构造函数的参数类型是 uint_fast32_t，保证至少有 32 比特的高效整数类型。所以我们可以有 $2^{32}$（约等于 $4.3 \times 10^9$）个不同的种子，也就是 $2^{32}$ 种不同的洗牌方式。这跟理论上的 54!（约等于 $2.3 \times 10^{71}$）当然还相差甚远①。mt19937 伪随机数引擎可以产生的随机数序列的周期是 $2^{19937} - 1$（一个梅森质数，约等于 $4.3 \times 10^{6001}$），足以产生更高的随机性，但上面的构造函数形式不行。为此，random 库也提供更复杂的初始化方法。下面我们简单演示可以达到 $2^{128}$ 种不同洗牌方式的代码（shuffle_vector.cpp）：

```
random_device rd;
array<uint32_t, 4> seeds{};
generate(seeds.begin(), seeds.end(), [&] { return rd(); });
seed_seq sq(seeds.begin(), seeds.end());
mt19937 engine{sq};
vector<int> v(54);
iota(v.begin(), v.end(), 1);
shuffle(v.begin(), v.end(), engine);
```

这里首先生成了 128 比特的随机数，然后用这些随机数创建 seed_seq 对象。最后用此 seed_seq 对象来初始化 mt19937 伪随机数引擎。显然，如果需要更高的随机性的话，增大 seeds 的大小即可。对于 mt19937，seeds 的大小在不超过 624 时都是有意义的（否则会超过随机数引擎的内部状态数量，没有意义）。

了解这些概念后，我们应该可以在大部分使用场景下正常使用 random 库了。

## 12.10 正则表达式库 regex

正则表达式是一个相当复杂而强大的工具，本书不会对其进行详细介绍。下面，假设你已经了解正则表达式的基础知识，我们通过一个例子来展示 C++ 里正则表达式库的基本用法。②

① 不仅如此，这样的简单初始化方式还可能有较大的安全缺陷，不适合安全敏感的场景。

② 文本操作不是 C++ 擅长的领域，因此通常只有在还需要 C++ 进行其他特殊处理的同时使用 regex 库才有意义。但我们此处作为示例，也只能演示比较简单的场景；这种简单场景实际上用其他工具可能更合适。

假设我们需要从文本中提取出所有的邮件地址，那可以考虑使用下面的正则表达式：

```
\w+([.%+-]?\w+)*@\w+([.-]?\w+)*\.\w{2,}
```

在这个正则表达式里：

- 没有特殊含义的字符按字面匹配，如“@”。
- “[…]”表示匹配其中任一字符；当“-”出现在两个字符之间时表示字符的范围，出现在首尾时表示“-”字符。所以，“[.%+-]”表示“.”“%”“+”“-”这四个字符之一。
- “\w”等价于“[A-Za-z0-9_]”，指定了可匹配单词（word）的字符。
- 有特殊含义的字符前面加“\”表示该字符本身。因为“.”有特殊含义，可匹配任意字符，我们用“\.”表示需要匹配“.”（“[.]”也可以起到相同的作用）。
- 用“(…)”可以进行分组。分组有两个作用，一是后续可以把分组匹配的结果当作子匹配结果，二是分组后面的量词作用在整个分组之上。[1]
- “?”是一个量词，表示匹配 0 次或 1 次。[2]
- “*”是一个量词，表示匹配 0 次或更多次。
- “+”是一个量词，表示匹配至少 1 次。
- “{*n*,}”是一个量词，表示匹配至少 *n* 次。

连在一起，这里对邮件地址的（仍比较宽松的）要求就是：以单词字符（字母数字下划线）打头，后面可以跟单词字符以及“.”“%”“+”“-”的组合，但每次出现“.”“%”“+”“-”时，其后必须紧跟单词字符（即允许“a.b%c”，不允许“a..b”或“ab.”），随后必须包含一个“@”，接着必须是单词字符，中间可以出现单个非连续的“.”或“-”，最后必须是“.”后面跟着长度至少为 2 的单词字符。

考虑到这个表达式里有很多“\”，我们这里跟其他支持正则表达式的语言一样，最好使用原始字符串字面量（具体请参见 [CppReference: String literal]），把“\”当成普通字符，让它不再具有普通字符串字面量里的转义作用。然后，我们可以写出下面的代码（regex_email.cpp）：

---

① 作为一种优化，在不需要保存分组子匹配结果时，可以使用“(?:…)”来代替“(…)”。本节示例就可以这么使用（但为简单起见，正文里没有这样写）。

② 量词默认是“贪婪”匹配，即不同方式都可以匹配成功时优先匹配更多字符。可以在量词后面再加一个“?”使其变成非贪婪匹配，如“??”“*?”等。

```
string line;
regex pat(R"(\w+([.%+-]?\w+)*@\w+([.-]?\w+)*\.\w{2,})");

while (cin) {
    getline(cin, line);
    smatch matches;
    auto it = line.cbegin();
    auto ite = line.cend();
    while (regex_search(it, ite, matches, pat)) {
        cout << matches[0] << '\n';
        it = matches.suffix().first;
    }
}
```

原始字符串字面量从“R"(”开始，到“)"”结束，中间是字符串的内容①。smatch 是类模板 match_results<string::const_iterator> 的别名②——这也是我们必须对 line 使用 cbegin 和 cend 成员函数的原因（比较少见的用 begin/end 会导致编译失败的地方），否则 regex_search 的前两个参数和第三个参数类型无法匹配。对于读入的每一行，我们使用循环，在其中调用 regex_search 搜索给定的正则表达式 pat，结果是一个代表匹配成功与否的布尔值。当匹配成功时，匹配结果会存到 smatch 类型的对象 matches 里。这里我们用到了 smatch 的两个成员函数：使用 [] 访问子匹配（这里只使用了整体匹配的结果）；使用 suffix 访问匹配之后的序列（返回结果里的 first 是我们需要的下次搜索的起始位置③）。我们重复这个过程，直到当前行结束。

对于这种多次搜索的场景，使用 sregex_iterator 代码会更简单一些：

```
while (cin) {
    getline(cin, line);
    sregex_iterator pos(line.cbegin(), line.cend(), pat);
    sregex_iterator end;
    for (; pos != end; ++pos) {
        cout << (*pos)[0] << '\n';
    }
}
```

sregex_iterator 是 regex_iterator<string::const_iterator> 的别名（和 smatch 类似），构造函数的头两个参数的类型是 string::const_iterator，但由于这里的模板参数都

① 如果内容中会出现“)"”，那我们就得使用更复杂的开始/结束序列，如“R"!(”和“)!"”。

② 如果待搜索/匹配的对象是 const char* 等其他类型，那我们就需要使用 cmatch 等其他匹配结果对象了。

③ 这里使用 first 感觉是一个相当凑合的设计，利用了一个实现细节，可读性不好。

已经确定（不是 `regex_search` 这样的函数模板推导场景），使用“`line.begin()`”和“`line.end()`”实际也不会有问题。`end` 是默认构造的 `sregex_iterator`，表示不再有匹配项；当 `pos != end` 时，`*pos` 即得到 `smatch` 对象的 `const` 引用，于是我们可以用“`[0]`”等方式访问里面的子匹配项。

这些还只是 regex 库的一小部分功能。我们还没描述的功能至少有：

- 使用宽字符集来进行匹配
- 使用完整匹配（`regex_match`）而不是搜索（`regex_search`）
- 使用正则表达式进行替换
- 使用不同的正则表达式语法，如基本 POSIX 语法、扩展 POSIX 语法、awk 语法等（默认是有改动的 ECMAScript 语法）[①]
- 大小写不敏感、多行匹配等选项
- ……

未经实践的知识很容易被遗忘。因此，在了解基本功能后，这些更复杂的场景还是留到实际需要使用时再去查阅文档吧。

## 12.11 小结

本章描述了现代 C++ 中的一些重要改进，其中既包含了语法上的变化（类数据成员的默认初始化、`override`/`final`、字面量、数字分隔符、`constexpr` 和枚举），也包含了库改进（`byte`、`tuple`、时间、随机数和正则表达式）。这些改进增强了 C++ 代码的可读性、可维护性和表达能力。

本章只作了初步的概念性介绍，着重使用例子来描述基本用法。如需要更系统或更详细的说明，请查看其他文档和参考资料，如 Nicolai Josuttis 的大作《C++ 标准库》（尤其是其中关于时间库、随机数库和正则表达式库的细节）和 CppReference。

---

① 默认正则表达式语法可使用一些原本 ECMAScript 里没有的特性（如“`[[:xdigit:]]`”形式的字符类），相当灵活方便。C++ 对其他语法形式的支持也只包含了标准特性，而并不支持扩展，像 grep 里表示单词开头的“`\<`”——使用 ECMAScript 语法的话，我们至少还能使用“`\b`”。

# 第 13 章　契约和异常

到现在为止，我们讨论了 C++ 的很多功能和语法。本章转向编程上的一个用法问题：如何在软件系统的不同元素之间约定彼此的“责任”和“权利”，以及当这些“责任”和“权利”未被履行或者无法满足时，该如何处理。

## 13.1 契约式设计

契约式设计（Design by Contract，DbC）是 Bertrand Meyer 提出的一种编程方法。它的核心思想是软件系统中的各个元素之间彼此有“责任”与“权利”，就像商业活动中客户与供应商之间的“契约”一样。如果某个函数提供了某种功能，那么它会：

- 期望它的客户代码在调用该函数时都保证满足一定的条件，即函数的先决条件①（precondition）——客户的责任和供应商的权利，这样它就不用去处理不满足先决条件的情况。
- 保证函数退出时满足一定的条件，即函数的后置条件（postcondition）——供应商的责任，显然也是客户的权利。
- 要求一些条件在进入函数时成立，并确保它们在函数退出时还能保持，这就是不变量②（invariant）。

契约就是这些权利和责任的正式形式，是论证代码正确性的重要工具。以类的成员函数为例，假设：

- 成员函数期望类不变量 $I$ 成立；
- 成员函数 $f$ 期望条件 $A$，能保证条件 $B$；
- 成员函数 $g$ 期望条件 $B$，能保证条件 $C$。

那么对一个合法的对象，类不变量 $I$ 一开始就应成立，然后在条件 $A$ 成立的情况下调用函数

① 也称为“前置条件”或“先验条件”。

② 也称为“不变式”或“不变条件”。

$f$ 和 $g$，条件 $C$ 就一定成立，并且类不变量 $I$ 也继续成立。

### 13.1.1 契约式设计的优点、应用场景和实现方式

契约式设计通过明确划分函数的实现者和调用方的职责，确保了可以尽早发现问题，并在发现问题时迅速确定责任归属。虽然契约式设计看起来会在软件的设计和编码阶段增加一定的工作量，但它会让调试更加简单，并减少返工。根据业界的数据，软件组织的返工率平均在 60% 左右[①]。因此，相比它带来的好处，契约式设计增加的工作量微不足道。

在设计某个函数的功能时，我们需要问：

- 它期望的是什么？
- 它要保证的是什么？
- 它要保持的是什么？

对于这些问题，我们需要思考，并将答案记录到文档里。想从代码中直接看出这些问题的答案是不容易的。即使有全部的源代码，我们都不一定能找出答案；如果我们没有源代码，比如只能看到函数的原型声明，那困难度就更高了。

举个例子，假如我们有一个原型为 `int setLanguage(int lang)` 的函数，那通过名字我们能够判断出这个函数可以用来设置语言，并且它用 `int` 来表示某种语言的编码。返回值就麻烦多了：这里是用 `int` 表示错误码，还是表示成功与否的布尔值，还是用 `int` 表示设置成功的语言呢？有没有可能我要求英国英语，实际设置了美国英语，因为英国英语的资源不存在？——契约就是关于这些问题的正式描述，一般需要记录到文档里。

我们应当尽量让先决条件和后置条件易于检查，如利用类型系统。这样编译器就可以帮我们检查了：如果参数要求是一个字符串，那调用者传递一个整数是无法成功的，编译器会直接拦截这个错误。上面这个例子使用 `int`，实际上是一个很糟糕的选择，因为 `int` 在用于算术场景以外时，就跟 `void*` 一样，是一种弱类型，可能代表多种含义。如果我们使用枚举 `Error` 作为返回类型，使用枚举 `Language` 作为参数类型，那代码将更容易理解。同时，编译器也能更好地检查参数的正确性和错误码的合法性。

虽然类型系统很有用，可用来创建很多有趣的对象（一个可以参考的例子是 GSL 里面的 `not_null`[②]，保证非空的指针），但类型系统不能解决所有问题。我们仍然需要一些“动

---

① 数据来源：Steve Tockey 的 *How to Engineer Software: A Model-Based Approach*，第 1 章。

② https://github.com/microsoft/GSL/blob/main/include/gsl/pointers

态”的检查。此时我们需要类型系统外的语言机制来帮忙。

标准 C++ 里目前还没有契约，但有望可以在 C++26 标准里加入，届时我们就可以简单地用像“pre(条件)”和“post(条件)”这样的写法来方便地表达一些先决条件和后置条件，并可以通过编译选项来控制要不要检查先决条件和后置条件，以及在发现条件不满足时该如何处理。但一般而言，我们不可能把契约的所有组成部分都用代码表达出来。契约更多是一种思维模式，而不是一种语法。比如，C 函数 strlen 的先决条件是传入一个有效的指向零结尾字符串的指针，后置条件是返回该字符串的长度。这两个条件恐怕都没法通过代码来检查。

### 进攻式编程和防御式编程

在典型的契约式编程里，要么不对先决条件和类不变量进行检查，要么在检查失败时直接让程序终止；后者也称为*进攻式编程*（offensive programming）。与其形成鲜明对比的，是*防御式编程*（defensive programming），本质上是没有先决条件（或对其有大幅度削弱）的编程方法。它要对各种可能和不太可能的情况进行检查，确保在客户代码传错参数时，程序仍能有合理的行为。

比如，对一个获得色彩名的函数，进攻式编程可能写成下面这个样子（正常的 Color 应该落到下面的三个 case 之一，落不进就断言失败）[①]：

```
const char* getColorName(Color color)
{
    switch (color) {
    case Color::red  : return "red";
    case Color::green: return "green";
    case Color::blue : return "blue";
    }
    assert(false);
}
```

而防御式编程则要么最后返回其他的字符串（如“return "black";”），要么得彻底改造这个函数的形式，比如（Error 是错误码的枚举）：

```
Error getColorName(Color color, const char*& result)
{
    switch (color) {
    case Color::red  : result = "red";   return Error::success;
```

① 注意我在 switch 语句里没有使用 default——这样做的好处是某些编译器可以在你对枚举对象执行 switch 而 case 里漏掉某个枚举项时提醒你。如果你加了 default 就反而不会提醒了。

```
    case Color::green: result = "green"; return Error::success;
    case Color::blue : result = "blue";  return Error::success;
    }
    return Error::invalid_argument;
}
```

每次调用这个 getColorName 要检查返回值似乎很无聊，是吧？防御式编程有好些问题，如：

- 设计和编码更加复杂，很难做到对各种情况有完善的处理。
- 防御的副作用是可能得到不正确的结果或隐藏了原本可以发现的代码错误。
- 可能因为有过多的检查而导致代码可读性和可维护性下降。
- 可能因为有过多的检查而导致运行速度受到影响。
- 测试很难走到那些防御性的分支，导致测试覆盖率无法提升，而这一事实又使得人们很难确定是不是对非防御的代码部分有了合适的测试覆盖。

不过，真正跟契约式编程有巨大冲突的，是防御式编程可能给人们带来的不良习惯：没有去区分不同类型的错误。尤其需要指出的是，某些代码错误属于逻辑错误，是不应该发生的，跟代码应该期待的用户输入错误、环境问题等运行期错误，是完全不同的——因此这两种错误也应当具有不同的处理方式。如果设计上能严格区分逻辑错误和运行期错误，那防御式编程的缺陷在某种程度上还可以接受。

最后，需要注意一下，因为调用者可能通过基类调用某个虚成员函数，因此派生类在覆盖成员函数时，只能削弱先决条件（要求更少）、增强后置条件（保证更多），而不能增强先决条件（要求更多）、削弱后置条件（保证更少）。这样才能确保我们能够透明地通过基类接口来操纵派生类对象，而不会因为派生类上发生的变化导致客户代码出现问题。这也意味着，我们一旦在基类应用了防御式编程，那所有的派生类也必须这么做。

下面我们就来逐个讨论一下先决条件、后置条件和不变量。

### 13.1.2 先决条件

先决条件是执行某个操作前必须满足的条件，是函数对函数调用方的要求。先决条件主要是对函数参数的要求，也可能涉及对象或全局的状态。由于函数调用者需要了解这些条件并确保它们被满足，因此这些条件最好在函数的文档里明确写出来。我们在前面已经讨论了，在一定程度上，我们可以利用类型来描述对对象的要求，这样可以让编译器帮助检查。本节我们着重关注一下可以在运行期检查的先决条件。

如前文所述，不是所有的先决条件都可以用代码表达，但依然有很多先决条件可以用代码表达，或者至少可以部分表达。比如，我们没法通用地判断非法指针，但至少可以在不接受空指针的时候对空指针进行检查。

举个例子，假设我们要实现一个 Queue，pop 成员函数要求 Queue 当前不为空（否则即为未定义行为）。这个不为空就是先决条件。假如我们有契约支持的话，直接可以像下面这样表达：

```
class Queue {
public:
    …
    void pop() pre(!empty())
    {
        …
    }
    …
};
```

这样最清晰，也最容易控制代码的行为。但在目前 C++ 标准里还没有契约的情况下，最合适的方法可能就是断言。如果使用标准断言的话，就可以写成：

```
    void pop()
    {
        assert(!empty());
        …
    }
```

断言在调试模式下有效，如果条件不满足，程序会终止并输出错误信息。这有助于在开发阶段尽早发现问题。

在这里，异常是另外一种可能的选项。vector 的 at 成员函数实际上就是启用了先决条件检查的下标运算符。operator[] 在下标越界时直接导致未定义行为，而 at 在下标越界时产生标准异常 out_of_range。out_of_range 是 logic_error（都定义在 <stdexcept> 头文件里）的一个派生类，如果我们自己要写异常类来表示先决条件失败这样的逻辑错误，也可以考虑从这个类派生，如：

```
class PreconditionViolation : public std::logic_error {
public:
    explicit PreconditionViolation(const char* what_arg)
        : std::logic_error(what_arg) {}
    …
};
```

在可能的错误处理方式里，错误码最不适合在先决条件不满足时使用（如前面最后一个 getColorName 的实现）。违反先决条件是一种严重的代码逻辑错误，是调用者违反契约在先，多半是某种代码错误（可能是内存访问越界）造成的，允许代码继续执行很可能会掩盖问题[①]。检查错误码也不是自动强制的，如果代码没有检查错误，编译器通常也不会为此进行告警或报错[②]。

### 断言的变体

标准 assert（定义在 <assert.h> 或 <cassert> 头文件里）的行为是固定的：

- 对于代码编译时没有定义 NDEBUG 宏的情况，assert 里面的条件会得到检查，一旦失败程序会终止运行（abort），并在终端上输出 assert 里面的条件，以及文件名和行号等额外信息。这是默认状态，比较适合在调试阶段使用。
- 对于代码编译时定义了 NDEBUG 宏的情况，assert 会被完全忽略，里面的条件不会检查。这里的意图是在产品发布时，我们可以完全禁用这个检查，从而得到更高的执行性能。

在很多场景里，这样的行为不够理想：abort 终止程序过于激进，忽略条件又过于草率。但我们完全可以根据自己的项目需求，写出自己的 ASSERT 宏。下面我们给出两个例子，这两个例子都可以看作契约式编程和防御式编程的结合用法。

对于禁用异常、到处使用错误码的项目来说，ASSERT 可以在失败时返回错误码。定义可如下所示：

```
#ifndef NDEBUG
#define ASSERT(e) assert(e)
#else
#define ASSERT(e)                                              \
    do {                                                       \
        if (!(e)) {                                            \
            fprintf(stderr,                                    \
                    "Assertion failed: (%s), function %s (%s:%d).\n", \
```

① 我遇到过一个项目的内存管理器案例。它跟典型的内存管理器不同，在发现要释放的指针非法时，没有立即终止程序运行，而只是记了个日志就返回了。这种防御式的做法导致了几个问题。首先，通用接口没有返回值，代码不能自行发现这个问题。其次，因为没人去查看日志，结果问题过了很久才在其他地方暴露出来。糟糕的是，由于这种防御式的做法导致问题的暴露概率大大降低，问题的定位时间也显著延长。如果不采用防御式编程的做法，程序本该在测试时立即崩溃，这样问题早就可以发现了。

② 在函数声明前面加上 C++17 引入的 [[nodiscard]] 属性说明会有所帮助。此时，如果调用者没有检查错误码，那至少会产生编译告警了。

```
                    #e, __func__, __FILE__, __LINE__);           \
            return Error::assert_fail;                           \
        }                                                        \
    } while (false)
#endif
```

这样的 ASSERT 的用法跟 assert 完全一样，在没有定义 NDEBUG 宏时行为也一样。但当 NDEBUG 宏被定义时，我们不是彻底忽略错误，而是会在断言失败时返回一个错误码。

这种做法当然很死板，下面是另外一种更加灵活、但用起来也更复杂的断言（源自 Herb Sutter 的文章“GotW #102 Solution: Assertions and ‘UB’”，并做了改进）：

```
#define ASSERT_OR_FALLBACK(cond, ...)                            \
    {                                                            \
        bool _b = (cond);                                        \
        assert(_b);                                              \
        if (!_b)                                                 \
            __VA_ARGS__;                                         \
    }
```

这个 ASSERT_OR_FALLBACK 宏需要两个参数，第一个跟 assert 一样，是个条件，第二个则是 assert 未能终止程序时的善后处理（这边使用可变宏参数是为了处理第二个参数里可能出现逗号的情况）。跟“ASSERT(ptr != nullptr);”对应的代码现在是这个样子：

```
ASSERT_OR_FALLBACK(ptr != nullptr, return ERR_ASSERT_FAIL);
```

当然，我们的实际逻辑可以更复杂，如这样（invalid_argument 也是 C++ 标准库里定义的 logic_error 的派生类）：

```
ASSERT_OR_FALLBACK(ptr != nullptr, {
    LOG_ERROR("Null pointer!");
    throw std::invalid_argument("null pointer");
});
```

### 13.1.3 后置条件

后置条件是对函数完成的功能的描述。它是对函数自身的要求，通常涉及返回值、出参和状态。如果在一切正常的情况下后置条件不满足，那通常意味着代码实现有逻辑错误。而如果函数主动认为后置条件已经无法满足，那就应该通过返回错误码或抛异常来表示操作无法继续。

后置条件一般而言更难进行检查，更多地是放在代码的文档里。比如，下面是我写过的真实代码的一部分：

```
/**
 * Discards the first element in the queue.
 *
 * @pre   This queue is not empty.
 * @post  One element is discarded at the front, \c size() is
 *        decremented by one, and \c full() is \c false.
 */
void pop()
{
    assert(!empty());
    …
}
```

这里我用文档注释[①]的形式描述了 pop 的先决条件和后置条件。在代码里我用 assert 检查了先决条件，但对后置条件没有做任何处理。这里面，也只有 !full() 相对容易检查，但即使对这个条件，C++ 里目前也没有一个方便的语法。我们只能假想一下，在 C++26 到来之后，我们也许就能这么写：

```
void pop() post(!full())
{
    …
}
```

现在，我们或许可以使用 finally 函数模板（参见代码库里的 finally.h）来帮忙，利用 RAII 在作用域结束的地方执行代码来检查，如：

```
void pop()
{
    auto contract_check = finally([&] { assert(!full()); });
    …
}
```

不过，对代码正确性更重要的是，当先决条件满足时我们却发现由于环境、用户输入之类的原因导致后置条件无法满足，那该怎么办？此时，assert 绝对不合适。我们可用的工具就只有异常和错误码。对于构造函数和运算符重载，我们通常只能使用异常。

---

① https://www.doxygen.nl/manual/docblocks.html

### 13.1.4 不变量

不变量是程序的某一部分在执行中可以始终保证为真的条件。对于一个循环，在进入循环时及后续循环过程中都保持为真的条件称为*循环不变量*。对于一个类对象，在其生存期里可以一直保持为真的条件称为*类不变量*。跟先决条件和后置条件类似，不变量也是论证代码正确性的重要工具。

以我们之前给出的辗转相除法为例：

```
int myGcd(int a, int b)
{
    while (b != 0) {
        int r = a % b;
        a = b;
        b = r;
    }
    return a;
}
```

为简单起见，我们只讨论正数的情况，并使用涉及零的常规定义：零和某个正整数的最大公约数为该正整数。在这个 while 循环里，不管 a 和 b 怎么变，它们的最大公约数不变，这是该算法能有效工作的基本保证。有了这个保证，再加上 a 和 b 会不断变小，我们可以确定循环一定会结束，并且循环结束时 a 的值就是所求的最大公约数。因此，在这里循环不变量就是：a 和 b 的公约数保持不变。

关于循环不变量，我们就讨论到这里。从本书和本章的角度出发，我们都更关注类不变量。我们通常需要在类的构造函数里建立类不变量，并在所有修改成员变量的函数中保持类不变量继续成立。接下来我们通过几个例子来进一步说明一下。

对于一个日期对象，它的不变量可能是：成员变量 year_、month_、day_ 合起来代表一个有效的日期。在接受年、月、日作为参数的构造函数中，我们需要进行有效性检查，确保在构造正常结束时，year_、month_ 和 day_ 组成一个有效的日期（类不变量是构造函数的后置条件）。在修改日期的成员函数中，可能也需要进行类似的检查，以确保不变量在修改结束时一定成立（对于大部分成员函数，类不变量既是先决条件，又是后置条件）。

对于一个 vector，它的不变量就更复杂一些了。比如，一种设计可能是：

1. 如果 begin_ 成员变量不为空，则 [begin_, end_cap_) 组成的区间表示从系统分配到的有效内存空间，[begin_, end_) 组成的区间表示 vector 里的有效元素。
2. 否则，对其他成员变量的值不作规定。

而另外一种设计可能是：

1. 如果 begin_ 成员变量不为空，则 [begin_, end_cap_) 组成的区间表示从系统分配到的有效内存空间，[begin_, end_) 组成的区间表示 vector 里的有效元素。
2. 否则，end_ 和 end_cap_ 成员变量也一定为空。

不同的设计会导致不同的后果。前一种设计意味着，我们默认构造只需要初始化成员变量 begin_，但实现 size 成员函数需要写成“return begin_ ? end_ - begin_ : 0;”——如果忘记对 begin_ 进行判空检查，那代码就可能不正确。后一种设计要求默认构造初始化所有三个成员变量，此时 size 成员函数可以简单实现成“return end_ - begin_;”。每一种设计都是自洽的，但考虑到犯错是人之常态，初始化所有成员变量是通常的实现方式。

如果一个操作会导致违反不变量，那我们通常应该停止该操作，并返回一个错误。这种情况下抛异常是一种非常自然的处理方式——有时甚至是唯一可能的方式。

**用 struct 还是 class?**

C++ 核心指南提供了一条简明的规则，指导我们在定义复合对象时该选择 struct 还是 class 关键字。这就是“C.2：当类具有不变量时使用 class；如果数据成员可以独立变化，则使用 struct”。

这条规则的来源，是因为 struct 默认所有成员都可以公开访问，而 class 默认所有成员都私有。如果要保证类不变量，那只允许通过公开的成员函数修改私有的数据成员比较好，使用 class 的默认私有方式比较合理。反过来，对于类似于 C 语言的数据结构，里面的数据成员可以公开访问，那使用 struct 就比较合理，这样也跟 C 的用法一致。

这些不是语法要求，而是从可读性角度出发给出的推荐。从语言的角度看，struct 和 class 具有基本相同的特性。这是 Bjarne 在设计类特性的时候，为了防止开发群体之间分裂而作出的刻意选择，他认为这样才能从传统的 C 程序设计，通过数据抽象平稳而渐进地过渡到到面向对象程序设计（《C++ 语言的设计与演化》的 3.5.1 节）。在今天，我们在实现函数对象时（特别是没有数据成员的简单函数对象时），也仍然会使用 struct——如 less 在标准里的定义就是使用 struct。

## 13.2 异常

前面我们已经讨论了不少可能用到异常的地方，这里再小小总结一下：

- 如果后置条件或不变量无法满足，一般应使用异常（尤其在构造函数和运算符重载里）。
- 如果先决条件未满足，可考虑使用异常（也可以使用断言）。

ISO C++ 网站明确指出，使用异常有很多优点：[1]

> 使用异常对我有什么好处？基本答案是：异常虽然存在争议和缺点，但使用异常来处理错误可以使你的代码更简单、更清晰，并且避免遗漏错误处理。可是，“传统的 errno 和 if 语句”又有什么问题呢？基本答案是：使用这些方法，你的错误处理代码和正常代码会紧密交织在一起。这样一来，你的代码会变得杂乱无章，而且很难确保已经处理了所有错误（想一想“面条代码”或“测试鼠窝”）。

异常不是 C++ 里唯一的错误处理方式，但它是一种非常重要和基本的错误处理方式。为了说明异常的必要性，我们首先来看一下不使用异常的错误处理方式。

### 13.2.1　不使用异常的 C 风格错误处理

我们先来看看没有异常的世界是什么样子。最典型的情况就是 C 了。

假设我们要做一些矩阵的操作，定义了下面这个矩阵的数据结构：

```
typedef struct {
    float* data;
    size_t nrows;
    size_t ncols;
} matrix;
```

我们至少需要定义错误码，以及有初始化和清理的代码：

```
enum matrix_err_code {
    MATRIX_SUCCESS,
    MATRIX_ERR_MEMORY_INSUFFICIENT,
    …
};

int matrix_alloc(matrix* ptr, size_t nrows, size_t ncols)
{
    size_t size = nrows * ncols * sizeof(float);
    float* data = malloc(size);
```

① https://isocpp.org/wiki/faq/exceptions#why-exceptions

```
    if (data == NULL) {
        return MATRIX_ERR_MEMORY_INSUFFICIENT;
    }
    ptr->data = data;
    ptr->nrows = nrows;
    ptr->ncols = ncols;
}

void matrix_dealloc(matrix* ptr)
{
    if (ptr->data == NULL) {
        return;
    }
    free(ptr->data);
    ptr->data = NULL;
    ptr->nrows = 0;
    ptr->ncols = 0;
}
```

然后，假设我们需要做矩阵乘法，那函数定义大概会是这个样子：

```
int matrix_multiply(matrix* result,
                    const matrix* lhs, const matrix* rhs)
{
    int errcode;
    if (lhs->ncols != rhs->nrows) {
        return MATRIX_ERR_MISMATCHED_MATRIX_SIZE;
        // 呃，得把这个错误码添到 enum matrix_err_code 里
    }
    errcode = matrix_alloc(result, lhs->nrows, rhs->ncols);
    if (errcode != MATRIX_SUCCESS) {
        return errcode;
    }
    // 进行矩阵乘法运算
    return MATRIX_SUCCESS;
}
```

而调用代码则大概是这个样子：

```
    matrix c;

    // 不清零的话，错误处理和资源清理会更复杂
    memset(&c, 0, sizeof(matrix));

    errcode = matrix_multiply(c, a, b);
```

```
    if (errcode != MATRIX_SUCCESS) {
        goto error_exit;
    }
    // 使用乘法的结果做其他处理

error_exit:
    matrix_dealloc(&c);
    return errcode;
```

可以看到，我们有大量需要判断错误的代码，零散分布在代码各处。

当然这是 C 代码。但如果在不用异常的情况下改成 C++，你会发现结果也好不了多少。毕竟，C++ 的构造函数不能返回错误码，所以你根本不能用构造函数来做可能出错的事情。你不得不定义一个只进行初始化的构造函数，再使用一个 `init` 函数来做真正的构造动作。C++ 虽然支持运算符重载，可你也不能使用，因为你要返回错误码，而不是一个新矩阵……

我上面还只展示了单层的函数调用。事实上，如果出错位置离处理错误的位置相差很远，那每一层的函数调用里都得有判断错误码的代码，像下面这样：

```
error_code_t foo(…)
{
    if (…) return ERROR_TYPE1;
    …
    return SUCCESS;
}
error_code_t bar(…)
{
    error_code_t ec = foo();
    if (ec != SUCCESS) return ec;
    …
    return SUCCESS;
}
error_code_t bar2(…)
{
    …
    error_code_t ec = bar();
    …
}
error_code_t bar3(…)
{
    …
    error_code_t ec = bar2();
    …
}
```

```
void process()
{
    …
    error_code_t ec = bar3();
    if (ec != SUCCESS) {
        // 记日志或其他错误处理
    } else {
        // 正常的处理流程
    }
}
```

这就既对写代码的人提出了严格要求，也对读代码的人造成了视觉上的干扰。而且这种代码写到后面，大家往往都盲目地进行成功与否的判断，既不管代码是不是一定成功，也不管代码到底在什么情况下可能失败……这就跟契约式设计带来的严格性截然相反了。

## 13.2.2 使用异常的代码示例

如果使用异常的话，我们就可以在构造函数里做真正的初始化工作。假设我们的矩阵类有下列数据成员：

```
class Matrix {
    …
private:
    unique_ptr<float[]> data_;
    size_t nrows_;
    size_t ncols_;
};
```

那构造函数可以这样简单实现（自动生成的析构函数会释放内存）：

```
Matrix::Matrix(size_t nrows, size_t ncols)
    : data_(new float[nrows * ncols]),
      nrows_(nrows),
      ncols_(ncols)
{
}
```

乘法函数可以这样写：

```
class Matrix {
    …
    friend Matrix operator*(const Matrix& lhs, const Matrix& rhs);
    …
};
```

```
Matrix operator*(const Matrix& lhs, const Matrix& rhs)
{
    if (lhs.ncols_ != rhs.nrows_) {
        throw std::logic_error("Matrix sizes mismatch");
    }
    Matrix result{lhs.nrows_, rhs.ncols_};
    // 进行矩阵乘法运算
    return result;
}
```

使用乘法的代码则更是简单：

```
Matrix c = a * b;
```

你可能已经非常疑惑：错误处理在哪里？只有一个 throw，跟前面的 C 代码能等价吗？回答是肯定的。我们看看可能会出现错误/异常的地方：

- 首先是内存分配。如果 new 出错，按照 C++ 的规则，一般会得到异常 bad_alloc，对象的构造也就失败了。这种情况下，在 catch 捕获到这个异常之前，所有的栈上对象会全部被析构，资源全部被自动清理。—— 这是一种无法满足后置条件和类不变量的情况。
- 如果是矩阵的长宽不合适导致不能做乘法呢？我们同样会得到一个异常[①]，这样，在使用乘法的地方，对象 c 根本不会被构造出来。—— 这是一种违反先决条件的情况。
- 如果在乘法函数里内存分配失败呢？一样，result 对象根本没有构造出来，也就没有 c 对象了。还是一切正常。—— 这也是一种无法满足后置条件的情况。
- 假设 a、b 是局部变量，当乘法失败时会发生什么？析构函数会自动释放其空间，我们不会有任何资源泄漏。—— 这是发生错误时的自动清理动作。

总而言之，只要我们适当地组织好代码、利用好 RAII（这是关键！），实现矩阵的代码和使用矩阵的代码都可以更短、更清晰。我们可以统一在外层某个地方处理异常——通常是记日志，或在界面上向用户报告错误。

使用异常作为错误处理方式并不意味着需要到处写 try 和 catch。异常安全的代码，可以没有任何 try 和 catch。

---

① 这里使用了 logic_error，但我们也可以选择从 logic_error（或其他异常类）派生出自己的异常类，让异常类形成一棵不需要中央统一维护的对象树（错误码则需要统一的定义和维护），更加灵活。不管我们是不是使用自己的异常类，都可以在异常对象里记录额外信息，这对调试非常方便。

### 13.2.3 如何处理异常

通过上面的代码示例，我们应该已经可以清晰看到两种方式的差异了。下面，我们就来具体讨论一下使用异常时的注意事项。先从异常安全的概念开始。

#### 异常安全

异常安全（exception safety）是指当异常发生时，既不会发生资源泄漏，系统也不会处于一个不确定的状态。它有四个等级：

- 不抛异常保证（no-throw guarantee）：这意味着操作一定成功。除了析构函数默认就是 `noexcept`，其他函数都需要手工标为 `noexcept` 才表示保证不抛异常。不抛异常是一个接口上的承诺，我们应仅对可确保不会抛异常且没有先决条件、不会有未定义行为的函数标 `noexcept`（参见 [N3279]）。除析构函数、移动函数、交换函数之外，典型情况是仅返回数值的函数，如 `empty` 和 `size` 成员函数。
- 强异常安全（strong exception safety）：这意味着操作提供了事务性保证，要么成功，要么回滚。标准库在一些关键操作上提供了强异常安全保证（见第 107 页）。
- 基本异常安全（basic exception safety）：这意味着我们需要保证数据处于正常状态，没有资源泄漏，不违反不变量。标准库的所有函数都至少提供这一级别的异常安全保证。
- 无异常安全（no exception safety）：这意味着代码是异常不安全的。一旦异常发生，程序可能出现种种问题，如资源泄漏、内存破坏、违反不变量，或其他我们不希望发生的情况。

对于强异常安全和基本异常安全这两种情况，最基本的实现技巧就是要尽可能使用 RAII 对象，不要手工执行清理性的动作。对于裸指针，尤其要小心。比如，对于下面的智能指针构造函数，你能看出问题吗？

```
explicit smart_ptr(T* ptr = nullptr) : ptr_(ptr)
{
    if (ptr) {
        shared_count_ = new shared_count();
    }
}
```

考虑到我们用 `smart_ptr<Obj>(new Obj())` 这样的方式来构造，这里的一个潜在问题是，如果 `new Obj()` 成功但 `new shared_count()` 失败，就没人负责释放 `Obj` 的指针了！显然，我们可以用 try/catch 来弥补该问题，并在 catch 块里执行 delete ptr。不过，更好的方式是**直接使用某种 RAII 对象**。在这里，使用 unique_ptr 就可以：

```
explicit smart_ptr(T* ptr = nullptr) : ptr_(ptr)
{
    if (ptr) {
        unique_ptr<T> ptr_holder(ptr);
        shared_count_ = new shared_count();
        ptr_holder.release();
    }
}
```

一种更通用的写法是使用本章前面提到过的 finally 函数模板：

```
explicit smart_ptr(T* ptr = nullptr) : ptr_(ptr)
{
    if (ptr) {
        auto release_ptr_action = finally([ptr] { delete ptr; });
        shared_count_ = new shared_count();
        release_ptr_action.dismiss();
    }
}
```

在这里，如果执行一切正常，那 finally 里面的动作会被 dismiss，不会得以执行。而如果 new 抛出异常，那 delete ptr 就会自动得以执行，确保不会发生资源泄漏。

代码要达到强异常安全还需要留意处理的顺序，要提供回滚的可能性。比如，下面这个拷贝构造函数（重复 1.2.8 节中的例子）没有提供强异常安全保证，因为 new 有可能失败：

```
String& operator=(const String& rhs)
{
    if (this != &rhs) {
        delete[] ptr_;
        ptr_ = nullptr;
        len_ = 0;
        if (rhs.len_ != 0) {
            ptr_ = new char[rhs.len_ + 1];
            len_ = rhs.len_;
            memcpy(ptr_, rhs.ptr_, len_ + 1);
        }
    }
    return *this;
}
```

更好的做法是先申请新的内存，再释放旧的内存：

```
…
    if (this != &rhs) {
        char* ptr = nullptr;
        if (rhs.len_ != 0) {
            ptr = new char[rhs.len_ + 1];
            memcpy(ptr, rhs.ptr_, len_ + 1);
        }
        delete[] ptr_;
        ptr_ = ptr;
        len_ = rhs.len_;
    }
…
```

跟之前类似，如果 ptr_ 的类型是 unique_ptr 的话，实现可以更加简单。

下面是使用异常时的一些基本建议：

- 写异常安全的代码。如果有可能发生异常，至少提供基本异常安全，保证不会导致状态非法或资源泄漏。在开销可接受的情况下，尽量提供强异常安全保证，在异常实际发生时，不改变对象的状态。
- 如果你的代码可能抛出异常的话，在文档里明确说明可能发生的异常类型和发生条件。确保用户不需要去了解具体的代码实现，却仍然知道需要准备处理哪些异常。
- 对于肯定不会抛出异常的代码，将其标为 noexcept。再次强调，移动构造函数、移动赋值运算符和 swap 函数一般需要保证不抛异常并标为 noexcept（析构函数也不该抛异常，但通常自动默认为 noexcept，不需要标）。
- 对于运行期错误，仅对罕见的、会导致违反后置条件或无法保持不变量的意外场景使用异常。

### C++ 标准库中的异常

异常是渗透在 C++ 中的标准错误处理方式。标准库的基本错误处理方式就是异常，其中既包括运行期错误，也包括逻辑错误。比如，在容器里，在能使用下标运算符的地方，标准库也提供了 at 成员函数，能够在下标不存在的时候抛出异常。下面的代码简单演示了这一点：

```
vector v{1, 2, 3};
try {
    v.at(3);
```

```
    }
    catch (const std::exception& e) {
        cerr << e.what() << '\n';
    }
```

如果用 GCC 编译该程序并运行的话，我们会得到下面的错误输出：

```
vector::_M_range_check: __n (which is 3) >= this->size() (which is 3)
```

即使你不写 `try/catch` 语句、不捕获异常，主流环境里你仍然会在执行时看到类似的信息，当然程序此时会被直接终止。这对调试也非常方便。

只要你使用了标准容器，你就应该需要处理标准容器可能引发的异常——其中一般至少会有 `bad_alloc`[①]，除非你明确知道你的目标运行环境不会发生内存分配失败的情况。

标准 C++ 可能会产生哪些异常，可以查看 [CppReference: std::exception] 里 `std::exception` 的派生类。

### 13.2.4 不用异常的理由

但大名鼎鼎的 Google 的 C++ 风格指南[②]不是说要避免异常吗？这又是怎么回事呢？

答案实际已经在 Google 的文档里了（黑体部分是我想强调的内容）：

> 鉴于 Google 的现有代码不能承受异常，**使用异常的代价要比在全新的项目中使用异常大一些**。转换[代码来使用异常的]过程会缓慢而容易出错。我们不认为可代替异常的方法，如错误码或断言，会带来明显的负担。
>
> 我们反对异常的建议并非出于哲学或道德的立场，而是出于实际考量……**如果我们从头再来一次的话，事情可能就会不一样了。**

除了历史原因以外，也有出于性能等其他原因禁用异常的情况。美国国防部的联合攻击战斗机（JSF）项目的 C++ 编码规范就禁用异常，因为工具链不能保证抛出异常的实时性能。不过在那种项目里，被禁用的 C++ 特性就多了。比如，除了初始化阶段，动态内存分配都不能使用。[③]

当然，我们得承认异常不是一个完美的特性，否则也不会招来很多批评、在很多项目里被禁用了。对它的批评主要有三条：

---

① 标准库容器不使用不抛异常的 `new (nothrow)` 形式来分配内存。

② https://google.github.io/styleguide/cppguide.html#Exceptions

③ https://www.stroustrup.com/JSF-AV-rules.pdf

1. 异常违反了“你不用就不需要付出代价”的 C++ 原则。只要开启异常[①]，即使不使用异常，你编译出的二进制代码通常也会膨胀。
2. 异常一旦抛出，就会有较大的性能影响。
3. 异常比较隐蔽，不容易看出来哪些地方会发生异常和发生什么异常。

对于第 1 条，开发者没有什么可做。事实上，这也算是 C++ 实现的一个折中了。编译器对于异常有两种主要实现方式：“代码”方式和“表格”方式[②]。目前主流编译器的实现都是表格方式，对不抛异常的“正常”路径进行优化，确保这种情况下代码具备最高的执行性能。作为代价，程序的二进制大小会膨胀（约 5%—15%）；并且，一旦有异常抛出，也会对代码的执行性能有较大影响。我的初步测试表明，跟简单的错误码返回和判断相比，抛异常在主流编译器上会有数千倍的开销。这些不是必然的结果，但在有人对编译器的异常实现进行大幅度优化之前，这是我们必须面对的现实。

第 2 条跟第 1 条紧密相关。目前编译器主要都针对不抛异常的场景进行优化，而对异常抛出的场景优化不足。因此，虽然推荐使用异常，但我也不会说任何错误的处理都应该使用异常。事实上，对于**可以预期的**由环境或用户造成的**错误**——如数据错误或输入错误——我们通常**不应该**使用异常处理，而应该使用错误码或者其他性能更高的错误处理方式。异常处理只应用于“异常情况”，它并不能代替所有的错误码，至少在错误发生频率较高（如高于百分之一）的场合，或者潜在攻击者可以主动造成错误的场合不可以。想象一下，如果一个网络报文非法，处理程序就会产生异常，那一个攻击者只要不断产生非法报文，就能大量产生异常，这类情况可能导致服务器的性能大幅下降——显然不可接受。

第 3 条批评也有一定道理。和 Java 不同，C++ 里不会对异常规约进行编译时的检查。这部分也算是泛型编程的一种代价了——对于泛型代码几乎不可能写出有意义的异常规约。此外，异常规约增加了代码的复杂性和维护成本，而实际带来的好处非常有限；动态检验异常规约还会增加代码的运行期开销[③]。因此，从 C++17 开始，C++ 完全禁止了以往的动态异常规约，函数声明里不再允许指定可能抛出的异常。唯一能声明的，就是某函数不会抛出异常——`noexcept`、`noexcept(true)` 或 `throw()`。这也是 C++ 运行时唯一会检查的异常规约了。如果一个函数声明了不会抛出异常、结果却抛出了异常，C++ 运行时会调用 `std::terminate` 来终止应用程序。编译器没法告诉你哪些函数会抛出哪些异常。但如果我

① 编译器一般默认开启异常，但可能支持关闭异常，如 GCC 的 `-fno-exceptions`。

② 详情可参考 C++ 标准委员会的技术报告 Technical Report on C++ Performance。

③ 另外，可以查看 C# 首席架构师、“大牛” Anders Hejlsberg 对受检异常（checked exceptions）的批评：`https://www.artima.com/articles/the-trouble-with-checked-exceptions`。

们用好 RAII，并把异常局限在违反后置条件/不变量等少数场景的话，这通常也不是问题。

综合来说，今天的主流 C++ 编译器，在异常关闭和开启时应该已经能够产生性能差不多的代码（在异常未抛出时）。代价是产生的二进制文件会变大。LLVM 项目的编码规范里就明确指出这是不使用异常和 RTTI 的原因[①]：

> 为了尽量缩小[二进制]代码和可执行文件的大小，LLVM 不使用异常或 RTTI（如 `dynamic_cast<>`）。

考虑到动辄几十兆大小的 LLVM 文件，我对这一决定至少表示理解。但如果你的项目也想跟这种项目比，你得想想是否值得。你的项目对二进制文件的大小和性能有这么严格的要求吗？需要这么去“拼”吗？

我怀疑，很多项目里对异常的禁用，只是出于对未知世界的恐惧而已：“我不熟悉异常，而错误码已经工作得很好了。”真正完全不应该用异常的，主要是一些硬实时系统而已——毕竟，在驾驶或飞行这类控制系统里，系统响应时间慢上那么一点点，真会要人性命。而对于其他大部分情况，我想引用 C++ 核心指南中的一段话（[Guidelines: E.25]）：

> 对异常的许多恐惧是被误导了。当代码并非满是指针和复杂控制结构时，在异常情况下使用异常处理（在时间和空间上）几乎总可以承受，而且几乎总能使代码变得更好。

### 13.2.5 不用异常的后果

不管是出于历史原因，还是现实原因，如果我们的项目里就是不能使用异常，那该怎么办呢？

首先，不管你能不能用异常，RAII 总可以用。使用好 RAII，可以简化清理性的代码，并且，将来如果使用异常的话，迁移起来也更加容易。

其次，构造函数不能直接报告错误。这种情况下，一般应当写一个保证不会报错的默认构造函数，对所有的成员变量进行合适的初始化，保持类不变量；然后，利用一个返回错误码的成员函数进行复杂的初始化。

当然，可能需要报告错误的运算符重载也不能用了。你要么保证运算符重载不会出错（像简单的 `++`、`*`、`->` 之类一般可以），要么不使用运算符重载（包括赋值运算符！）。对于矩阵类的操作，我们通过前面的例子可以看到，没有异常还是会相当麻烦。所以，著名的

---

① https://llvm.org/docs/CodingStandards.html#do-not-use-rtti-or-exceptions

线性代数库如 Eigen 和 Armadillo 都使用了异常。

然而，即使你做到了以上几点，还有一点很难绕过去，就是我们的 C++ 标准库。标准库里全面使用异常处理，尤其是如果分配内存失败的话，标准库的期待都是会得到一个 `bad_alloc` 异常。你如果敢大胆地修改全局 `operator new`，在内存不足时返回空指针的话，标准库就敢在内存不足时直接"死给你看"——像 `vector::push_back`、`make_shared` 这样的接口不会处理空指针。

幸好，随着虚拟内存的广泛采用，在很多平台（如默认配置下的 Linux）上，你基本上不会遇到内存分配失败的异常①。但对于一个真正要求严格处理这类问题的环境，你就得认真思索一下了。**提示：**改写标准库、使其不依赖异常的难度可能会超出你的想象②。

如果你不想使用异常，应当考虑下列选项之一：

1. 开启异常，但不主动使用异常。这使我们可能做到在使用标准库的同时处理内存错误。代码不必一次到位，做到绝对安全：改造老代码可以只在外层处理异常，自己内部可以继续不抛出异常。在发生像内存不足这样的异常情况时，我们可以在捕获异常后保存关键数据、打印信息/记录日志，然后中断当前的事务处理，或者退出（对于服务，一般应在外部有重新启动程序的机制）。
2. 关闭异常，并使用其他手段来处理内存不足这种特殊情况。因为如何处理内存不足是一个系统设计问题，本来可能就不值得在代码里处处进行局部化的处理。对于单次执行的命令，崩溃也许本身就是个合理的选择（但不用异常的缺点是没法得到精确的错误原因输出）；对于长时间运行的服务，则需要考虑服务崩溃后的恢复和重启。
3. 关闭异常，拒绝异常带来的空间和时间开销，安全至上，不惜以人力投入作为代价（不用或改写标准库）。如果你觉得这真是值得的，那当然可以考虑。事实上，如果要写实时控制系统（飞行、驾驶等）的话，这样的选择相当合理。

还有一种不建议、但相当常见的方式：

4. 关闭异常，只使用不抛异常的 `new (nothrow)` 形式，同时也使用标准库。这是一种掩耳盗铃式的做法，给自己增加很多麻烦的同时，还没有带来实际好处。如果内存真的不足了，嘭，你的程序该崩还是会崩。

---

① 这可能也是 Google 禁用异常的底气所在了。

② 一个更完整的讨论参见 https://zhuanlan.zhihu.com/p/617088259。

## 13.3 小结

本章引入了契约的概念，其中主要的概念是先决条件、后置条件和不变量。我们常常使用断言检查先决条件，因此我们讨论了断言的标准形式和一些变体。而在后置条件或不变量不能满足时，最自然的处理方式则是异常。

异常虽然存在争议和缺点，但使用异常来处理错误可以使你的代码更简单、更清晰，并且避免遗漏错误处理。对于预期不容易发生的“异常情况”，推荐使用异常。

# 第 14 章　optional/variant 和错误处理

我们已经讨论过，异常是 C++ 里首选的错误处理方式。同时，我们也提到了，异常并不是一种适合所有场景的错误处理方式——对于预期中可能发生的错误，异常并不合适。除了简单的返回错误码的方式，从 C++17 开始，C++ 标准中陆陆续续引入了一些新的类型，可以帮助我们进行相关的处理。本章就来讨论一下。

## 14.1 不使用异常的错误处理

C++17 引入了三种源自 Boost 的新类型，它们是：

- `optional<T>`——持有 `T` 或什么都不持有
- `variant<T, U, …>`——持有 `T`、`U` 或其他指定类型中的一种
- `any`——持有任意类型

本章会介绍 `optional` 和 `variant`，但不会介绍 `any`。读者有兴趣的话，可以在读完本章之后，在 CppReference 了解一下 `any`。从我的实践经验来看，`any` 的使用场景非常有限，远远不及其他两种常用——这是因为 C++ 是一种静态类型语言，导致可持有任意类型对象的类型难以像在动态类型语言中那样灵活使用。

本章也会介绍 C++23 引入的 `expected`。你如果还不能使用 C++23，也不用担心：因为 `expected` 没有用到任何特殊的语言特性，所以有开源的实现①可以在更早的 C++ 版本下使用。我放在代码库里的例子可以自动检测合适的 `expected` 实现，在 C++17/20/23 下都可以工作。

最后，我会介绍 C++11 引入的标准错误码体系，它解决了多个模块之间使用不同错误码体系的问题，还顺道解决了其他一些相关的易用性问题。

① https://github.com/TartanLlama/expected

## 14.2 optional

在面向对象（引用语义）的语言里，我们有时候会使用空值（null）表示没有找到需要的对象。也有人推荐使用一个特殊的空对象，来避免空值带来的一些问题。但不管是空值，还是空对象，对于一个返回普通对象（值语义）的 C++ 函数都是不适用的——空值和空对象只能用在返回引用/指针的场合，一般情况下需要堆内存分配，在 C++ 里会导致额外的开销。

optional 模板可以（部分）解决这个问题。语义上来说，optional 代表一个“也许有效”“可选”的对象。语法上来说，optional 对象有点像指针，但它所管理的对象直接放在 optional 对象里面，没有额外的内存分配。

要构造一个 optional<T> 对象，常见的方法有以下几种：

1. 不传递任何参数，或者使用特殊参数 std::nullopt（可以和 nullptr 类比），可以构造一个“空”的 optional 对象，里面不包含有效值。
2. 第一个参数是 std::in_place，后面跟构造 T 所需的参数，可以在 optional 对象上直接构造出 T 的有效值。
3. 如果 T 类型支持拷贝构造或者移动构造的话，那在构造 optional<T> 时也可以传递一个 T 的左值或右值来将 T 对象拷贝或移动到 optional 中。

对于上面的第 1 种情况，optional 对象里没有值，在布尔上下文（如“if (opt)”或“opt ? … : …”）里会得到 false（类似于空指针的行为）。对于上面的第 2、3 这两种情况，optional 对象里是有值的，在布尔上下文里会得到 true（类似于有效指针的行为）。类似地，在 optional 对象有值的情况下，你可以用 * 和 -> 运算符去解引用。**如果因为默认构造或其他原因导致 optional 里没有值的话，使用 * 和 -> 是未定义行为。**

虽然 optional 到 C++17 才标准化，但实际上这个用法更早就有了。因为 optional 的实现不算复杂，有些库里就自己实现了一个版本。比如 cpptoml[①] 就给出了下面的示例（进行了翻译和重排版），用法跟标准的 optional 完全吻合：

```
auto val = config->get_as<int64_t>("my-int");
// val 是 cpptoml::option<int64_t>

if (val) {
    // *val 是 "my-int" 键下的整数值
```

① https://github.com/skystrife/cpptoml

```
} else {
    // "my-int" 不存在或不是整数
}
```

cpptoml 里只是个缩微版的 optional，实现只有几十行，也不支持我们上面说的所有构造方式。为了方便程序员使用，除了我目前描述的功能，C++ 标准库的 optional 还支持下面的操作：

- 安全的析构行为
- 显式的 has_value 成员函数（判断 optional 是否有值）
- value 成员函数（行为类似于 *，但在 optional 对象无值时会抛出异常 bad_optional_access，使用上更安全）
- value_or 成员函数（在 optional 对象无值时返回传入的参数）
- swap 成员函数（和另外一个 optional 对象进行交换）
- reset 成员函数（清除 optional 对象包含的值）
- emplace 成员函数（在 optional 对象上构造一个新的值；不管成功与否，原值会被丢弃）
- make_optional 全局函数（产生一个 optional 对象，跟 make_pair 和 make_unique 类似）
- 全局比较操作
- 等等

optional 可使用的地方很多，包括用来返回对象（可能失败）、表示可选参数，等等。作为示例，下面我们将展示一个安全除法函数。当除法可以安全执行时，该函数返回包含有效整数的 optional；否则，它返回空 optional（通过 {} 构造）：

```
optional<int> divideSafe(int i, int j)
{
    if (j == 0) {
        return {};
    } else if (i == INT_MIN && j == -1) {
        return {};
    } else if (i % j != 0) {
        return {};
    } else {
        return i / j;
    }
}
```

optional 把数值和有效标志放在一起，这可能是优势，也可能是劣势。如果我们想返回一个大对象的 optional，应当考虑 unique_ptr 是不是更好，因为 unique_ptr 对移动非常友好，而大对象和大对象的 optional 都对移动不友好。类似地，要传递大对象作为可选参数，普通指针可能是个更好的主意——可以用空指针表示这个参数缺失。

## 14.3 variant

optional 是一个非常简单而又好用的模板，很多情况下，只需使用它便足以解决问题。在某种意义上，可以把它看作允许有两种数值的对象：要么是你想放进去的对象，要么是 nullopt（再次提醒，联想 nullptr）。如果我们希望除了想存入的对象和 nullopt，还能存放其他信息（比如某种错误状态），那该怎么办？又比如，如果我希望有三种或更多不同的类型呢？这种情况下，variant 可能就是一个合适的解决方案。

在没有 variant 类型之前，你要达到类似的目的，恐怕会使用一种叫作带标签联合体的数据结构。比如，下面就是一个可能的数据结构定义：

```
struct FloatIntChar {
    enum { Float, Int, Char } type;
    union {
        float float_value;
        int int_value;
        char char_value;
    };
};
```

这个数据结构的最大问题，就是它实际上有很多复杂情况需要进行特殊处理。对于 C 兼容的联合体（成员都是所谓的简旧数据），这么写就可以了（但我们仍需小心保证我们设置的 type 和实际使用的类型一致）。如果我们把其中一个类型换成带有构造和析构行为的 C++ 对象时，就会有复杂问题出现。比如，下面的代码是不能工作的：

```
struct StringIntChar {
    enum { String, Int, Char } type;
    union {
        string string_value;
        int int_value;
        char char_value;
    };
} obj;
```

这个问题当然能够解决，但你需要额外写很多无聊的样板代码。最起码，你需要写一个析构函数，如：

```
struct StringIntChar {
    …
    ~StringIntChar()
    {
        if (type == String) {
            string_value.~string();
        }
    }
};
```

然后，我们勉强让下面的代码可以在 GCC 下工作了：

```
StringIntChar obj{.type = StringIntChar::String,
                  .string_value = "Hello world"};
cout << obj.string_value << endl;
```

这样的代码实际上用到了 C++20 的特性，且即使开启 -std=c++20 都不能在 Clang 下工作。问题总有办法解决，但如果使用 variant，你就无须为此烦恼了：

```
variant<string, int, char> obj{"Hello world"};
cout << get<string>(obj) << endl;
```

可以注意到我上面构造时使用的是 const char*，但构造函数仍然能够正确地选择 string 类型，这是因为这种形式允许转换构造，可以按照重载的规则选择最合适的构造函数。string 类存在使用 const char* 的构造函数，所以构造能够正确进行。

要取出 variant 里面的值（的引用），我们可以使用 get 函数模板，其参数可以是代表序号的数字，也可以是类型。编译器在编译时就可以确定序号或类型是否有效，并会在有问题时报错。如果序号或类型有效，但运行时发现 variant 里存储的并不是该类对象，我们则会得到一个异常 bad_variant_access。

variant 有成员函数 index，可以用来获得当前值的序号。就我们上面的例子而言，obj.index() 即为 0。正常情况下，variant 总有一个有效值（variant 在默认构造时会使用第一个类型），但如果 emplace 等修改操作中发生了异常，variant 里也可能没有任何有效数值，此时 index() 将会得到 variant_npos。

从基本概念来讲，variant 就是一个安全的联合体，相当简单，我就不多做其他介绍了。读者可以自己看 CppReference 来了解进一步的信息。不过，variant 的用法里有个非成员函数 visit，值得单独讲解一下。

### 14.3.1 访问 variant

对于一个 variant，我们有没有办法对它进行一些通用的操作呢？比如，如何打印一个 variant？

显然，下面的代码可以工作，但读者中没人会喜欢这样的代码吧：

```
void printMyVariant(const variant<string, int, char>& v)
{
    switch (v.index()) {
    case 0:
        cout << get<0>(v) << '\n';
        break;
    case 1:
        cout << get<1>(v) << '\n';
        break;
    case 2:
        cout << get<2>(v) << '\n';
        break;
    default:
        throw std::bad_variant_access();
    }
}
```

利用泛型 lambda 表达式和 visit，我们可以用一行代码得到相同的效果：

```
visit([](const auto& v) { cout << v << '\n'; }, obj);
```

visit 的第一个参数是函数对象，后面的参数则是一个或多个 variant 类型的对象。visit 会以这些对象的真实类型来调用函数对象。在上面这个 visit 语句里，泛型 lambda 表达式 `[](const auto& v) { cout << v << '\n'; }` 在被调用时会得到真实类型的对象。比如，如果 obj 里的对象类型是 string 的话，最后我们就会调用 `operator<<(ostream&, const string&)`，输出字符串的内容。

我们也可以不使用泛型 lambda 表达式，虽然手写有多个重载的函数对象显得有点麻烦：

```
struct Outputter {
    void operator()(const string& val)
    {
        cout << "s: " << val << '\n';
    }
    void operator()(int val)
    {
```

```cpp
        cout << "i: " << val << '\n';
    }
    void operator()(char val)
    {
        cout << "c: " << val << '\n';
    }
};
…
visit(Outputter{}, obj);
```

不过，如果我们写成下面的 lambda 表达式形式，是不是就好多了？

```cpp
visit(overloaded{
    [](const string& val) { cout << "s: " << val << '\n'; },
    [](int val) { cout << "i: " << val << '\n'; },
    [](char val) { cout << "c: " << val << '\n'; },
}, obj);
```

可惜的是，上面用到的 overloaded 模板没有被标准化，我们得把它加到自己的代码里。它的定义，对于还没有学习过变参模板（本系列的第二本书会进行讲解）的读者来说，还很令人迷惑：

```cpp
template <typename... Ts>
struct overloaded : Ts... {
    using Ts::operator()...;
};
template <typename... Ts>
overloaded(Ts...) -> overloaded<Ts...>;
```

不过，我们现在只管用就行了，并不需要去了解它的实现原理。

由于 variant 可以把不同具体类型的对象当作同一种对象来存储，还能方便地使用 visit 来访问（尤其是访问对象的函数名字相同，因此我们可以使用泛型 lambda 表达式时），它实际上可以代替某些面向对象的用法。比如，对于 1.2.6 节的 Shape 及其派生类，我们可能会写出下面的代码：

```cpp
vector<unique_ptr<Shape>> shapes;
shapes.push_back(make_unique<Circle>(…));
…
for (auto& shape : shapes) {
    shape->draw();
}
```

我们可以用 variant 来实现类似的功能。此时，我们不需要基类，派生类也不需要虚函数，而只要有 draw 成员函数就可以。代码大致如下：

```
using Shape = variant<Circle, Rectangle, Triangle>;
vector<Shape> shapes;
shapes.emplace_back(Circle(…));
…
for (auto& shape : shapes) {
    visit([](auto& real_shape) { real_shape.draw(); }, shape);
}
```

这样的代码减少了堆内存分配，占用的总内存很可能更少（除非不同子类对象大小差距非常大），并多半具有更高的性能。

## 14.4 expected

前面已经提到，optional 可以作为一种代替异常的方式：在原本该抛异常的地方，我们可以改为返回一个空的 optional 对象。当然，此时我们就只知道没有返回有效的对象，而不知道为什么。可以考虑改用一个 variant，但我们需要给错误类型一个独特的类型才行，因为这是 variant 模板的要求。比如：

```
enum class DivErrc {
    success,
    divide_by_zero,
    integer_divide_overflows,
    not_integer_division,
};

variant<int, DivErrc> divideSafe(…);
```

这显然是一种可行的错误处理方式：我们可以判断返回值的 index()，来决定是否发生了错误。但这种方式不那么直截了当，也要求实现对允许的错误类型作出规定。Andrei Alexandrescu 在 C++ and Beyond 2012 上首先提出了 Expected 模板[①]，提供了另外一种错误处理方式。他的方法的要点在于，把完整的异常信息放到返回值里，并可以在必要的时候“重放”出来，或者手工检查是不是某种类型的异常。

他的方法并没有被广泛推广，最主要的原因可能是性能。异常最被人诟病的地方是性能，而他的实现方式对性能完全没有帮助。不过，后面类似的实现方案汲取了他的部分思

① Systematic Error Handling in C++：https://www.youtube.com/watch?v=kaI4R0Ng4E8

想，至少会用一种显式的方式来明确说明当前是异常情况还是正常情况。在目前进入到 C++23 的 expected 里，用法有点是 optional 和 variant 的某种混合：模板的声明形式像 variant，使用正常返回值像 optional。

下面的代码展示了使用 expected 的 divideSafe 函数：

```
expected<int, DivErrc> divideSafe(int i, int j)
{
    if (j == 0) {
        return unexpected(DivErrc::divide_by_zero);
    }
    if (i == INT_MIN && j == -1) {
        return unexpected(DivErrc::integer_divide_overflows);
    }
    if (i % j != 0) {
        return unexpected(DivErrc::not_integer_division);
    }
    return i / j;
}
```

跟之前使用 optional 的版本相比，现在返回错误的地方都用 unexpected 加错误码说明产生了错误。我们可以按最古老的方式来层层检查和返回错误，如：

```
expected<int, DivErrc> addDivideSafe(int i, int j, int k)
{
    auto result = divideSafe(j, k);
    if (!result) {
        return unexpected(result.error());
    }
    auto q = *result;
    return i + q;
}
```

一个 expected<T, E> 差不多可以看作 T 和 unexpected<E> 的 variant。下面是几个需要注意的地方：

- 如果一个函数要正常返回数据，代码无需任何特殊写法；如果它要表示出现了异常，则可以返回一个 unexpected 对象。
- 这个返回值可以用来和一个正常值或 unexpected 对象比较，可以在布尔上下文里检查是否有正常值，也可以用 * 运算符来取得其中的正常值——与 optional 类似，在没有正常值的情况下使用 * 是未定义行为。

- 可以用 value 成员函数来取得其中的正常值，或使用 error 成员函数来取得其中的错误值——与 optional 和 variant 类似，在 expected 中没有对应的值时产生异常 bad_expected_access。
- 返回错误跟抛出异常比较相似，但检查是否发生错误的代码还是要比异常处理啰唆。

expected 在标准化时引进了“单子”（monadic）成员函数[①]来帮助改善“啰唆”这个问题。我们现在可以写出更简单的代码：

```
expected<int, DivErrc> addDivideSafe(int i, int j, int k)
{
    return divideSafe(j, k).and_then(
        [i](int q) -> expected<int, DivErrc> {
            return i + q;
        });
}
```

and_then 说明仅在前一个操作（这里是 divideSafe）成功时才执行后面的函数对象：成功时会把结果值传递给这个函数对象，而失败时则直接用错误码构造下一步的 expected 对象。and_then 不管成功还是失败，返回类型需要相同（一个函数需要有固定的返回类型），因此它要求函数对象的返回类型必须是 expected，且第二个模板参数（错误类型）必须跟当前的错误类型一致。注意后面的函数对象返回的 expected 对象类型的第一个模板参数（值类型）和前一个操作结果的值类型可以不同。比如下面的代码完全合法：

```
expected<bool, DivErrc> isQuotient42(int i, int j)
{
    return divideSafe(i, j).and_then(
        [](int q) -> expected<bool, DivErrc> {
            return q == 42;
        });
}
```

也许你注意到了，addDivideSafe 和 isQuotient42 的错误码居然都是 DivErrc。这就有点别扭了，尤其考虑到 addDivideSafe 是可能出现加法溢出的！这就牵涉错误码的另外一个问题：很难定义一个全局的错误码，尤其当牵涉多个项目时。幸运的是，这个问题早在 C++11 就有了解决方案，非常适合用在 expected 的错误码里。我们下面就来讨论一下。

---

① 单子是来自函数式编程的术语，提供了一种对值和函数进行串接/组合的方式。我们下面仅介绍 and_then，另外三个成员函数暂不进行讨论：or_else、transform 和 transform_error。感兴趣的读者请自行查看 [CppReference: std::expected]。

## 14.5 标准错误码

如目前我们看到的，在一个项目里定义错误码是件麻烦事：它必须是全局的，让整个项目都能看到，通常会很大、很容易用错。在集成第三方的代码时，那就连统一的可能性都没有了。如果代码里使用的不是强类型，而是 int 或 unsigned int 之类的弱类型，那就更雪上加霜—— 一旦跟错误的错误码比较，编译器连告警都不会有。事实上，不同的错误码体系里，基本的共同点通常也就是零代表成功（但甚至这点有时候都不能保证）。异常显然没有这个问题，因为异常通常是强类型的对象。

错误码的另外一个问题是没有易于理解的输出方式，在调试输出和日志里，我们往往只能记一个数字。虽然 C++ 支持更好的输出方式，但因为对错误码缺少统一的处理，通常项目里很少会去支持更友好的输出。异常也没有这个问题，因为我们通常会在异常里存放错误信息，可以用 what() 成员函数取出。

除了上面两个大问题，还有一个问题是你必须去了解报错代码里使用的具体错误码，而不能以一种通用的方式进行处理。异常还是没有这个问题，因为异常对象通常形成一棵树，你可以直接用父类对象的引用来捕获派生类类型的错误，如使用 runtime_error& 来捕获 range_error。

从 C++11 开始，<system_error> 头文件里提供了标准错误码的支持：

- 枚举 errc 描述了跟 POSIX 错误码（errno 机制使用的 ENOENT 等）兼容的错误条件。
- 两个类，error_code（错误码）和 error_condition（错误条件），分别代表错误码和通用错误。它们内部都存储了一个整数类型的错误值和一个指向错误类别的指针。
- 错误类别的基类是 error_category，同时标准库也提供了代表通用错误类别的类 generic_category，及若干其他派生类，如表示系统错误的类 system_category。一般而言，error_code 使用 system_category 或自定义的特殊错误类别，error_condition 则使用 generic_category 较多。错误类别类可以帮我们把错误码转成字符串，以及把 error_code 转变成通用错误 error_condition（以便进行比较）。
- 异常类型 system_error 专门用来封装使用错误码的异常。

### 14.5.1 文件系统库里面的错误处理

由于这套机制出现得比较晚，直到 C++17 才在文件系统库里首次全面使用了这套机制来处理错误。以删除文件或空目录的接口 `std:filesystem::remove` 为例，它的参数可以是路径，也可以是路径加上 `error_code` 对象的引用。在删除出现异常错误时（如没有访问权限；文件不存在不算异常错误），前者的情况下我们会得到异常 `filesystem::filesystem_-error`（继承自 `system_error`），后者的情况下我们会在 `error_code` 对象里得到错误信息。下面的代码展示了两种检查错误是否是权限问题的代码（`filesystem_error.cpp`）：

```
namespace fs = std::filesystem;
fs::path path{…};

// 方法一
try {
    bool result = fs::remove(path);
    cout << "remove " << (result ? "succeeded" : "failed")
         << "!\n";
}
catch (const fs::filesystem_error& e) {
    cout << "remove failed with exception!\n";
    if (e.code() == errc::permission_denied) {
        cout << "Please check permission!\n";
    }
}

// 方法二
error_code ec;
if (fs::remove(path, ec)) {
    cout << "remove succeeded!\n";
} else {
    cout << "remove failed";
    if (ec) {
        cout << " with error!\n";
        if (ec == errc::permission_denied) {
            cout << "Please check permission!\n";
        }
    } else {
        cout << "!\n";
    }
}
```

方法一使用异常来捕获错误，随后我们既可以用 `e.what()` 来输出错误信息，也可以用 `e.code()` 来获得异常里面存储的错误码（类型是 `error_code`）。方法二传入一个 `error_code` 对象的引用，之后可以直接检查这个对象来获取错误信息。从简洁性和输出友好性的角度看，方法一比较好；从性能角度看，则方法二通常具有优势。不管使用哪种方法，我们都可以拿 error_code 对象跟 errc 里的枚举项进行比较——实际是跟 error_condition 比较，因为通过 errc 可以隐式构造出 error_condition 对象。

### 14.5.2 集成自定义错误码

下面我们来具体看一下，如何把前面定义的 DivErrc 集成到标准错误码这套体系里去。我们需要下面这几个步骤：

1. 声明 DivErrc 是一个 error_code；
2. 定义 DivErrc 专属的错误码类别，里面包含如何把错误码转成字符串及 error_-condition 的代码；
3. 定义接受 DivErrc 的 make_error_code 的重载，以方便使用。

步骤 1 最简单，我们加一个特化声明就好：

```
template <>
struct std::is_error_code_enum<DivErrc> : true_type {
};
```

步骤 2 最复杂，我们需要定义一个 error_category 的派生类，并在里面覆盖 name（必需）、message（必需）和 default_error_condition（可选）成员函数：

```
class DivErrcCategory : public std::error_category {
public:
    const char* name() const noexcept override
    {
        return "divide error";
    }
    std::string message(int c) const override
    {
        switch (static_cast<DivErrc>(c)) {
        case DivErrc::success:
            return "Successful";
        case DivErrc::divide_by_zero:
            return "Divide by zero";
        case DivErrc::integer_divide_overflows:
            return "Integer divide overflows";
        case DivErrc::not_integer_division:
            return "Not integer division";
        }
```

```
        return "Unknown";
    }
    std::error_condition
    default_error_condition(int c) const noexcept override
    {
        switch (static_cast<DivErrc>(c)) {
        case DivErrc::success:
            break;
        case DivErrc::divide_by_zero:
            return {std::errc::invalid_argument};
        case DivErrc::integer_divide_overflows:
            return {std::errc::value_too_large};
        case DivErrc::not_integer_division:
            return {std::errc::result_out_of_range};
        }
        return {c, *this};
    }
};
```

name 和 message 的实现非常直截了当，基本不需要解释。default_error_condition 也不复杂，但可以注意到，我们在函数返回时使用了“return {…}”的形式来构造结果的 error_condition 对象。对于三种可识别的错误情况，我们映射到使用 errc 的错误条件，否则（含成功情况）则直接用当前错误值和类别构造错误条件。

步骤 3 也很简单，我们使用一个静态的 DivErrcCategory 对象来协助构造 error_code 即可：

```
std::error_code make_error_code(DivErrc e)
{
    static DivErrcCategory category;
    return {static_cast<int>(e), category};
}
```

有了这些定义之后，我们现在就可以写出新的 divideSafe：

```
expected<int, error_code> divideSafe(int i, int j)
{
    if (j == 0) {
        return unexpected(DivErrc::divide_by_zero);
    }
    if (i == INT_MIN && j == -1) {
        return unexpected(DivErrc::integer_divide_overflows);
    }
    if (i % j != 0) {
```

```
        return unexpected(DivErrc::not_integer_division);
    }
    return i / j;
}
```

对于 addDivideSafe，我们现在也可以有一个更完整的实现了（为简单起见，没有定义单独的 AddErrc——只有一种溢出错误，似乎确实也不太必要）：

```
expected<int, error_code> addDivideSafe(int i, int j, int k)
{
    return divideSafe(j, k).and_then(
        [i](int q) -> expected<int, error_code> {
            if ((i > 0 && q > INT_MAX - i) ||
                (i < 0 && q < INT_MIN - i)) {
                return unexpected(
                    make_error_code(errc::value_too_large));
            }
            return i + q;
        });
}
```

这里调用 make_error_code 是必要的，因为 errc 没有声明自己是 error_code（像我们上面的步骤 1），而只是声明了自己是 error_condition。

完整可运行的程序可参见示例文件 expected_error_code.cpp。

## 14.6 返回值优化问题

像下面形式的代码，一般可以进行返回值优化（见 3.3.3 节）：

```
BigObj getObj(…)
{
    if (条件不满足) {
        throw Error(…);
    }
    BigObj obj{…};
    obj.操作(…);
    return obj;
}
```

如果我们很天真地按同样的形式改造成使用 optional 或 expected 的话，代码通常就不能进行返回值优化了：

```
optional<BigObj> getObj(…)
{
    if (条件不满足) {
        return {};
    }
    BigObj obj{…};
    obj.操作(…);
    return obj;
}
```

需要记住，进行返回值优化的一个条件是：如果函数有多个 return 语句并且可能返回局部变量，那所有 return 语句都应当返回**同一个**跟返回类型相同的局部变量。上面的写法并不满足这个条件。我们需要改写成下面这样子才行：

```
optional<BigObj> getObj(…)
{
    optional<BigObj> result;
    if (条件不满足) {
        return result;
    }
    result.emplace(…);
    result->操作(…);
    return result;
}
```

如果使用 expected 的话，也需要类似的改写。我们尤其需要注意到，跟 optional 不同，expected 默认构造是有值的。此外，expected::emplace 也有额外的要求：对象的构造应当保证不抛异常（使用 expected 时我们通常确实不使用异常，所以新的要求就只是要对构造函数声明 noexcept）。代码如下所示：

```
expected<BigObj, error_code> getObj()
{
    expected<BigObj, error_code> result{unexpected(error_code{})};
    if (条件不满足) {
        result = unexpected(…);
        return result;
    }
    result.emplace(…);
    result->操作(…);
    return result;
}
```

这里比较绕的地方是我们需要用默认构造的 error_code 作为初始状态的 unexpected

值，否则就会执行 BigObj 的默认构造函数了。如果 BigObj 是没有构造和析构动作的 C 结构体，那下面的变体更简单，也没有问题：

```
expected<BigObj, error_code> getObj()
{
    expected<BigObj, error_code> result;
    if (条件不满足) {
        result = unexpected(…);
        return result;
    }
    result->操作(…);
    return result;
}
```

完整的测试程序可以参见示例文件 optional_expected_rvo.cpp。

## 14.7 小结

本章讲解了两类相关但本质上不同的工具：通用的可应用于不同场景的 optional 和 variant，以及专门用于错误处理的 expected 和标准错误码。optional 用于表示对象可能有，也可能没有有效值；variant 用于表示对象可以是多种类型中的一种；expected 一般配合标准错误码使用，表示要么其中存在一个有效值，要么包含一个错误码。

optional 和 variant 可以用于使用异常的场景，也可以用于不使用异常的场景；而 expected 更适用于不使用异常的场景。无论使用哪种对象，都要注意天真的使用方式可能会使返回值优化无效，但只要小心写代码，这个问题仍能够解决。

# 第 15 章　传递对象的方式

本章讨论一个看似简单、实际却不那么简单的用法问题：C++ 里想要传递对象的话，到底该使用什么方式？—— 我们应该返回对象吗？我们应该使用出参吗？我们应该使用引用传参还是值传参？……

## 15.1　传统的对象传递方式

Herb Sutter 在 CppCon 2014 上早就总结过，传统的——即 C++98 的——对象传递方式应该是我们的基本出发点。可以用表 15-1 示意如下。

表 15-1：C++98 的传统对象传递方式

<table>
<tr><th></th><th>复制代价低（如 int）</th><th>复制代价中（如 string 或大结构体），或不知道（如在模板中）</th><th>复制代价高（如 vector 和大结构体的数组）</th></tr>
<tr><td>出</td><td colspan="2">X f()</td><td>f(X&)</td></tr>
<tr><td>入/出</td><td colspan="3">f(X&)</td></tr>
<tr><td>入</td><td rowspan="2">f(X)</td><td colspan="2" rowspan="2">f(const X&)</td></tr>
<tr><td>入且保留一份</td></tr>
</table>

简单解释一下表格里的行列：

- 表格把对象的类型按复制代价分成三种，然后按出入参有四种不同的情况，分别进行讨论。
- “复制代价低”指需要复制的字节数小于等于两个指针；“复制代价中”指大于两个指针、小于 1 KB（连续内存），且不涉及内存分配的情况；除此之外属于代价高的情况。
- “出”指我们想要从函数中取得（返回）某个对象的情况；“入/出”指传递给函数且让函数修改该对象的情况；“入”指纯粹传递给函数作为参数且不修改该对象的情况；“入且保留一份”指函数会把参数指代的对象保存到某个地方，如类的成员变量或全局变量里。

当需要让函数输“出”某个对象的时候，我们优先选择使用返回值的方式。但由于 C++98 没有移动，也不是所有场合都能使用返回值优化（参见 3.3.3 节），复制代价高的对象（如容器）只能使用出参的方式来返回。

当一个对象既是函数的输“入”，又是函数的输“出”时，显然，我们没有什么选择，只能使用引用来表示出入参[①]。

如果是纯粹的入参，那不管是否要保留一份，我们暂时只考虑复制代价：如果复制代价很低，比如小于等于两个指针的大小，那直接按值传递就好；否则，按 const 引用传递性能更高，明确表达了该函数不修改此入参的意图。对于入参的这两种方式，我们都无法修改调用方手里的对象。

要返回表格右上角的复制代价高的对象，我们还有一种方式是把它分配在堆上，然后返回 X*。这样会带来内存分配的开销，但之后这个对象的传递就非常方便了，在很多场景下仍然值得。一个小小的额外好处是，我们也可以利用空指针来表示失败了（虽然我们仍然表达不了具体的错误原因）。

到了现代 C++，上面的建议仍然基本适用。不过，我们需要做一点小小的调整，如表 15-2 所示。

表 15-2：现代 C++ 的传统对象传递方式

<table>
<tr><th></th><th>复制代价低（如 int），或只能移动（如 unique_ptr）</th><th>移动代价低（如 vector 和 string）到中（如 array<vector> 或大结构体），或不知道（如在模板中）</th><th>移动代价高（如大结构体的数组或 array）</th></tr>
<tr><td>出</td><td colspan="2">X f()</td><td>f(X&)</td></tr>
<tr><td>入/出</td><td colspan="3">f(X&)</td></tr>
<tr><td>入</td><td rowspan="2">f(X)</td><td rowspan="2" colspan="2">f(const X&)</td></tr>
<tr><td>入且保留一份</td></tr>
</table>

表格的形式基本不变，但我们加入了一些与移动[②]相关的情况。尤其是，对于是否可以使用函数返回值来返回对象，主要衡量标准变成了移动的代价。现在我们可以返回一个 vector，甚至一个 vector 的 array（在 array 不是很大的情况下）。对于 unique_ptr 或其他只能移动的对象，我们也可以参照 int 这样的小对象来处理，在除了出入参的情况外一

① 指针是另外一种可能的选择。不过，在参数必须存在时，C++ 里通常推荐用引用；而指针仅在参数可选时使用——使用空指针来表示该参数不存在。

② 此处“移动”指尝试移动，使用右值去调用函数。实际发生的动作可能是移动，也可能是拷贝。

律使用值的方式来传递和返回。

对于右上角的大对象返回，我们之前说过可以在堆上分配并返回指针。到了现代 C++，我们对此建议的修改是，使用 unique_ptr（如果不确定是否会共享）或 make_shared（如果确定需要共享）——如第 11 章所讨论，有所有权的裸指针已经不再建议使用。

这就是我们传递对象的基本方式了。如果我们对性能有特殊需求——比如，设计一些供其他人使用的公共库——那我们可能需要进一步细分后面与移动相关的情况。

## 15.2 性能优化的对象传递方式

### 15.2.1 针对移动的优化

考虑到现在有移动语义，我们可以利用移动来进一步优化。参照 Herb Sutter 的总结，我目前建议大家按照表 15-3 的方式优化（和 Herb 的原始表格相比，有一定的简化和调整[1]）。

表 15-3：现代 C++ 的优化对象传递方式

<table>
<tr><th></th><th>复制代价低（如 int），或只能移动（如 unique_ptr）</th><th>移动代价低（如 vector 和 string）到中（如 array<vector> 或大结构体），或不知道（如在模板中）</th><th>移动代价高（如大结构体的数组或 array）</th></tr>
<tr><td>出</td><td colspan="2">X f()</td><td>f(X&)</td></tr>
<tr><td>入/出</td><td colspan="3">f(X&)</td></tr>
<tr><td>入</td><td rowspan="2">f(X)</td><td colspan="2">f(const X&)</td></tr>
<tr><td>入且保留一份</td><td>f(const X&) + f(X&&)</td><td>f(const X&)</td></tr>
</table>

上表相对表 15-2 的修改是我们针对移动进行的额外优化：对于“入且保留一份”的情况，如果对象类型支持移动的话，我们针对左值和右值分别提供两个不同的重载（如果移动代价高的话，处理方式就不必有变化了）。这样，当实参是左值时，我们仍使用默认的 const 引用传参的方式；但当实参是右值时，我们现在可以直接“窃取”其中的内容，这会是性能最优的方式。事实上，移动构造函数和移动赋值运算符（参见第 3 章）正是这种针对移动的优化。

再参照 Herb 的例子来说明一下。假设我们有一个 Employee 类：

① 和 Herb 不同，我觉得单独区分“入且移动一份”没什么意义——反而在概念上引发复杂性和矛盾——因而没有对这种情况单独进行讨论。

```
class Employee {
public:
    Employee(const string& name) : name_(name) {}

    void setName(const string& name)
    {
        name_ = name;
    }

private:
    string name_;
};
```

考虑到我们传递的对象可能是个临时对象——如果传递字符串字面量的话，就会产生一个临时的 string 对象——我们可以针对移动来优化一下：

```
class Employee {
public:
    …
    void setName(const string& name)
    {
        name_ = name;
    }
    void setName(string&& name)
    {
        name_ = std::move(name);
    }
    …
};
```

这样，当参数是一个右值时，我们就可以使用这个右值引用的重载，直接把名字移到 name_ 里，省去了复制字符串及潜在的内存分配开销。

不过，通常只有在你设计某些基础设施、需要较高的优化时，才有必要这么做。对于普通的 Employee 类，传统的方式也许就足够了（Employee::setName 不会成为一个影响你程序性能的因素吧？）；而对于像 std::string 这样的基础库，这样的优化则完全必要。

## 15.2.2 该不该用值传参?

对以上的代码有一种简化的写法，值得探讨一下。它就是使用值传参：

```
class Employee {
public:
```

```
    …
    void setName(string name)
    {
        name_ = std::move(name);
    }
    …
};
```

这里我们通过 string 的值传参，把两种情况合成了一种。当传进来的 string 是一个左值时，我们先进行一次拷贝构造，然后进行了一次移动赋值；当传进来的 string 是一个右值时，我们先进行一次移动构造，然后进行了一次移动赋值。这样，似乎我们以一次移动为代价，把两种情况归一了。看起来似乎还不错？

这种用法跟实现赋值运算符的“复制并交换惯用法”（参见下面第 262 页开始的详细讨论）非常相似，实现上简单易理解。但是，如果我们考虑到 setName 有可能被多次重复调用（虽然对于这个类似乎并不太会发生），那这个实现对于左值有一个潜在的重大缺陷：不能充分利用已经分配的内存。因此，容器和字符串的标准实现中都不使用这种方式来赋值。我们需要记住 Howard Hinnant 的话：

> 不要盲目地认为构造和赋值具有相同的代价。

一般而言，容器和字符串的拷贝赋值开销小于拷贝构造。

当我们采用最平常不过的 const string& 的传参形式时，在函数体内是一个拷贝赋值操作。当 name_ 的已分配空间比新名字的长度大时，我们不需要任何新的内存分配，拷贝赋值操作会直接把字符串复制到目标字符串缓冲区里。仅当目标缓冲区空间不足时，我们才会需要新的内存分配。可想而知，在典型的赋值场景下，在几次分配之后，缓冲区就足够大了，我们就不再需要分配内存，因此后面就不再会有内存的分配和释放操作。

而当我们采用 string 的值传参时，不管实参是左值还是右值，每次都必然会发生一次内存分配操作（通常还伴随着老的 name_ 的内存释放）。因此，在有重复调用的场景下，值传参可能并不合适。

不过，这也意味着，值传参的方式对于构造函数是非常合适的（对象构造不可能发生多次）。我们完全可以写：

```
class Employee {
public:
    Employee(string name) : name_(std::move(name)) {}
    …
};
```

事实上，这也是 Clang-Tidy 和 clangd（参见 18.2 节）会提示我们做的一个现代化（modernize）的改造。图 15-1 里的提示来自 Vim 插件 YouCompleteMe[①]（它内部使用 clangd）。

```
class Employee {
public:
>>    Employee(const string& name) : name_(name) {}

      void setName(const string& name)
test.cpp
Pass by value and use std::move (fix available) [modernize-pass-by-value]
```

图 15-1：clangd 的"现代化"提示

如果你的构造函数有多个参数的话，这样写的好处尤其明显——因为如果我们使用左值和右值的重载的话，重载的数量会随着参数数量的增加而呈现指数式上升！

## const 值传参

我们顺便讨论一下一种偶尔能见到的、不那么有用的方式，那就是 `const` 值传参，比如形参的类型是 `const int` 或 `const string`，而不是 `int`、`string` 或 `const string&`。这种传参方式带来的好处非常可疑，但有很多隐含的缺点。

对于一个声明为 `foo(const Obj obj)` 的函数，它的 `const` 限定对调用者没有影响，也因此**不是**函数签名的一部分：`foo(const Obj)` 和 `foo(Obj)` 是同一个函数，不可重载——这是可能造成困惑的地方。它唯一的作用是限制了函数体内不能修改 `obj`，这是不是优点值得商榷。比如，对于像迭代器这样的参数，这意味着我们必须先复制才能做 `++` 这样的修改操作（而实际 C++ 标准库的实现里，对于 `Iterator first` 这样的参数，通常是在函数体里直接 `++` 使用的）。对于像 `string` 这样的对象，这就意味着我们没法利用移动把值保留下来，没有我们上面讨论的利用值传参带来的好处……

类似地，另外一种不推荐的情况是函数返回 `const Obj`。这种写法也同样令人困惑和没有实际好处。除非 `Obj` 禁用了拷贝构造函数，否则调用者仍可以构造出一个可修改的 `Obj`。但因为这个函数返回了 `const` 右值，我们就无法直接将返回值传给一个使用 `Obj&&` 的函数（重载）来优化性能了！

① https://github.com/ycm-core/YouCompleteMe

复制并交换惯用法*

C++ 里有个惯用法，可以利用拷贝构造函数和交换函数（swap）来实现赋值运算符[①]。在有了移动构造函数之后，这个惯用法还有一个额外的好处，即可以用一个赋值函数同时完成拷贝赋值和移动赋值两个动作。

例如，一个 String 类的赋值运算符可以这样实现：

```
class String {
public:
    …
    String& operator=(String rhs)
    {
        rhs.swap(*this);
        return *this;
    }

    void swap(String& rhs) noexcept
    {
        using std::swap;
        swap(data_, rhs.data_);
        swap(size_, rhs.size_);
        swap(capacity_, rhs.capacity_);
    }

private:
    unique_ptr<char[]> data_{};
    size_t size_{};
    size_t capacity_{};
};
```

当你传递给赋值运算符的是个左值时，编译器会使用拷贝构造函数来构造出 rhs；当你传递给赋值运算符的是个右值时，编译器会使用移动构造函数来构造出 rhs。在函数体内，只有一个简单的交换动作，对 rhs 和当前对象（*this）进行交换。随后，在函数结束时，交换后的 rhs 被析构，也就是说，当前对象的旧内容就此被销毁了。

这个惯用法有很多好处：

- 简单，利用现有的拷贝构造函数和移动构造函数完成赋值动作，不需要写两个赋值运算符的重载。

---

① 参见 https://stackoverflow.com/a/3279550 下的讨论。

- 安全，这样的代码是异常安全的。事实上，由于只有拷贝构造函数可能发生异常（移动和交换动作都不应该抛异常），这个函数甚至可以标作 noexcept[1]。
- 消除自赋值检查。容易看出，因为通过一个 rhs 变量进行中转，这样的代码对于自赋值（a = a;）一定是安全的。

因此，在很多类的设计里，默认可以使用这个惯用法来实现赋值运算符，会比较方便。但是，我们也需要看到，从性能的角度看，这个惯用法有一个隐患，无法利用已经分配的“容量”。对于有容量的对象，上面的实现方式对于使用左值的赋值远非最优，会在有重复赋值时每次都去分配内存，产生不必要的开销。因此，对于上面的 String 类，改用下面的实现方式会更好：

```
class String {
public:
    …
    String& operator=(const String& rhs)
    {
        if (this != &rhs) {
            if (capacity_ < rhs.size_) {
                data_ = make_unique<char[]>(rhs.size_ + 1);
                capacity_ = rhs.size_;
            }
            memcpy(data_.get(), rhs.data_.get(), rhs.size_ + 1);
            size_ = rhs.size_;
        }
        return *this;
    }
    String& operator=(String&& rhs) noexcept
    {
        String(std::move(rhs)).swap(*this);
        return *this;
    }
    …
};
```

这样写，代码复杂了很多。使用右值来赋值时，代码的逻辑也没有变化。但是在使用左值来赋值时，如果当前容量已经足够，我们就不再需要去分配新的内存空间（及释放现有的内存）。

① 不过不推荐这样做，因为没有什么实际好处，反而可能误导读者。

很多类可能不需要做这样的优化，但也有很多类，使用频度很高，进行这样的优化就完全值得。

### 15.2.3 “不可教授”的极致性能传参方式*

考虑到有些对象支持隐式转换构造，针对左值和右值分别进行重载仍可能无法达到最理想的性能。string 就是一个典型的例子，因为常见的字符串字面量不是 string，但可以隐式转换为 string。像 Employee 类，即使有 setName(const string&) 和 setName(string&&) 两个重载，性能仍非最优——当用户调用 setName("Peter") 时，编译器会临时生成一个 string 对象，然后调用使用右值的重载。这样，还是会发生不能重复利用已有缓冲区的问题。

此时，最简洁高效的办法是使用转发引用。考虑到参数不应是任意类型，我们用 enable_if 加上了类型约束（本系列的第二本书会进行讲解；目前可完全忽略“, typename = …”这一部分）。最终代码如下：

```
class Employee {
public:
    …
    template <typename S, typename = enable_if_t<
                                is_assignable_v<string&, S>>>
    void setName(S&& name)
    {
        name_ = std::forward<S>(name);
    }
    …
};
```

这样的一个函数，不管参数是什么类型的对象，只要能给 string 赋值就可以接受，也不会像之前的代码一样生成不必要的临时对象。

要写出这样的代码，需要了解 C++ 的下列知识点：

- string 有重用缓冲区空间的可能
- 知道转发引用和完美转发
- 知道 SFINAE 和 enable_if
- 知道标准库已经提供了相应的类型特征

无怪乎，连 Bjarne 都感叹这“不可教授”（Unteachable!）了。

除了写出这样的代码难度大，该代码还有下列问题：

- 对于不同形式的实参，会实际生成多份函数实例（本例中函数简单可内联，问题尚且不大）。
- 实现代码必须放在头文件里（至少在可以用 C++20 模块之前）。
- 它不能是虚函数，因为这是个函数模板。

如果这些问题都可以接受的话，我们获得的好处就是性能提升了。Herb 实测了一些场景，这种写法确实可以获得最高的性能。他的测试结果总结在了图 15-2 里。

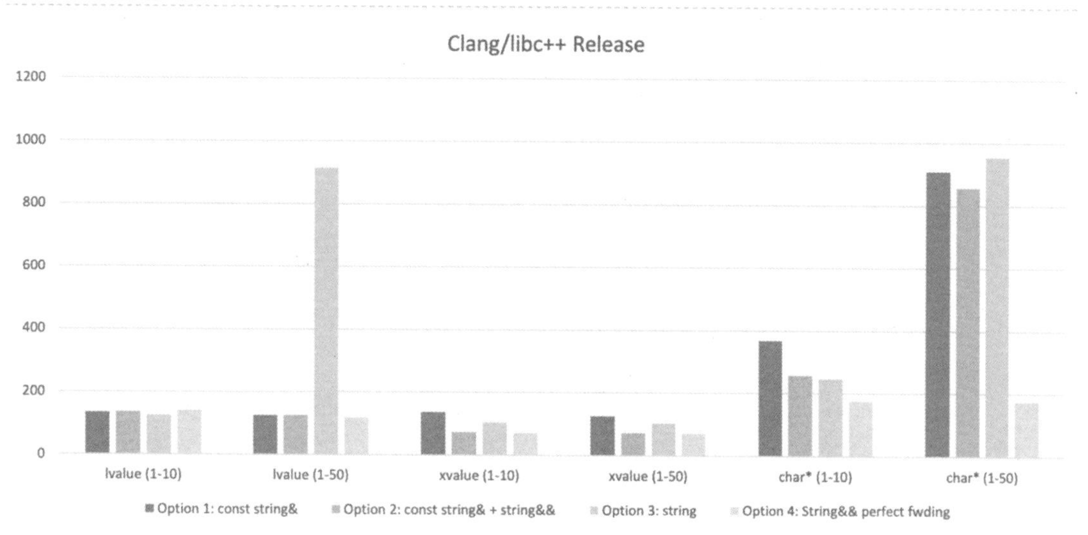


图 15-2：不同对象传递方式的性能差异（另见彩插）

这张图里每一组的四根柱子就是我们讨论过的几种不同的对象传递方式：

1. 使用 `const string&`
2. 使用 `const string&` 加 `string&&`
3. 使用 `string` 值传参
4. 使用完美转发

对于 `string` 的左值（第一、二种情况）和右值（第三、四种情况），我们可以看到：只有在中等大小的左值的情况下，`string` 值传参性能比较差，其他各种方式差异并不大。小字符串左值 `string` 值传参没有问题的原因是，`string` 一般都有小字符串优化，对于较短的字符串不需要进行堆上内存分配，因此左值值传参的问题要在字符串较长时才会暴露出来。而到了使用字符指针传参（第五、六种情况）给 setName 这样的函数时，前三种方式都会临时构造一个 string，会多发生一次字符串复制和/或堆上内存分配；只有最后一种方式没有这种额外开销，本质上直接调用了 string::operator=(const char*)。

再强调一下，如果你的类不是处于或潜在可能处于代码瓶颈上（当你设计某种基础库时），这样的大招很可能毫无必要。但 C++ 允许你在真正必要的时候写出这样的代码，让使用代码的人轻轻松松地获得性能的提升——他们并不需要关心 setName 这样的函数实现细节。

### 15.2.4 字符串的特殊处理

我们上面最后完美转发的“大招”实际上是因为字符串有特殊性——常见的字符串字面量不是一个 string 对象。那我们上面讨论的这些对象传递方式，对于字符串有什么其他需要特殊处理的地方吗?

还真有。最主要的原因是，C++17 引入了 string_view（见 10.2 节）。对于“出”“出/入”和“入且保留一份”的情况，我们仍然可以使用上面的建议（包括选择是不是使用完美转发）。不过，对于纯入参的情况，或者“入且保留一份”且不使用移动优化的情况，现在使用 string_view 是一个对字符串字面量更为友好的选择。

使用 string_view 的话，我们可以把 setName 实现成：

```
class Employee {
public:
    …
    void setName(string_view name)
    {
        name_ = name;
    }
    …
};
```

使用这一形式的话，代码的性能只会在使用字符串右值时略有损失，如使用“emp.setName(getNameById(…))”这样的代码。通常这不会是一个问题。

真需要极致优化的话，你仍然可以使用之前的方式，不过，需要注意，对于字符串字面量，形参 string_view 和 string&& 会导致重载有二义性。你需要使用完美转发的方式，或者使用形参为 const char*、const string& 和 string&& 等多种类型的重载。

## 15.3 小结

本章讨论了对象传递的各种方式。对于大部分的情况，较为传统的对象传递方式仍然是较为合理的默认值。对于追求极致性能的情况，我们则可以使用重载、移动和完美转发来进行优化。

# 第 16 章　并发编程

本章对并发编程进行初步讨论，包含的内容有线程、锁、条件变量、期值、内存序、原子量、线程局部对象和容器的线程安全性。

## 16.1　并发编程概述

在本世纪初之前，大部分开发人员不常需要关心并发编程；用到的时候，也多半只是在单处理器上执行一些后台任务而已。只有少数为昂贵的工作站或服务器开发的程序员，才会因并发性能而烦恼，需要掌握跟并发相关的编程技巧。原因无他，程序员们享受着摩尔定律带来的免费性能提升，而高速的 Intel 单 CPU 是性价比最高的系统架构。可到了 2004 年前后，大家骤然发现，“免费午餐”已经结束了[①]。主频的提升发生了停滞：2002 年我们就有了主频为 3 GHz 的处理器，而二十多年后，处理器的主频仍在这个数值左右徘徊——但跟那时候不同，我们用的处理器基本上都不再是单核了[②]。服务器、台式机、笔记本、移动设备的处理器都转向了多核，计算要求也从单线程变成了多线程，甚至是异构——不仅要使用 CPU，还得使用 GPU。

下面我们先快速引入操作系统的进程（process）和线程（thread）的概念。在操作系统看来，我们编译完可执行的 C++ 程序，在单次运行的时候就是一个进程。而每个进程里可以有一个或多个线程：

- 每个进程有自己的独立地址空间，不与其他进程分享；一个进程里可以有多个线程，彼此共享同一个地址空间。
- 堆内存、文件、套接字等资源都归进程管理，同一个进程里的多个线程可以共享使用。每个进程占用的内存和其他资源，会在进程退出或被杀死时返回给操作系统。

因此，并发编程可以有多种不同的方式，如：

1. 单核或多核系统上的多线程编程（一般使用共享内存来通信）

① 参见“The Free Lunch Is Over”：`http://www.gotw.ca/publications/concurrency-ddj.htm`。
② 比如，我现在在写这句话时，笔记本的 CPU 是主频为 2.4 GHz 的 8 核处理器。

2. 单核或多核系统上的多进程编程（一般使用消息机制来通信）
3. 跨多个系统的分布式编程（一般使用网络协议来通信）

这些系统之间的区别很大，而我们主要关注多核系统（当然也覆盖了更简单的单核系统）里的**多线程编程**。如开头所说，这是目前的程序员必须面对的实际场景，而现代 C++ 对这种方式的开发具有较完整的支持，开发效率上相比其他方式也有一定的优势（虽然在安全性上有所欠缺）。从概念上来说，这些不同形式的并发仍有一些共同的关注点。我们需要理解的基本概念是：

- **线程**——基本的执行单元，是可以独立执行的指令序列，通常在某一时刻会占用一个处理器核。对于多线程的编程模型，“线程”当然是最自然的术语；对于其他编程模型，这里的“线程”也可以理解成其他相对应的执行单元概念。
- **共享数据**——可能被多个线程访问的数据。对于不是原子量（后面 16.5.3 节会讨论）的共享数据，我们需要确保：在修改共享数据时，没有其他线程在同时修改或读该数据；否则即会导致*数据竞争*（data race）。数据竞争是并发编程中最常见的问题，后果是未定义行为。
- **锁**——一种同步机制，持有锁意味着我们有权利执行某项操作，如对共享数据的读或写。对共享数据提供锁，要求持有锁才能访问共享数据，是一种非常简单的避免数据竞争的方式。但反过来，等待锁也往往是并发编程的性能瓶颈所在。
- **通知**——一种抽象的同步机制，用来通知其他线程发生了某个事件。根据具体的并发环境，通知可能携带额外的数据，也可能没有。
- **数据同步**——共享数据可能同时存在于多个不同的地方，因此需要某种机制来同步多份数据。数据同步可能会带来程序员意料之外的延迟。即使在多核共享内存这样的简单系统里，都因为有存储层次结构而存在同步延迟。

考虑到并发编程需要一种不同的思维模式，这一变化是一个不小的挑战。在某种程度上，有点像从经典力学的思维模式切换到相对论——这不完全是个比喻，因为并发编程里的某些难点，真是因为光速有限造成的！

## 16.2 线程和锁

线程和锁在 C++ 里有直接映射，那就是 `thread` 对象和各种互斥量。本节我们就来快速讨论一下。

### 16.2.1 线程和锁的基本示例

下面的代码展示了基本的 thread 和 mutex 的使用（thread.cpp）：[①]

```
mutex output_lock;

void func(const char* name)
{
    this_thread::sleep_for(100ms);
    lock_guard<mutex> guard{output_lock};
    cout << "I am thread " << name << '\n';
}

int main()
{
    thread t1{func, "A"};
    thread t2{func, "B"};
    t1.join();
    t2.join();
}
```

代码相当直截了当地执行了下列操作：

1. 传递参数，起两个线程；
2. 两个线程分别休眠 100 毫秒；
3. 使用互斥量（mutex）锁定 cout ，然后输出一行信息；
4. 主线程等待这两个线程退出后程序结束。

输出当然也很简单（A 先输出还是 B 先输出不确定）：

```
I am thread B
I am thread A
```

以下几个地方可能需要稍加留意：

- thread 的构造函数的第一个参数是函数对象，随后是这个函数对象所需的参数。
- thread 要求在析构之前要么 join（汇合，即阻塞直到线程退出），要么 detach（脱离，即放弃对线程的管理），否则程序会异常退出。

① 在较老的 Linux 系统上，编译多线程程序需要 -pthread 命令行选项。在所有使用 GCC 或 Clang 的 Unix 系统上（含 macOS），在编译多线程程序时也都推荐使用该选项。注意 -pthread 在编译时会定义宏 _REENTRANT，在链接时也可能跟 -lpthread 具有细微的不同，如链接顺序方面。

- sleep_for 是 this_thread 名空间下的一个独立函数，表示要求当前线程休眠指定的时间。
- lock_guard 是一个 RAII 对象，按目前的使用方式，能在构造时自动对 output_lock 加锁，并在析构时自动解锁。因此这把锁保护了对 cout 的三次 << 输出，确保一次只有一个线程在执行这段代码。这里我们用锁不是为了保护共享数据，而是确保输出不会发生交错。[①]

## 16.2.2 thread 的析构问题

thread 在析构时不能自动 join（建议读者自己尝试一下），可以认为这是历史原因造成的设计缺陷。C++20 的 jthread 直接解决了这个问题——把上面程序里的 thread 替换成 jthread 的话，那 main 的两行 join 就可以删除。如果你还不可以使用 jthread，那下面的 scoped_thread 可作为替代品：

```
class scoped_thread {
public:
    template <typename... Arg>
    scoped_thread(Arg&&... arg)
        : thread_(std::forward<Arg>(arg)...) {}
    scoped_thread(const scoped_thread&) = delete;
    scoped_thread& operator=(const scoped_thread&) = delete;
    scoped_thread(scoped_thread&&) = default;
    scoped_thread& operator=(scoped_thread&&) = default;
    ~scoped_thread()
    {
        if (thread_.joinable()) {
            thread_.join();
        }
    }

private:
    thread thread_;
};
```

这个实现里有下面几点需要注意：

1. 我们使用了变参模板和完美转发来构造 thread 对象。

① 实际发生交错的概率比较低，并且在不同的平台下各不相同。但这个概率并不是零。

2. thread 不支持拷贝，但可以移动；因此我们让编译器默认提供了移动构造函数和移动赋值运算符，并根据五法则，明确删除了拷贝操作。
3. 只有 joinable（已经执行 join/detach 或者空的线程对象都不满足 joinable）的 thread 才可以对其调用 join 成员函数，否则会引发异常。
4. thread 没有 jthread 的请求线程停止的机制。因此，上面的代码比较适用于线程可以自然终止的场景。如果线程会长时间循环执行的话，你需要设法保证：你在 scoped_thread 的生存期结束之前会以其他方式通知线程退出（可参见第 290 页上关于 stop_flag 的描述）；否则程序可能陷入相互等待的死锁状态。

**标准委员会之间的斗争**

有人的地方就有江湖，在 C 和 C++ 的世界里也不例外。Bjarne 在 HOPL4 论文的 4.1.2 节讨论并发模型的时候写道：

“[在提出线程库时]最大的争议是关于取消操作，即阻止线程运行完成的能力。基本上，委员会中的每个 C++ 程序员都希望以某种形式实现这一点。然而，C 委员会在给 WG21 的正式通知 [WG14 2007] 中反对线程取消，这是唯一由 WG14（ISO C 标准委员会）发给 WG21 的正式通知。我指出，‘但是 C 语言没有用于系统资源管理和清理的析构函数和 RAII’。管理 POSIX 的 Austin Group 派出了代表，他们 100% 反对任何形式的这种想法，坚称取消既没有必要，也不可能安全进行。事实上 Windows 和其他操作系统提供了这种想法的变体，并且 C++ 不是 C，然而 POSIX 人员对这两点都无动于衷。在我看来，恐怕他们是在捍卫自己的业务和 C 语言的世界观，而不是试图为 C++ 提出最好的解决方案。缺乏标准的线程取消一直是一个问题。例如，在并行搜索（§8.5）中，第一个找到答案的线程最好可以触发其他此类线程的取消（不管是叫取消或别的名字）。C++20 提供了停止令牌机制来支持这个用例（§9.4）。”

所幸，这个问题在 C++ 里最终还是解决了。C++20 的 jthread 支持协作式地请求停止线程，并且，其析构函数会在有关联运行线程时自动请求停止线程，然后汇合线程。

### 16.2.3 数据竞争示例

下面的代码展示了 scoped_thread 的使用，以及发生数据冲突的情况（bad_-threaded_increment.cpp）：

```
#define LOOPS 100000
```

```
volatile int v;

void increment(volatile int& n)
{
    for (int i = 0; i < LOOPS; ++i) {
        n = n + 1;
    }
}

int main()
{
    {
        scoped_thread t1{increment, std::ref(v)};
        scoped_thread t2{increment, std::ref(v)};
    }
    cout << "Result is " << v << std::endl;
}
```

下面是某次运行的结果：

```
Result is 105527
```

thread（及这里的 scoped_thread）的构造函数会让所有的实参最终都默认以传值的方式传递到新线程里，所以这里需要用 std::ref 让 v 以引用的方式传参给 increment（这是一个具有引用语义的对象类型）。这样，什么时候用了引用会比较明确，可以防止一不小心误把即将失效的对象传递给新线程函数，从而导致悬空引用。在两个线程里，会同时对 v 反复执行加一的操作，因此可产生数据竞争。数据竞争是一种未定义行为，在这里可能导致两个线程里的 n + 1 操作和对 n 的赋值交错执行，因此最后的结果通常不是 20,000，而可能是 10,000 到 20,000 之间的任意值[①]。这里，我们需要对整个 n = n + 1（或更外层）进行加锁——本质上使得并行的代码串行化——才能获得正确的结果。

### 16.2.4 锁的更多细节

我们之前的示例用到了互斥量（mutex），以及对互斥量加锁的帮助类（lock_guard）。互斥量的基本语义是，一个互斥量只能被一个线程锁定，用来保护某个代码块在同一时间

① 这里有个有趣的细节是，如果去掉所有的 volatile 并启用优化编译的话，程序输出的结果也是 20,000——原因是编译器把循环加一直接变成了加 10,000，从而基本上不会发生数据竞争。我们这里可以清晰看到，volatile 没有多线程同步的语义，但可以防止编译器进行优化。事实上，现代 C++ 里 volatile 的作用相当有限，在驱动程序和测试代码之外很少有适用的地方。

只能被一个线程执行。在前面那个多线程的例子里，我们就需要进行限制，一次只有一个线程在使用 cout，否则输出就可能错乱。

目前的 C++ 标准提供了不止一种互斥量。我们先看最简单、也最常用的 mutex。它可以默认构造，不可拷贝（或移动），不可赋值。mutex 主要提供的方法是：

- lock：锁定，锁已经被其他线程获得时则阻塞执行
- try_lock：尝试锁定，获得锁之后返回 true，在锁被其他线程获得时返回 false
- unlock：解除锁定（只允许在已获得锁时调用）

你可能会想到，如果一个线程已经锁定了某个互斥量，再次锁定会发生什么？对于 mutex，回答是危险的未定义行为。你不应该这么做。如果需要在同一线程对同一个互斥量多次加锁，就要用到递归锁 recursive_mutex 了。除了允许同一线程可以无阻塞地多次加锁外（也必须有对应数量的解锁操作），recursive_mutex 的其他行为和 mutex 一致。

除了 mutex 和 recursive_mutex，C++ 标准库还提供了：

- timed_mutex：允许锁定超时的互斥量
- recursive_timed_mutex：允许锁定超时的递归互斥量
- shared_mutex：允许共享和独占两种获得方式的互斥量（读写锁）
- shared_timed_mutex：允许共享和独占两种获得方式且允许锁定超时的互斥量

这些我们就不做讲解了，需要的请自行查看 CppReference 或其他参考资料。另外，<mutex> 头文件中也定义了锁的 RAII 帮助类，如我们上面用过的 lock_guard。为了避免手动加/解锁的麻烦，以及在有异常或出错返回时发生漏解锁，我们一般应当使用 lock_guard，而不是手工调用互斥量的 lock 和 unlock 方法。比 lock_guard 更复杂的是 unique_lock，它除了具有自动加/解锁的功能外，还额外支持可移动、构造时延迟加锁、手动加/解锁等操作。在需要这些额外功能时，就可以使用它（注意相比 lock_guard，它的额外开销更大）。

## 16.3 通知机制

在并发环境里，我们往往可以让线程休息，直到特定的事件发生，然后我们可以通知线程醒来继续往下执行。条件变量就是 C++ 里的通知机制。下面的代码展示了条件变量用来通知的基本（错误）用法：

```
void work(condition_variable& cv, int& result)
{
```

```
    // 假装计算了很久
    this_thread::sleep_for(2s);
    result = 42;
    cv.notify_one();                              // (4)
}

int main()
{
    condition_variable cv;
    mutex cv_mut;
    int result;

    scoped_thread th{work, ref(cv), ref(result)};    // (1)
    // 可以干其他事情
    cout << "I am waiting now\n";
    unique_lock lock{cv_mut};                     // (2)
    cv.wait(lock);                                // (3)
    cout << "Answer: " << result << '\n';         // (5)
}
```

我下面描述一下代码的执行过程。(1) 启动了新线程，并把 `cv` 和 `result` 的引用传递过去，使得 `work` 能使用这两个变量来同步和传递数据。(2) 锁定 `cv_mut`，然后 (3) 中的 `wait` 需要使用锁作为参数，并要求调用 `wait` 时锁已经锁定；此时主线程进入等待状态并对 `cv_mut` 解锁（通过变量 `lock`），等待其他代码将其唤醒。`work` 等待两秒之后，把结果写入变量 `result`，然后 (4) 调用 `notify_one` 唤醒一个等待线程。主线程醒来时会试图重新对 `cv_mut` 加锁（即 `lock` 仅在 `cv` 等待时解锁），获得锁后执行 (5)，输出答案。程序的整体执行结果是（两行输出之间有两秒延迟）：

```
I am waiting now
Answer: 42
```

那我为什么说这是错误用法呢？这是因为存在两种干扰情况：

- 丢失唤醒（lost wakeup）：当代码执行到 `notify_one` 时，没有线程在等待。然后等到线程真正在等待时，就没有代码会去通知唤醒了。对于上面的代码，如果我们在主线程里睡眠两秒钟以上，就可以轻而易举地复现该问题。
- 虚假唤醒（spurious wakeup）：一个等待中的线程，可能由于系统中发生的其他事件而在不该醒来的时候醒来。这是个跟底层实现相关的问题，比如，Unix 系统里在收到信号（signal）时通常会导致虚假唤醒发生[①]。

① David R. Butenhof 写道（《POSIX 多线程程序设计》的 3.3.2 节，我的翻译）："虚假唤醒虽然看起来有点奇怪，但在一些多处理器系统中，使条件唤醒完全可预测可能会显著降低条件变量的整体性能。"

使用正确惯用法的代码要复杂不少：

```
void work(condition_variable& cv, mutex& cv_mut,
          bool& result_ready, int& result)
{
    this_thread::sleep_for(2s);
    result = 42;
    {
        lock_guard guard{cv_mut};
        result_ready = true;                     // (4)
    }
    cv.notify_one();                             // (5)
}

int main()
{
    condition_variable cv;
    mutex cv_mut;
    bool result_ready = false;
    int result;

    scoped_thread th{work, ref(cv), ref(cv_mut),     // (1)
                     ref(result_ready), ref(result)};
    cout << "I am waiting now\n";
    unique_lock lock{cv_mut};                    // (2)
    cv.wait(lock, [&] { return result_ready; });     // (3)
    cout << "Answer: " << result << '\n';        // (6)
}
```

work 函数现在需要两个额外的参数：cv_mut 和 result_ready。我们用 result_ready 表示结果是否准备好，并且所有对 result_ready 的读写都应该在持有 cv_mut 锁的时候发生。跟原先的执行顺序相比，(1) 和 (2) 没有变化，而 (3) 使用带谓词的 wait 形式“cv.wait(lock, pred);”，它等价于“while (!pred()) cv.wait(lock);”，会在进入等待之前和从等待中醒来时都执行谓词 pred() 来进行检查，直到谓词成立才退出循环并继续往下执行。检查永远是在锁定 cv_mut 的情况下执行的，以保证逻辑正确及没有数据竞争。如果结果已准备好（result_ready 为 true[①]），那就根本不需要进入等待（这样就解决了丢失唤醒的问题）。而线程在每次被唤醒时，会重新竞争对 cv_mut 加锁，当成功取得锁后再检查 result_ready，并在结果尚未准备好的时候对 cv_mut 解锁并重新进入等待状态。在 work 线

① 大家写代码时请务必写“if (result_ready)”（读成“如果结果准备好了”），而不要画蛇添足地加上“== true”；类似地，写“if (!result_ready)”（读作“如果结果**没有**准备好”），而非“if (result_ready == false)”。

程执行 (5) 这一步的 notify_one 之前，现在我们也需要 (4) 明确对 cv_mut 加锁并设 result_ready 为 true。这样，(3) 的等待才能醒来并继续向下执行 (6)，输出结果。

这里需要留意，锁的使用对正确通知非常重要。如果 result_ready 的读写没有用锁进行同步，那结果就可能会出现问题。比如，如果 (4) 没有用锁保护，那就可能出现下面的情况：

1. 主线程执行到 (3)，检查 result_ready，发现是 false；
2. work 线程在主线程进入等待之前执行 (4)，把 result_ready 设为 true；
3. work 线程随即执行 (5)，发出通知；
4. 主线程此时进入等待，再也没有通知能使其醒来……

我们可以看到，锁的正确使用不仅是为了防止代码里出现未定义行为，还更是要保证逻辑的正确。多线程代码的逻辑正确性是最难的地方。

**Wait Morphing?**

有一种观点似乎认为我们在执行 notify_one 之前应该对 mutex 进行加锁，但在上面这样按正规方式使用条件变量的代码里，这一做法通常没有必要，还会造成性能影响——因为这样一来，被唤醒的线程会立即阻塞在获取锁这一操作上，直到通知线程释放了锁才能重新醒来继续执行，从而不必要地增加了上下文切换的开销。操作系统可以使用一种叫 wait morphing（等待变形）的优化来避免这一开销。David R. Butenhof 这样描述这一优化（《POSIX 多线程程序设计》的 3.3.3 节里的脚注，我的翻译）：

“有一种优化，我称之为 wait morphing，可以在互斥量被锁定的情况下，直接将线程从条件变量等待队列移动到互斥量等待队列，而无须进行上下文切换。这种优化对许多应用程序来说可以带来显著的性能提升。”

我没有找到哪个主流操作系统在文档里明确表明支持这一特性，只是听说 Windows 支持这样的优化。目前已经有人确认了 Linux 不支持这一特性①。

之所以 C++ 里条件变量有虚假唤醒的问题，一是因为底层的操作系统接口可能有这样的问题，二是因为在大部分情况下，正确的条件变量使用本来就应该有对条件谓词的检查。在 C 语言的对应代码里，一般需要把等待放到循环里；在 C++ 代码里，通常就应该使用上面的 (3) 这种带有检查谓词的 wait 成员函数。

---

① https://stackoverflow.com/questions/45163701/which-os-platforms-implement-wait-morphing-optimization

无论如何，我们的基本建议跟 C++ 核心指南 [Guidelines: CP.42] 完全相同："不要在没有条件时 wait"。

## 16.4 期值

上面我们讨论的是并发编程的底层原语在 C++ 里的体现。本节我们讨论的内容有所不同，是并发编程里的一个高级抽象。在高级抽象适用的时候，我们可以用更精炼、简洁、不易出错的方式表达出同样的功能。

### 16.4.1 async 和 future

对于长时间运行的线程，使用前面的锁和条件变量的方式进行同步是常规做法。不过，如果我们仅仅需要像上面一样，在某个工作线程执行一定的计算然后返回结果，那可以使用 async，把上面的代码简化成（async_future.cpp）：

```
int work()
{
    this_thread::sleep_for(2s);
    return 42;
}

int main()
{
    auto fut = async(launch::async, work);
    cout << "I am waiting now\n";
    cout << "Answer: " << fut.get() << '\n';
}
```

这样，我们把线程、条件变量、互斥量、unique_lock、结果状态变量和结果变量一共六个变量缩减到了一个，这样写代码就轻松多了！

我们稍稍分析一下：

- work 函数现在不需要考虑条件变量之类的实现细节了，专心干好自己的计算活、老老实实返回结果就可以。
- 调用 async 函数模板可以获得一个期值（future）；launch::async 是运行策略，告诉 async 应当在新线程里异步调用目标函数。在一些老版本的 GCC 里，不指定运行策略默认就不会启动新线程。

- async 函数模板可以根据参数来推导出返回类型，在我们的例子里，返回类型是 future<int>。
- 在期值上调用 get 成员函数可以获得其结果。这个结果可以是返回值，也可以是异常，即，如果 work 抛出了异常，那 main 里在执行 fut.get() 时也会得到同样的异常，需要有相应的异常处理代码程序才能正常工作。

#### shared_future

有两个从代码里不能直接看出来的问题，我这里特别说明一下：

1. 一个 future 上只能调用一次 get 函数，第二次调用为未定义行为，通常导致程序崩溃（对于值类型的结果，get 会以移动的方式来返回）。
2. 这样一来，自然一个 future 不能直接在多个线程里使用。

需要的话，上面两个问题都可以解决。你可以直接利用 future 以移动构造的方式创建一个 shared_future，或者调用 future 的 share 成员函数来生成一个 shared_future，这样结果就可以在多个线程里使用。此外，对于非 void、非引用的返回结果类型，shared_future 的 get 永远给我们一个 const 引用，这样的设计也就允许我们多次调用 get 了。

### 16.4.2 promise 和 future

我们上面用 async 函数生成了期值，但这不是唯一生成期值的方式。另外一种常用方式是诺值（promise）。我们同样看一眼上面的例子用 promise 该怎么写（promise.cpp）：

```
void work(promise<int> prom)
{
    this_thread::sleep_for(2s);
    prom.set_value(42);
}

int main()
{
    promise<int> prom;
    auto fut = prom.get_future();
    scoped_thread th{work, std::move(prom)};
    cout << "I am waiting now\n";
    cout << "Answer: " << fut.get() << '\n';
}
```

promise 和 future 在这里成对出现，可以看作一个一次性管道：有人需要兑现承诺，往

promise 里放东西（set_value）；有人就像收期货一样，到时间去 future 里取（get）。我们把 prom 移动给新线程，这样老线程就完全不需要管理它的生存期了。

就这个例子而言，使用 promise 没有 async 方便。但可以看到，这是一种非常灵活的方式，你不需要在一个函数结束的时候才去设置 future 的值。但仍然需要注意，一组 promise 和 future 只能使用一次，既不能重复设，也不能重复取。

promise 和 future 还有个有趣的用法是使用 void 类型模板参数。这种情况下，两个线程之间不是传递参数，而只是进行同步：当一个线程在 future<void> 上等待时（使用 get() 或 wait()），另外一个线程可以通过调用 promise<void> 上的 set_value() 让其结束等待、继续往下执行。相比条件变量，这样做的优点是没有丢失唤醒和虚假唤醒的复杂问题，缺点则仍是这种同步只能单次使用。

### 16.4.3 packaged_task 和 future

C++ 里还提供了一种生成期值的方法，就是使用 packaged_task（打包任务）。这一对象允许我们把需要的操作封装起来，待到需要的时候（放到某个线程）上执行。除 packaged_task 可以生成期值外，它跟 function 类模板有点像，但两者的开销大不相同，且每一次重新执行都需要 reset（重置）。

我们同样看一眼前面的例子用 packaged_task 该怎么写（packaged_task.cpp）：

```
int work()
{
    this_thread::sleep_for(2s);
    return 42;
}

int main()
{
    packaged_task<int()> task{work};
    auto fut = task.get_future();
    scoped_thread th{std::move(task)};
    this_thread::sleep_for(1s);
    cout << "I am waiting now\n";
    cout << "Answer: " << fut.get() << '\n';
}
```

注意，构造 thread 对象时我们需要把 task 移进去，后续这个 task 在重新初始化之前无法再次使用。对于 packaged_task，只有移动赋值能重新初始化，reset 不行。

## 16.5 内存序和原子量

我们上面介绍的是比较粗略的多线程编程的概念。但这些对于推理多线程环境里程序的行为还不够。我们还需要更多的概念和机制，才能更好地描述和表达现代软件和硬件的行为。

### 16.5.1 执行顺序问题

在 C++98 的年代，开发者们已经了解了线程的概念，但 C++ 的标准里则完全没有提到线程。从实践上，估计大家觉得不提线程，C++ 也一样能实现多线程的应用程序吧。不过，很多聪明人都忽略了，下面的事实可能会产生不符合直觉预期的结果：

- 为了优化的需要，编译器可以对代码进行重排（reorder），调整其执行顺序。唯一的要求是，程序的“可观测”外部行为是一致的。
- 处理器也可以对代码的执行顺序进行调整（所谓的乱序执行，out-of-order execution）。在单处理器的情况下，这种乱序无法被程序观察到；但在多处理器的情况下，在另外一个处理器上运行的线程就可能观察到这种不同顺序的后果。
- 处理器的缓存造成数据写入存在数据同步延迟，不同处理器看到的内存修改顺序可能不同。[①]

对于后两点，大部分开发者并没有意识到。原因有好几个方面：

- 多处理器的系统在那时还不常见
- 主流的 x86 体系架构仍保持着较严格的内存访问顺序
- 只有在数据竞争激烈的情况下才能看到“意外”的后果

常见的 x86 和 x86-64 处理器在顺序执行方面做得最保守——而很多其他架构的处理器，如 ARM、DEC Alpha、IBM Power 和 Intel Itanium 在内存序问题上都比较“宽松”。x86 使用的内存模型一般被称为全存储顺序（total store order），相当接近最强的序列一致性（sequential consistency）；而 ARM 使用的内存模型就只是宽松一致性（relaxed consistency）。序列一致意味着所有线程能对代码的执行顺序达成统一的意见；非序列一致则意味着不同线程看到的代码执行顺序可以不同。

① 由于光速有限且处理器主频已经非常高，可以认为这一延迟目前已不可避免。减少这种延迟，也是处理器设计者纷纷把内存跟处理器集成到一起的原因。

举一个例子，假设我们有两个全局变量：

```
int x = 0;
int y = 0;
```

我们在一个线程里执行：

```
x = 1;
y = 2;
```

在另一个线程里执行：

```
if (y == 2) {
    x = 3;
    y = 4;
}
```

想一下，你认为上面的代码运行完之后（不考虑数据冲突问题），x、y 的数值有几种可能？

如果你认为有两种可能——1、2 和 3、4——那说明你是按典型程序员的**序列一致性**思维模式看问题的，而没有像编译器和处理器一样。事实上，1、4 也是一种可能的结果。但是，如果编译器没有对指令重排的话（对目前这种简单的情况似乎确实没什么必要），那至少在 x86 处理器上我们不会得到 1、4 这种结果。

下面是一个很容易重现的编译器对指令重排的例子。对于下面的 C++ 代码：

```
x = a;
y = 2;
```

GCC 在 x86-64 上实际产生的汇编代码是：[①]

```
mov     eax, DWORD PTR a[rip]
mov     DWORD PTR y[rip], 2
mov     DWORD PTR x[rip], eax
```

也就是说，实际代码的效果先读 a，再写 y，再写 x。编译器认为这样产生的代码比较高效——因为写 x 依赖于读 a 的结果，先写 y 可以执行得更快。

虽说 x86 处理器具有较强的内存顺序，但在多处理器（包括多核）的情况下仍会出现对不同内存位置的“写→读”序列变成“读→写”序列的情况，产生意料之外的结果。Jeff Preshing 在博客文章“Memory Reordering Caught in the Act”里对这种情况进行了详细说明，并给出了实验代码。本质上来说，这是因为写比读慢。在他给出的测试里，初始情况是：

---

① https://godbolt.org/z/rbq1q9

```
int x = 0;
int y = 0;
int r1, r2;
```

然后，两个线程分别执行

```
x = 1;                                      // ①
r1 = y;                                     // ②
```

和

```
y = 1;                                      // ③
r2 = x;                                     // ④
```

那 r1、r2 的最后结果是什么？

在程序员的直觉里，我们往往只尝试这四条语句的顺序交织（也就是序列一致性）。这样，r1、r2 的最后结果可以是 0、1（①→②→③→④），也可以是 1、0（③→④→①→②），还可以是 1、1（先 ①③，后 ②④），唯独不会出现 0、0。但实际上四种结果都有可能。出现 0、0 的原因是：两个核在几乎同时执行两个线程，分别写入 x、y，然后读取 y、x；两个核最后读到的 y、x 都是写入之前的老数值，要写入的值此时仍在“天上”（store buffer）飞……总体上，看起来就像“写→读”变成了“读→写”一样。因此，**两个线程看到的变量修改顺序可能不同**：一个线程认为 x 先改，y 后改；但另一个线程认为 y 先改，x 后改。

总的来说，在没有明确定义顺序语义的情况下，软件（编译器）和硬件（处理器）都可以对没有相关性的内存访问进行重排。这在单线程下没有问题，但在多线程下就可能导致程序员意料之外的执行顺序问题。要写出多线程安全的代码，我们就需要对涉及多线程同步的代码顺序进行明确的规定。

### CppMem*

有一个叫 CppMem① 的工具，可以帮助我们理解这些执行顺序问题。但使用这个工具需要对并发相关的理论有一定了解②（可参考 Mark Batty et al. 的论文“Mathematizing C++ Concurrency”），工具本身也不能算很完善，因此我在这里就不展开讨论了。不过，它能生成的一些分析图还有点意思（图 16-1 和图 16-2 就是本节示例代码在 CppMem 上生成的截图），我们可以参考一下。

如果直接让 CppMem 分析前述形式的代码的话，它会报告存在数据竞争。因此，我把

① http://svr-pes20-cppmem.cl.cam.ac.uk/cppmem/

② 本节里会出现一些陌生的术语，我不会进行解释，因为它们没法简单地解释或定义。

关键变量 x、y 变成了整数原子量（atomic_int），并使用了宽松（relaxed）语义来允许重排发生。此外，CppMem 需要的代码具有特定的形式（不是标准 C 或 C++），也需要进行修改。

对于 16.5.1 节的第一个例子，需要的代码是：

```
int main()
{
  atomic_int x = 0;
  atomic_int y = 0;
  {{{ {
        x.store(1, relaxed);
        y.store(2, relaxed);
      }
  ||| {
        int a = y.load(relaxed);
        if (a == 2) {
          x.store(3, relaxed);
          y.store(4, relaxed);
        }
      }
  }}};
}
```

产生 1、4 结果的执行如图 16-1 所示（第 2 个一致执行）。

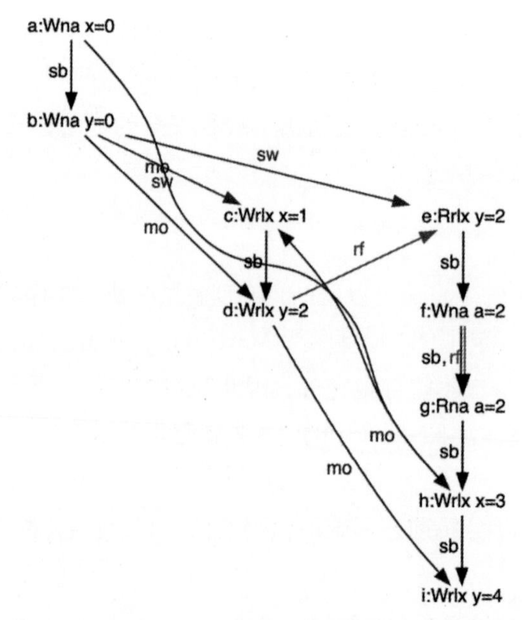


图 16-1：产生 1、4 结果的一致执行（另见彩插）

可以看到 x 的修改顺序（mo）是从 `x = 0` 到 `x = 3`，再到 `x = 1`。这就是宽松内存序可能带来的结果。

对于 16.5.1 节的第二个例子，需要的代码是：

```
int main()
{
  atomic_int x = 0;
  atomic_int y = 0;
  int a = 0;
  int b = 0;
  {{{ {
        x.store(1, relaxed);
        a = y.load(relaxed);
      }
  ||| {
        y.store(1, relaxed);
        b = x.load(relaxed);
      }
  }}};
}
```

类似地，产生 0、0 的结果的执行如图 16-2 所示（第 1 个一致执行）：

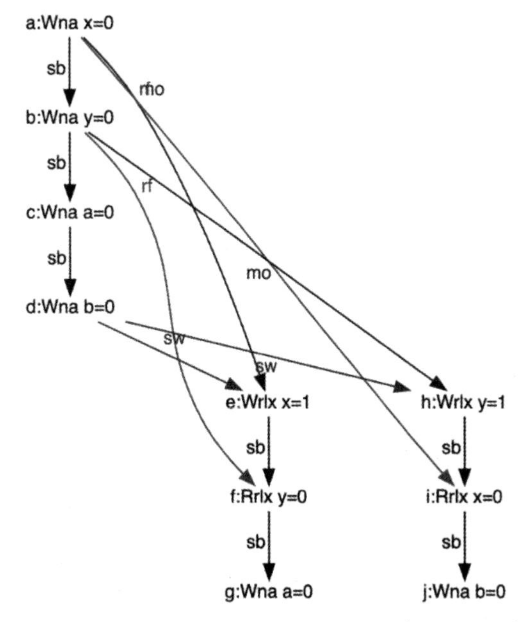


图 16-2：产生 0、0 结果的一致执行（另见彩插）

我们可以看到，两个线程对 `x`、`y` 做了修改，但下面的读操作仍获取了旧值。这是宽松内存序允许出现的结果。

在上面两个例子里，如果把所有的 `relaxed` 都改成 `seq_cst`，我们就能得到符合程序员通常直觉的结果。图 16-1 和图 16-2 所示的结果就不会出现了。

## 16.5.2 获得–释放语义

你现在心里可能已经有疑问了，如果软件和硬件可以对指令进行重排，那我们之前使用锁的代码有没有问题呢？

必须没有问题。软件和硬件允许重排都是为了提升软件的性能，而不是跟程序员作对。对于锁这样的已经沿用了多年的机制，我们必须保证它的行为不会在现代 C++ 里突然发生变化。正式来讲，锁具有*获得–释放语义*：这也是这两个词的来源，获得（acquire）锁和释放（release）锁。这两个术语的基本含义是：

- **获得语义**是内存操作的一个属性，当前线程所有在该操作后面的内存读写不允许被重排到该操作之前。
- **释放语义**是内存操作的一个属性，当前线程所有在该操作前面的内存读写不允许被重排到该操作之后。

换句话说，获得语义和释放语义提供了两个单向内存屏障。对于图 16-3 所示意的代码：

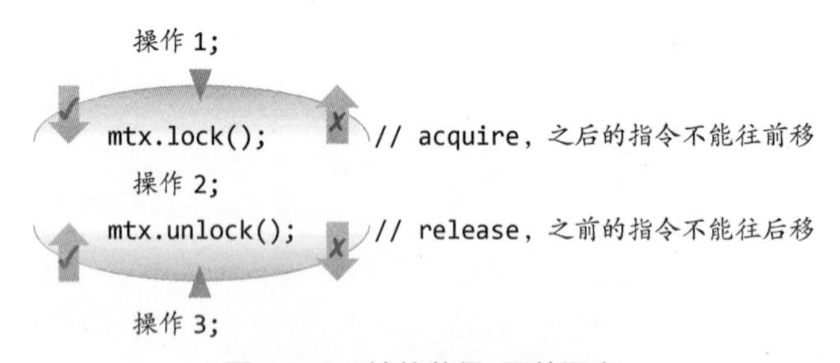


图 16–3：锁的获得–释放语义

操作 2 不能移到 acquire/release 组成的临界区外面；但至少从理论上来说，操作 1 和操作 3 是允许移到临界区里面的——虽然编译器一般没有理由去这么做。

如果多线程代码使用单个变量来进行多线程同步的话，使用获得–释放语义通常就足够了[1]。此时，最简单的方式不是使用锁，而是使用原子量。

① 反之，如果同步涉及多个变量，则获得–释放语义很可能不够。如前面的“写→读”变“读→写”的例子。

回到 16.5.1 节的第一个例子，我们原先在两个线程里分别执行：

```
x = 1;
y = 2;
```

和

```
if (y == 2) {
    x = 3;
    y = 4;
}
```

可以注意到，这里我们使用了变量 y 来进行同步。如果我们让 y 变成原子量，让对 y 的写入具有释放语义，对 y 的读取具有获得语义，那程序的执行结果就又符合直觉了：`x = 1` 必须在 `y = 2` 之前执行。需要注意，通常获得和释放操作应该配对使用，因为 C++ 对原子量的规定是对某个原子量的获得操作能看到其他线程对**同一个**原子量释放之前的所有内存写入。

具体到上面的代码，在我们把 y 的类型改为 `atomic<int>` 后，在两个线程里分别执行下面的代码就没有问题了：

```
x = 1;
y.store(2, memory_order_release);
```

和

```
if (y.load(memory_order_acquire) == 2) {
    x = 3;
    y.store(2, memory_order_relaxed);
}
```

我们可以用图 16-4 示意一下，每一边的代码都不允许重排越过曲线阴影区域。如果 y 上的释放早于 y 上的获取的话（即如果从 y 里读到 2），释放前对内存的修改都在另一个线程的获取操作后可见（即 `x = 1` 一定已经完成）。

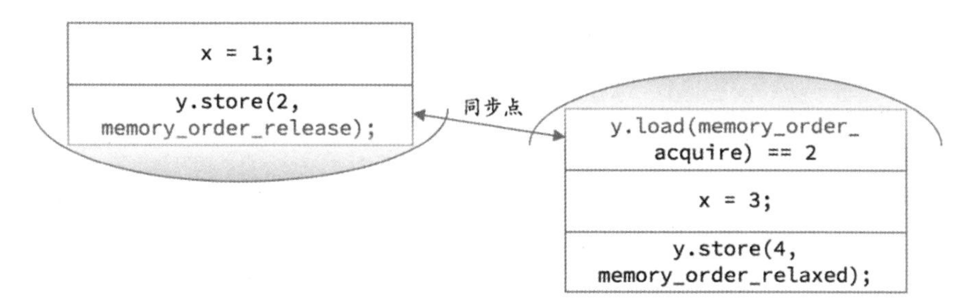


图 16-4：获得-释放语义带来的同步效果

事实上，在我们把 y 改成 `atomic<int>` 之后，两个线程的代码一行不改，执行结果都会符合我们的期望。因为 atomic 变量的读写操作默认具有最强的序列一致性（比获得-释放语义的顺序性更强）。

### 16.5.3 atomic

刚才是对 atomic 用法的一个非正式介绍。下面我们对 atomic 做一个稍完整些的说明（更完整的参见 [CppReference: std::atomic]）。

C++11 在 `<atomic>` 头文件中引入了 atomic 模板，对原子对象进行了封装。我们可以将其应用到满足某些特定要求的类型上去[①]。当然，对于不同的类型，效果有所不同：对于各种整数类型、指针类型之类的简单类型，通常结果是无锁的原子量；而对于另外一些类型，比如 64 位机器上大小不是 1、2、4、8（有些平台/编译器也支持对更大的数据进行无锁原子操作）的类型，C++ 会自动为这些对象的原子操作加上锁。原子量有一个成员函数 `is_lock_free`，可以检查这个原子量上的操作是否不用加锁。

原子操作有三类：

- 读：在读取的过程中，读取位置的内容不会发生任何变动。我们之前展示的 `load` 就是读操作。
- 写：在写入的过程中，其他执行线程不会看到部分写入的结果。我们之前展示的 `store` 就是写操作。
- 读-修改-写：读取内存、修改数值、然后写回内存，整个操作的过程中间不会有其他写入操作插入，其他执行线程不会看到部分写入的结果。原子量的 `++` 和 `--` 操作就是读-修改-写操作。

原子操作的基本保证是操作的原子性（中间不允许其他原子操作穿插进来），并且同一个线程里对同一个原子量的访问顺序不会重排（较晚的访问不会读到较早的值）。我们可以通过 `<atomic>` 头文件中定义的常量来指定特定的内存序：

- `memory_order_relaxed`：宽松内存序，只提供基本保证。
- `memory_order_consume`：目前不鼓励使用，在此暂不说明。
- `memory_order_acquire`：获得操作，在读取某原子量时，当前线程所有后续的读写操作都不可重排到该操作之前，并且其他线程在释放同一个原子量之前的所有内

① 具体要求参见 [CppReference: std::atomic]。一种简单化的理解是，简旧数据可以满足要求。

存写入都对当前线程可见。

- memory_order_release：释放操作，在写入某原子量时，当前线程所有之前的读写操作都不可重排到该操作之后，并且当前线程所有之前的内存写入都对获取同一个原子量的其他线程可见。
- memory_order_acq_rel：获得释放操作，一个读-修改-写操作同时具有获得语义和释放语义，即它前后的任何读写操作都不允许跟该操作重排，并且其他线程在释放同一个原子量之前的所有内存写入都对当前线程可见，当前线程所有之前的内存写入都在对获取同一个原子量的其他线程可见。
- memory_order_seq_cst：序列一致性语义，对于读操作相当于获取，对于写操作相当于释放，对于读-修改-写操作相当于获得释放。**它是所有原子操作的默认内存序。**此外，序列一致性还对所有这样标记的原子操作建立了一个总体修改顺序，可以保证多个原子量的修改在所有线程里观察到的修改顺序都相同。

atomic 有下面这些常用的成员函数：

- 默认构造函数（只支持零初始化）
- 被删除的拷贝构造函数和拷贝赋值运算符（不可拷贝或移动）
- 使用内置对象类型的构造函数（不是原子操作）
- 可以从内置对象类型赋值到原子量（相当于 store）
- 可以从原子量隐式转换成内置对象（相当于 load）
- store，写入对象到原子量里，第二个可选参数是内存序类型
- load，从原子量读取内置对象，有个可选参数是内存序类型
- is_lock_free，判断对原子量的操作是否无锁（是否可以用处理器的指令直接完成原子操作）
- exchange，交换操作，第二个可选参数是内存序类型（这是读-修改-写操作）
- compare_exchange_weak 和 compare_exchange_strong，两个比较加交换（compare and swap，CAS）的版本，你可以分别指定成功和失败时的内存序，也可以只指定一个，或使用默认的最安全内存序（这是读-修改-写操作）
- fetch_add 和 fetch_sub，仅对整数和指针内置对象有效，对目标原子量执行加或减操作，返回其原始值，第二个可选参数是内存序类型（这是读-修改-写操作）
- ++ 和 --（前置和后置），仅对整数和指针内置对象有效，对目标原子量执行增一或减一，返回操作之后（前置情况）或之前（后置情况）的值，操作使用序列一致性

语义，并注意返回的不是原子量的引用（这是读-修改-写操作）

- += 和 -=，仅对整数和指针内置对象有效，对目标原子量执行加或减操作，返回操作之后的数值，操作使用序列一致性语义，并注意返回的不是原子量的引用（这是读-修改-写操作）

那我们是不是应该多用 atomic 呢？并不是：

1. 如果你不确定能不能用好 atomic，那就别用。优先用高层抽象（如期值），或者大家较为熟知的概念（如线程和锁）。C++ 里的很多机制是提供给需要极致性能的底层库/框架开发者的。
2. 如果你不确定该用哪种内存序，那就用默认的序列一致性。
3. 尽量不要碰宽松内存序，那一般是留给专家的，陷阱特别多[1]。

下面我们再来说说一些实际可以用 atomic 的地方。

我们可以使用 atomic<bool> 来做多线程同步标识，比如用来通知线程应当结束运行。最简单的用法是在检查的地方使用获得语义（stop_flag.load(memory_order_acquire)），在通知的地方使用释放语义（stop_flag.store(true, memory_order_release)）。不过，如果这种检查较为频繁，并且线程退出完全不涉及其他的内存操作或原子量的话，你也可以考虑使用宽松内存序。

我们可以使用 atomic<Obj*> 来管理一个对象的延迟初始化。当指针值不为空的时候，使用指针的人就知道对象已经初始化完成。此时，使用获得-释放语义非常合适：检查使用获得语义，通知使用释放语义。

我们可以使用 atomic<int> 或其他整数类型的原子量在多线程中进行计数。这样，我们不需要使用互斥量就能安全地进行计数。一般情况下我们应当使用内存序 memory_order_acq_rel，但在不检查结果的情况使用 memory_order_relaxed 也很合理。比如，从 libc++ 的 shared_ptr 的实现里可以看到，它对引用计数增一使用了 add_fetch(1, memory_order_relaxed)，对引用计数减一则使用了 add_fetch(-1, memory_order_acq_rel)。指定不同的内存序究竟有没有差异，则因平台而异（参见 18.4 节）。

我们可以使用原子量的 compare_exchange_weak 之类的方法来实现无锁编程里的 CAS

---

① 对于宽松内存序，C++ 的内存模型甚至理论上允许有“凭空出现”（out-of-thin-air）的值。这实际上是内存模型本身的缺陷，目前仍有专家在试图改进这一问题。由于实际编译器和处理器不会允许这种情况发生，C++ 标准也禁止这种情况（但在 [N4950] 的 33.5.4 节 [atomics.order] 第 8 段只是简单地说“实现应确保不能计算出任何循环依赖于其自身计算的‘凭空出现’的值”，而不是通过第一性原理防止其出现），我们对此理论问题不作进一步讨论。

操作。实现并发队列就需要这样的技巧（但完全不建议新手去碰这种东西）。

我们可以对 `shared_ptr` 使用原子操作，来完成写入时复制这样的操作。这个值得专门讨论一下。

### shared_ptr 上的原子操作

在 C++17 里，我们可以用 `atomic_load`、`atomic_store` 等独立函数来对 `shared_ptr` 进行操作（这些函数在这一场景之外主要用于跟 C 代码兼容）。而到了 C++20 之后，更可以直接对 `atomic<shared_ptr>` 对象使用 `load`、`store` 等方法，这样可以实现一些允许并发访问的操作，如可并发访问的树形结构。在这样的树形结构里，修改者能够像提交数据库事务一样来提交自己的修改，而在提交之前的读者会看到修改前的一致状态。

我们从图 16-5 中的树形结构开始。在这棵树里，每个结点都由一个 `shared_ptr` 指向，ROOT 是根结点指针。我们希望的是，这棵树可以被并发访问。为了达到这个目的，我们需要有一些约定：

- 根结点指针（ROOT）使用原子方式读取和修改。
- 当一个结点能被从 ROOT 出发的指针指向时，它不允许进行任何修改。

有了这样的约定，这棵树现在可以被并发（只读）访问。我们在取得一个 ROOT 的复本后，就可以放心地访问这棵树里的所有结点。我们只需要一个原子操作，后面的访问既不需要锁，也不需要原子操作。

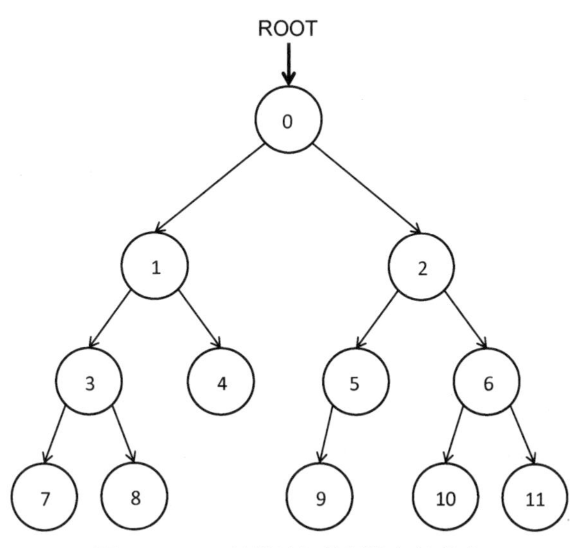

图 16-5：可并发访问的树的初始状态

不过，修改就麻烦点了。根据约定，我们现在不可以直接修改某个结点了——既不能修改它的值，也不能修改它的子结点。要修改任何一个结点的值或子结点，我们需要从这个结点向上，把到根结点为止的所有结点都复制一份。比如，如果想要修改 5 号结点的值，我们需要复制和修改 0 号、2 号和 5 号。复制 0 号和 2 号结点的原因是，它们的子结点发生了变化。图 16-6 中标出了这些结点复制之后的“树”的样子。

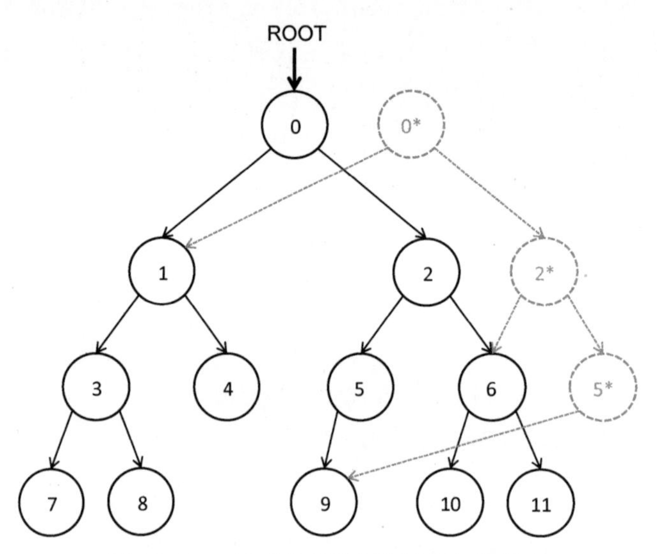


图 16-6：可并发访问的树要修改 5 号结点

当然，现在这已经不是一棵树了，因为 1 号、6 号和 9 号结点现在都有两个父结点指向它们。但这只是一个临时状态。标星号的三个结点是我们复制出来的、目前 ROOT 访问不到、可以自由修改的结点。在完成所有的修改之后，我们应当把它们重新标成不可修改，并让 ROOT 原子式地从指向 0 号结点改为指向 0* 号结点。正在访问树的代码完全不受影响，因为它访问的结点的指针的引用计数一定大于零。但在访问结束、原 ROOT 的复本被析构之后，老的 0 号、2 号、5 号结点就会因为引用计数降到零而被自动销毁。

## 16.6 线程局部对象

全局变量，也就是静态对象，已经臭名昭著了，C++ 核心指南里都专门有个条款，要大家“避免使用非 const 的全局变量”（[Guidelines: I.2]）。全局变量的罪名有：

- 会引入隐式依赖（一个后果是难以进行单元测试）
- 不同翻译单元的全局变量的初始化顺序不确定（参见 2.1.1 节和 [CppReference:

Static Initialization Order Fiasco]）

- 容易发生数据冲突（到处加锁吗？）

前两个问题线程局部对象也有，但最后一个问题被线程局部对象解决了。它基本上可以看作一个线程内的静态对象。

我们已经讨论过静态对象（参见 2.1.1 节），线程局部对象在用法上与之很相似，但它的生存期就不是跟整个进程相关了，而是跟单个线程相关。使用线程局部对象，我们可以非常简单地使用跟单个线程相关的数据结构，而不用考虑加锁、同步之类的问题——除非你主动把一个线程局部对象的指针或引用传到另一个线程里去，该对象的使用一定不会发生数据竞争。一个静态对象的生存期随着进程（程序）的结束而结束，而一个线程局部对象的生存期随着线程的结束而结束。

对于 2.1.1 节中的例子展示的每一种静态对象：

```
int count;                               // (1)

static string msg;                       // (2)

class Obj {
    …
private:
    static string name;                  // (3)
};

string Obj::name;                        // (3)

void func()
{
    static string s;                     // (4)
    …
}
```

我们都可以改成线程局部对象：

```
thread_local int count;                  // (1)

static thread_local string msg;          // (2)

class Obj {
    …
private:
    static thread_local string name;     // (3)
```

```cpp
};

thread_local string Obj::name;                    // (3)

void func()
{
    static thread_local string s;                 // (4)
    …
}
```

在一般的 C++ 实现里，(1)、(2)、(3) 里的静态对象会在执行 main 之前完成构造，(4) 里的静态对象则在第一次执行到变量声明时完成构造。线程局部变量有所不同：

- 跟静态对象相似，(1) 的线程局部变量可以在线程的静态初始化阶段被初始化。
- 跟静态对象相似，(2) 和 (3) 需要动态初始化。在每一个翻译单元里，编译器会按对象定义的先后顺序来调用对象的构造函数，并在线程退出时，按构造的相反顺序来进行析构。**不同翻译单元里的线程局部对象没有确定的初始化顺序。**标准没有规定动态初始化该在什么时候发生，从实际实现来看，不同的编译器行为也有所不同。MSVC 的行为跟静态对象的情况相似，在新线程启动时就完成所有初始化动作；GCC/Clang 使用了延迟初始化，在某个翻译单元的线程局部对象首次被访问时才动态初始化该翻译单元的所有线程局部对象。
- 跟静态对象相似，(4) 会在函数 func 第一次执行到变量 s 的声明时，对 s 进行构造，并确保析构函数会在线程退出时得到执行。由于每个线程都有自己的线程局部变量，显然多个线程不会发生任何冲突。

下面的代码简单地展示了线程局部对象在不同编译器里的生存期（thread_local_-lifetime.cpp）：

```cpp
#include <iostream>  // std::cout
#include <thread>    // std::thread

using namespace std;

class Obj1 {
public:
    Obj1() { cout << "Obj1 is created\n"; }
    ~Obj1() { cout << "Obj1 is destroyed\n"; }
    void op() {}
};
```

```
class Obj2 {
public:
    ~Obj2() { cout << "Obj2 is destroyed\n"; }
    void op() {}
};

thread_local Obj1 obj1;
thread_local Obj2 obj2;

int main()
{
    cout << "In main\n";
    std::thread{[] {
        cout << "In thread 1\n";
        obj1.op();
        cout << "Exiting thread 1\n";
    }}.join();
    std::thread{[] {
        cout << "In thread 2\n";
        obj2.op();
        obj1.op();
        cout << "Exiting thread 2\n";
    }}.join();
    cout << "Exiting main\n";
}
```

GCC 和 Clang 给出了这样的输出：

```
In main
In thread 1
Obj1 is created
Exiting thread 1
Obj2 is destroyed
Obj1 is destroyed
In thread 2
Obj1 is created
Exiting thread 2
Obj2 is destroyed
Obj1 is destroyed
Exiting main
```

而 MSVC 则给出了一个不同的结果：

```
Obj1 is created
In main
```

```
Obj1 is created
In thread 1
Exiting thread 1
Obj2 is destroyed
Obj1 is destroyed
Obj1 is created
In thread 2
Exiting thread 2
Obj2 is destroyed
Obj1 is destroyed
Exiting main
Obj2 is destroyed
Obj1 is destroyed
```

下面几点值得留意：

- 在一个线程里首次用到某个需要动态初始化的线程局部变量之前，同一翻译单元的所有需要动态初始化的线程局部对象都会进行初始化。
- 按构造的相反顺序析构是个概念，不需要构造函数真正做动作，就像这里的 `Obj2`。析构函数的执行时机是在线程里其他顺序执行的代码全部完成后。
- 如前所述，不管你有没用对象，MSVC 都会对线程局部对象进行必要的动态初始化，行为和静态对象一致。而 GCC/Clang 则仅当一个线程用到了需要动态初始化的线程局部对象时才动态初始化相应翻译单元里的线程局部对象。因此，在两个新线程里，对象的构造在 MSVC 下发生在“In thread ...”之前，在 GCC/Clang 下发生在“In thread ...”之后。并且在主线程里，GCC/Clang 完全没有构造线程局部对象（因而也不需要析构）。

虽然对全局变量的某些批评也适用于线程局部变量，但相比全局变量，线程局部变量的一个明显优点是通常不会发生数据竞争。因此，有时候线程局部变量会是全局变量更好的替代。不过，你还是可以考虑一下，是不是可以用局部变量和参数传递来解决问题，以消除隐式依赖和初始化顺序问题——尤其是看到 MSVC 和 GCC/Clang 的不同行为之后。

## 16.7 线程安全的容器？

### 16.7.1 标准容器的线程安全性

初学 C++ 的人，往往会问这样一个问题：C++ 容器是线程安全的吗？

这个问题，早在 SGI STL 的设计文档里就已经回答了：[1]

> SGI 的 STL 实现只在以下意义上是线程安全的：同时访问不同容器是安全的，同时对共享容器进行读访问也是安全的。如果多个线程访问某个容器，并且至少有一个线程可能进行写操作，那用户得确保这些线程对容器的访问是互斥的。
>
> 这是可确保容器在不需要并发访问时能获得全面性能的唯一方式。加锁或其他形式的同步代价通常都很高，在并非必要时应当避免。
>
> 客户端或其他库可以通过在底层容器操作前后添加锁获取和释放来提供必要的锁定，这很容易做到。例如，可以提供一个 `locked_queue` 容器适配器，它对底下的容器提供原子的队列操作。
>
> 对于大多数客户端来说，仅使容器操作原子化是不够的；你还需要更大粒度的原子操作。如果用户代码需要对一个计数器 vector 中的第三个元素进行增一，仅确保获取第三个元素和存储第三个元素是原子操作仍然不够；你还必须保证在此期间不会发生其他更新。因此，仅对 vector 操作加锁毫无用处；无论如何用户代码都必须提供锁定机制。
>
> 这个决定与 Java 设计者所作的决定不同。这里有两个原因。首先，出于安全考虑，Java 必须保证即使在容器存在无保护的并发访问的情况下，虚拟机自身的完整性不受影响。这种安全约束显然不是 C++ 或 STL 背后的主要动力。其次，与 Java 标准库相比，性能对 STL 来说是一个更重要的设计目标。

因此，如果你需要对容器进行并发访问，通常你必须自己加锁。

## 16.7.2 同步访问的模板工具

当然，作为有强大工具定制能力的 C++ 语言，要让这个动作自动化相当容易。我们可以用几十行代码写出来：[2]

```
template <typename T>
class synchronized_value {
```

---

① `https://www.boost.org/sgi/stl/thread_safety.html`

② 相关思想最早来自 Anthony Williams 于 2010 年发表在 *Dr. Dobb's Journal* 上的文章（原链接已不可访问）。Boost 和 C++ 标准提案里有该思想的变体。本实现采纳了部分原思想，但也有不少变化，尤其是没有使用原作者用 * 来直接访问底层对象的做法——因为用户可能会写出“`*obj = *obj + 1;`”这样的代码而不知道问题在哪里！我采用了源自 Raymond Chen 的思想（博客文章“The gotcha of the C++ temporaries that don't destruct as eagerly as you thought”），目前同样的功能用户得写成“`*obj.locked() = *obj.locked() + 1;`”，这样重复加锁问题看起来就明显多了。

```
public:
    class locked_accessor {
    public:
        explicit locked_accessor(synchronized_value& obj)
            : ptr_(&obj)
        {
            ptr_->mtx_.lock();
        }
        ~locked_accessor()
        {
            ptr_->mtx_.unlock();
        }

        T& operator*()
        {
            return ptr_->value_;
        }
        T* operator->()
        {
            return &ptr_->value_;
        }

        locked_accessor(const locked_accessor&) = delete;
        locked_accessor&
        operator=(const locked_accessor&) = delete;

    private:
        synchronized_value* ptr_;
    };

    explicit synchronized_value(const T& value) : value_(value)
    {
    }
    explicit synchronized_value(T&& value)
        : value_(std::move(value))
    {
    }

    locked_accessor locked()
    {
        return locked_accessor(*this);
    }

private:
    std::mutex mtx_;
```

```
    T value_;
};
```

这个实现虽然很简单，但已经可以很方便地对单个操作进行保护，同时也支持对多个操作的保护。由于临时对象的生存期是当前语句，我们甚至可以方便地在一行里写出增一这样的操作。下面是多线程安全的增一的例子：

```
synchronized_value<vector<int>> obj{vector(10, 0)};
…
++(obj.locked()->operator[](2));  // 在多线程代码里
```

如果想加锁执行多个操作，我们只需要把 `synchronized_value::locked` 的结果保存下来放到一个作用域里用就行，如：

```
{
    auto locked_ptr = obj.locked();
    ++(locked_ptr->at(2));
    --(locked_ptr->at(1));
}
```

对于更复杂的场景，比如对多个不同的对象同时加锁进行操作，那现在我们可以在一个作用域里保存多个 `locked` 的结果后再进行。等到学了变参模板之后，我们还会有更简单、更安全的写法。

### 16.7.3 支持并发访问的容器

对于某些应用场景，可能有无锁、支持并发的容器可用。C++ 标准库目前仍没有支持并发访问的容器，但我们已经可以在一些开源库里找到这样的容器了。下面提供一些我知道的开源项目：

- moodycamel::ConcurrentQueue[①] 是一个多生产者、多消费者的无锁通用并发队列，具有很高的性能。
- Threading Building Blocks（TBB）[②] 提供了好些并发容器，包括动态数组、队列、关联容器和无序关联容器。注意容器支持的操作并非都可以并发，且不同容器的可并发操作也彼此不同。

---

① https://github.com/cameron314/concurrentqueue

② https://github.com/oneapi-src/oneTBB

- Folly[1] 也提供了一些并发容器，包括队列和哈希映射。

这些项目比较成熟，如果它们在功能和性能上符合你的需求，应该都可以放心使用。

## 16.8 小结

本章对基于多线程的并发编程进行了初步的讨论，包括线程、锁、条件变量、期值、内存序、原子量等概念。线程是基本的执行单元；锁是保护共享内存不发生数据竞争和逻辑冲突的基本手段；条件变量是在线程间进行通知的基本机制；期值是一种高层抽象，方便单次的任务同步和结果传递。内存序是 C++11 里内存模型的一部分，对哪些地方允许编译器重排和处理器乱序进行了规定，而原子量则根据内存序提供了非常底层的对数据进行原子操作的方式。

从开发应用程序的角度看，我们应优先使用较高层级的抽象，或利用底层的机制开发出适合自己项目的抽象机制，而不是直接使用底层的并发机制（尤其是原子量）。

在并发程序里，线程间的同步往往占用较大的开销，并可能导致并发难以进一步提升性能。因此，另一种思路是尽量减少线程间的同步，让每个线程尽可能做独立的事情，并考虑使用线程局部对象来代替全局的静态对象，以消除加锁和防止数据竞争。

最后，C++ 的容器可能发生数据竞争，不支持有修改操作的并发访问。我们可以使用工具来对其自动进行必需的同步；也可以考虑使用一些现成的第三方代码来方便开发（标准库里目前仍没有支持并发访问的容器）。

对于并发编程，本章只是一个非常初步的介绍。如果读者需要深入学习的话，Anthony Williams 的《C++ 并发实战》提供了基于 C++ 语言的全面介绍，而 Herlihy 等人的《多处理器编程的艺术》则从语言无关的角度探讨了并发编程，尤其是无锁编程。

---

① https://github.com/facebook/folly

# 第 17 章　异步编程

迄今为止，我们讨论的编程接口大部分是“同步”的，在完成函数调用之前程序会阻塞。很多系统里也会提供“异步”的编程接口——在调用返回之后，真正要执行的任务通常尚未完成。这种编程方式带来了不少挑战，但同时也带来很多性能上的好处。到了 C++20，协程会让这种编程模式更加方便。

## 17.1　异步编程的基本概念

“异步”（asynchronous）这个词有很多含义，其基本含义是操作的执行过程中当前执行线程仍能继续处理其他任务。上一章的期值部分我们用到过“异步”，那时指的是在另外的线程里执行代码。但异步操作并不一定意味着起新的（用户）线程。只要不妨碍当前线程的继续执行，都可以看作异步操作。相对应的概念当然就是“同步”操作，也就是普通的会产生阻塞的函数调用方式。同步操作对性能不利，但概念上比较容易理解，且相关的对象生存期也较为清晰。对于同步调用的函数，我们可以相信所有参数指向的对象一定都存在，因为即使参数是临时对象，对象的生存期也一定可以保持到函数返回之后。但对于异步的函数调用就不能这么说了：我们得更小心地考虑对象的生存期。

“同步”的编程接口意味着在完成所需操作之前程序会阻塞。“异步”的接口则行为有所不同，允许不进行阻塞，而是让用户代码查询操作的状态，或通过回调的方式通知用户代码某个操作已经完成。但是，除了原始、性能一般的 `select`[①] 之外，不同操作系统提供的编程接口也大相径庭，有 epoll、IOCP、kqueue、io_uring 等[②]，让本来就困难的异步代码变得越发麻烦……

异步编程麻烦，那为什么我们要进行异步编程呢？对于本章讨论的异步编程，它的主要好处是高效的资源利用，比如，可以在一个线程里管理成千上万个网络连接。这样可以提高吞吐量，降低延迟，并减少 CPU 占用。至于跨平台问题，像 Asio 这样的第三方库已经

---

① [Wikipedia: select (Unix)]

② 关于它们的更多信息，可通过搜索查询，维基百科上也都有相关条目。

帮我们解决了。下面，我们就以 Asio 为例[①]，来看一下异步编程里的基本概念。

## 17.2 Asio

顾名思义，Asio 显然是 asynchronous I/O（异步输入/输出）的意思。它提供了非常丰富的功能，包括异步操作，尤其在耗时较长的 I/O 操作上；但它也提供了很多同步 I/O 的功能。我们下面就来快速了解一下 Asio 提供的基础功能。

### 17.2.1 异步执行

假设我们执行 doA，然后 doA 需要执行 doB 和 doC，那最自然的代码就是：

```
void doA()
{
    doB();
    doC();
}
```

再进一步假设，doA 不需要看到 doB 和 doC 的结果，也不需要 doB 和 doC 按这个顺序来执行。那样的话，上面的写法显然并非最优了。Asio 提供了下面的替代写法：

```
asio::io_context context;

void doA()
{
    context.post(doB);
    context.post(doC);
}
```

这里的 context 就是 Asio 提供的执行环境。发布（post）到上面的任务会在 context 运行（run）的时候被执行，具体的执行顺序因执行方式不同而不同。比如，最简单的方式是直接在 main 里调用 context.post(doA) 和 context.run()，那样 run 会阻塞式地运行发布到 context 上的所有任务，直到没有任务时退出。

对于上面这种简单的情况，我们可以想象如下的简单 io_context 实现：

① Asio 可以独立安装（https://think-async.com/Asio/），也可以作为 Boost 库的一部分提供。两者既在名空间上存在区别，又有其他的细微区别，如独立安装的 Asio 使用已经标准化了的 std::error_code，而 Boost.Asio 在很多情况下仍必须使用 boost::error_code。本书在正文里不展示这些区别，而示例代码则通过一个 asio.h 头文件屏蔽这些区别，确保代码在这两种 Asio 库下都可以编译通过。

```
class io_context {
public:
    using task_t = function<void()>;

    void post(task_t task)
    {
        task_queue_.push(std::move(task));
    }

    void run()
    {
        for (;;) {
            task_t task;
            if (task_queue_.empty()) {
                break;
            }
            task = std::move(task_queue_.front());
            task_queue_.pop();
            task();
        }
    }

private:
    queue<task_t> task_queue_;
};
```

换句话说，post 把任务加到队列里，run 循环遍历任务队列，直到没有任何任务为止。

但上面的代码是一个超级简化的版本。实际的 io_context 可以支持在多个线程里同时运行。下面是示例（asio_post_mt.cpp）：

```
void doA()
{
    cout << "doA starts\n";
    context.post(doB);
    context.post(doC);
    cout << "doA ends\n";
}

void doB()
{
    cout << "doB starts\n";
    this_thread::sleep_for(10ms);
    cout << "doB ends\n";
}
```

```
void doC()
{
    cout << "doC starts\n";
    this_thread::sleep_for(10ms);
    cout << "doC ends\n";
}

int main()
{
    context.post(doA);
    vector<scoped_thread> threads;
    threads.emplace_back([] { context.run(); });
    threads.emplace_back([] { context.run(); });
}
```

下面是一种可能的（交错）运行结果：

```
doA starts
doB starts
doA ends
doC starts
doB ends
doC ends
```

而如果只保留一行 `context.run()` 的话，我们就会得到最简单的唯一（顺序）运行结果：

```
doA starts
doA ends
doB starts
doB ends
doC starts
doC ends
```

我们目前没有在函数调用时传参。通常可以使用 lambda 表达式来封装一下传参，此时就需要注意参数的生存期问题了：按引用捕获局部变量肯定存在问题，按值捕获指针也很容易有问题。下面我们展示一下按值捕获一个普通整型变量的情况：

```
void doB();
void doC(const int& n);

void doA()
{
```

```
    int answer = …;
    context.post(doB);
    context.post([answer] { doC(answer); });
}
```

在函数的开头和结束加上输出语句后，下面是一次正常运行的情况：

```
doA starts
doA ends
doB starts
doC starts with 42
doB ends
doC ends
```

改成按引用捕获 answer 的话，结果就很可能不同。下面是某次运行的结果①：

```
doA starts
doA ends
doB starts
doC starts with 28672
doB ends
doC ends
```

### 17.2.2 异步回调

上面的多线程版本的 io_context 已经需要更复杂的实现了②，但 Asio 提供的东西当然要多得多。其中最重要的就是跟异步相关的功能。我们以异步的定时器回调功能为例来看一下代码：

```
void sayHello()
{
    cout << "Hello, world!\n";
}

void doA()
{
    auto t = make_shared<asio::steady_timer>(context, 2s);
    t->async_wait(
        [t](const error_code& /*ec*/) { sayHello(); });
}
```

① 注意未定义行为对结果不提供任何保证：所以给出正确的结果至少在理论上是可能的。

② 可以参考示例代码 fake_io_context.h。提示：需要用到第 16 章里的锁、条件变量等概念。

在执行 doA 时，它会在 context 上添加一个延迟执行的任务，在两秒钟之后输出“Hello world!”的字样。

这里尤其需要注意的是，下面的代码是错误的：

```
void doA()
{
    auto t = asio::steady_timer(context, 2s);
    t.async_wait([](const error_code& /*ec*/) { sayHello(); });
}
```

如果使用这种形式的代码，运行时我们会看到 sayHello 直接运行了，没有等待两秒钟。这是因为 t 在析构时会直接运行传入的函数对象。这同时也是异步编程里一种常见的惯用法——对于会超出作用域的对象，我们需要用 shared_ptr 在堆上创建，并用 lambda 表达式捕获下来，以确保在异步执行的回调结束执行之前，用到的对象不会消失。

另外可以注意到，我们这里异步回调有一个参数 const error_code& ec（参见 14.5 节），用来表示回调的原因。对于 steady_timer 的回调，它可以表示成功，也可以表示操作被中断。当 steady_timer 对象在激发之前被提前析构，或者被主动 cancel 时，ec 就会被设成某个错误码，我们可以在回调里进行检查：

```
    t->async_wait([](const error_code& ec) {
        if (ec == asio::error::operation_aborted) {
            return;
        }
        sayHello();
    });
```

### 17.2.3 同步网络程序

了解了这些基本概念之后，我们就可以来看看实际的网络应用程序了。我们先从概念上更简单的同步网络程序开始。

#### 同步网络客户端

我们来看一个简单的同步网络客户端的代码（stream_client.cpp）：

```
using asio::ip::tcp;
tcp::iostream s;                                    // (1)
s.connect(server, port);                            // (2)

thread thrd{[&s] { cout << s.rdbuf(); }};           // (3)
```

```
    string line;
    for (;;) {                                             // (4)
        getline(cin, line);
        if (!cin) {
            break;
        }
        s << line << "\r\n";
    }

    s.socket().shutdown(tcp::socket::shutdown_send);      // (5)
    thrd.join();                                           // (6)
```

这段代码就是一个开启两个线程的双工网络客户端，能够连接到指定的服务器端口，把标准输入的所有内容发送到服务器，并把服务器上发过来的所有内容显示到标准输出。当输入结束时[①]，客户端向服务器端发送结束信号，并等待服务器端也结束发送。随后程序退出。

代码里的核心对象是 `asio::ip::tcp::iostream` (1)，代表一个 TCP 流。`s.connect` (2) 连接到服务器上的指定端口，这个操作有可能失败（此处略去错误处理）。随后，我们单独开启一个线程用来接收服务器端发来的信息 (3)，这是双工的接收部分，利用 IO 流现有的功能把所有来自 `s` 的输入转到标准输出上。主线程里的循环 (4) 则是双工的发送部分，从终端接收输入，然后直接用流输出运算符 `<<` 向服务器端发送输入，并追加回车换行符。接受和发送操作都是会阻塞的，因此使用两个线程分别处理会比较简单。当输入终止时，我们在 TCP 流的套接字上发送结束信号 (5)，`tcp::socket::shutdown_send` 表示客户端将不再发送任何数据，但仍可以继续接收来自服务器端的数据，直到服务器表示发送结束为止。因此此时程序还不能退出，我们需要继续等待接收线程处理完所有数据并退出 (6)。在加上对命令行的解析之后，这个程序的功能跟 telnet 命令就非常相似了。

#### 同步单线程服务器

单线程服务器非常简单，主体如下所示（`echo_server_st.cpp`）：

```
using asio::buffer;
using asio::ip::tcp;

void processConnection(tcp::socket peer)
```

① 如果使用 < 文件重定向，那就是文件结束时；如果是终端交互，那不同的平台有不同的结束方式，通常在 Unix 上使用 Ctrl-D 加回车，在 Windows 上使用 Ctrl-Z 加回车。

```
{
    char data[1024];
    for (;;) {
        error_code ec;
        size_t len = peer.read_some(buffer(data), ec); // (4)
        if (ec) {                                      // (5)
            if (ec == asio::error::eof) {
                cerr << "Session done\n";
            } else {
                cerr << "Error: " << ec.message() << "\n";
            }
            break;
        }
        write(peer, buffer(data, len));                // (6)
    }
}

int main()
{
    asio::io_context context;
    try {
        tcp::acceptor acceptor(                        // (1)
            context, tcp::endpoint(tcp::v4(), 6667));

        for (;;) {
            tcp::socket peer(context);
            acceptor.accept(peer);                     // (2)
            processConnection(std::move(peer));        // (3)
        }
    }
    catch (const exception& e) {
        cerr << "Exception: " << e.what() << "\n";
    }
}
```

快速解释一下。首先 (1) 开始在 IPv4 的 6667 端口上监听，然后 (2) 接受一个新连接，最后 (3) 调用 processConnection 处理新连接。目前代码是阻塞式的，也就意味着在一个连接断开之前无法处理新的连接。processConnection 里则循环读入数据，并原封不动地写回去（所谓的回显服务器）。(4) 读入数据，一次最多 1024 字节（buffer 可以简单理解为 span）。(5) 判断是否输入发生错误，其中包括输入结束的情况，也就是客户端发送了结束信号（shutdown 函数调用）；如果结束或错误则打印一行信息并退出循环（及函数）。(6) 把数据原封不动地写回到套接字。注意这里没有传递 ec，也就意味着在写入操作失败时会发生异常。我们现在在 main 里已经使用了 catch 语句对异常进行捕获，所有没有任何问题。

同步多线程服务器

上面的代码要改成多线程服务器，最关键的修改只有一行。我们需要把 (3) 的 processConnection 那行改成：

```
thread(processConnection, std::move(peer)).detach();
```

也就是说，非阻塞式地开一个新的线程，并立即 detach，不再维护其状态。①

另外一个问题是 processConnection 的内部错误处理。一旦发生异常的话（虽然写入时发生异常应该是小概率事件），整个进程会崩溃退出。因此，我们也需要把 (6) 的 write 语句改成下面的形式：

```
write(peer, buffer(data, len), ec);
if (ec) {
    cerr << "Error: " << ec.message() << '\n';
    break;
}
```

对于这样的多线程网络服务器，每一个客户端的连接需要一个线程，在连接数较多的情况下，多个线程之间的上下文切换可能会成为程序 CPU 开销的大头，而线程对应的栈空间也可能会成为内存开销的大头。它的性能常常不能让人满意。

### 17.2.4 异步网络程序

要消除多线程带来的开销问题，我们需要把原先在一个线程里顺序执行的代码变成一个状态机。这样，我们就可以不通过程序的流程来描述状态，而是把每次可能阻塞的动作变成单独的状态（函数），把从阻塞中恢复的动作变成回调。对于每个 TCP 会话（连接），状态大致如图 17-1 所示。

---

① 这对生产服务器当然是不合适的：此时，我们应该把线程管理起来，对线程的总数进行控制，并在线程退出时执行适当的管理动作。不过，对于目前的示例代码，我就简单处理了。

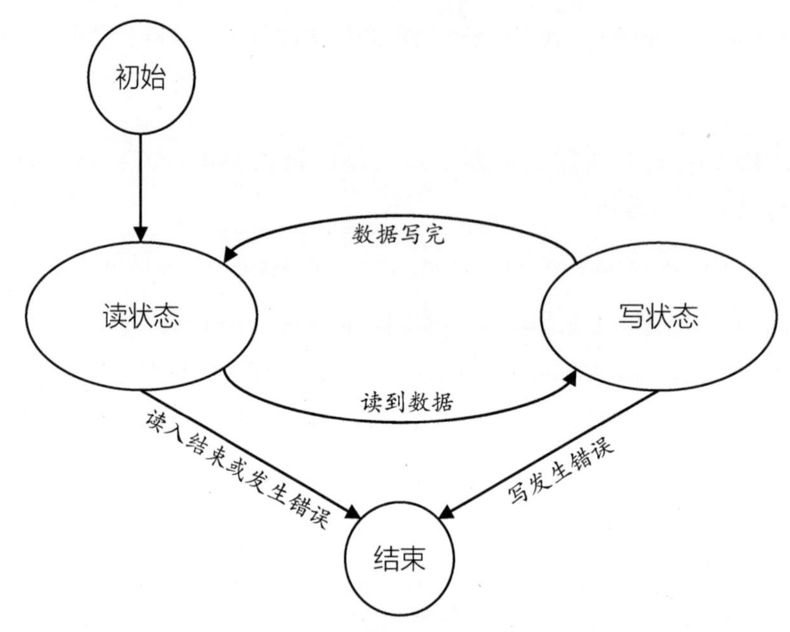


图 17-1：回显服务器上会话的状态变化

对应的 Asio 代码是下面这样：

```
class Session : public enable_shared_from_this<Session> {
public:
    Session(tcp::socket socket) : socket_(std::move(socket)) {}

    void start() { doRead(); }

private:
    void doRead()
    {
        auto self = shared_from_this();
        socket_.async_read_some(
            buffer(data_),
            [this, self](error_code ec, size_t length) {
                if (!ec) {
                    doWrite(length);
                } else if (ec == asio::error::eof) {
                    cerr << "Session done\n";
                } else {
                    cerr << "Error: " << ec.message() << "\n";
                }
            });
    }
```

```
    void doWrite(size_t length)
    {
        auto self = shared_from_this();
        asio::async_write(
            socket_, buffer(data_, length),
            [this, self](error_code ec, size_t /*length*/) {
                if (!ec) {
                    doRead();
                } else {
                    cerr << "Error: " << ec.message() << "\n";
                }
            });
    }

    tcp::socket socket_;
    char data_[1024];
};
```

这个类跟前面的 processConnection 函数基本对应。我们可以看到：

- 构造函数接收一个 tcp::socket 对象，跟 processConnection 相同。
- processConnection 函数里的参数和局部变量现在成了类的成员变量，以供其他成员函数使用。
- 读写的逻辑基本都在，但 for 循环不见了，变成了 doRead 和 doWrite 之间的交叉回调。
- read_some 变成了 async_read_some；write 成了 async_write。

下面我们重点看一下这个实现的特殊之处。首先，Session 继承了 enable_-shared_from_this<Session>，这使得我们以后可以使用 shared_from_this() 来从 this 指针获得一个 shared_ptr，从而延长它的生存期。这样的 Session 类内部有一个指向自己的 weak_ptr，但这个 weak_ptr 需要外部创建 shared_ptr 的时候来进行初始化，因此我们在构造函数内部不能立即开始执行 doRead，否则 shared_from_this 会失败。start 会直接调用 doRead（进入读状态），而 doRead 会调用 async_read_some，并提供回调，在收到数据或发生错误时执行回调代码，决定下一步该如何处理。doWrite（写状态）有相似的逻辑，它会调用 async_write，不管写数据成功或发生了错误，都会执行回调代码，决定下一步的处理。doRead 和 doWrite 的回调通过捕获指向 Session 对象的 shared_ptr 到 lambda 表达式，持续延长 Session 的生存期，直到会话结束、不再有回调为止。

这里有个小细节是 tcp::socket 既有成员函数 async_read_some，也有成员函数 async_write_some，但后者我们没有使用。原因是代码的逻辑是要把目前收到的所有数据都写回去，而 async_write_some 成功写入部分数据就进行回调，不够方便。此时，独立函数 async_write 更符合我们的用法。

接受连接的部分我们也有类似的异步处理，如下所示：

```
class Server {
public:
    Server(asio::io_context& context, uint16_t port)
        : acceptor_(context, tcp::endpoint(tcp::v4(), port))
    {
        doAccept();
    }

private:
    void doAccept()
    {
        acceptor_.async_accept([this](error_code ec,
                                      tcp::socket socket) {
            if (!ec) {
                make_shared<Session>(std::move(socket))->start();
            }
            doAccept();
        });
    }

    tcp::acceptor acceptor_;
};
```

类似地，我们把 tcp::acceptor 从局部变量变成了成员变量。不过，因为服务器对象只有一个，不需要动态的生存期管理，代码更加简单：我们不需要 share_from_this，我们不需要单独的 start 函数，我们不需要在 lambda 表达式的回调里延长对象的生存期。而由于前面说过的 enable_shared_from_this 的实现上的原因，我们在成功接受一个连接时，必须先 make_shared<Session> 创建出 Session 对象，然后才能调用 start() 成员函数，开始从客户端读取数据。

main 部分就很简单了，核心就三行（完整代码见 echo_server_async.cpp）：

```
asio::io_context context(1);
Server s(context, 6667);
context.run();
```

这里还有一个小细节是，如果我们不打算开多个线程的话，构造 io_context 时可使用 1 作为并发提示，这将带来一些性能上的提升。我在某 Linux 环境下使用 ApacheBench[①] 的测试结果表明，这个仅开一个线程的版本，相比之前的多线程回显服务器版本，已经可以取得超过三倍的性能提升。如果你想测试一下，可以参考我使用的命令行：

```
ab -n 1000000 -c 1000 -k http://127.0.0.1:6667/
```

这个命令并发 1000 个连接，一共发送 1,000,000 个请求到 127.0.0.1（本地地址）的 6667 端口上。在运行服务器端和运行 ab 命令的地方都需要确保可同时打开的文件数量足够大；如不足，需使用像"ulimit -n 8192"这样的命令来增大可同时打开的文件数量（在 Unix 里，一个套接字也被视为一个"文件"）。

## 17.3 C++20 协程

我们已经看到，异步编程可以提供更高的性能，但代码写起来明显比同步代码更加麻烦。C++20 提供的协程，本质上允许我们把异步的代码，重新以类似于同步的方式写出来。

C++20 提供的协程功能非常基础，不适合库开发者以外的大部分应用开发人员。因此，我也不对协程本身进行讲解，而只讲一下使用了协程的两个功能：异步的网络程序开发和生成器。

### 17.3.1 使用协程的异步网络程序

Asio 目前已经支持协程功能，因此，使用协程的异步网络服务器，可以直接从我们之前的代码进一步演化出来。我们先看一下使用协程的会话处理代码：

```
awaitable<void> processConnection(tcp::socket socket)  // (1)
{
    char data[1024];
    for (;;) {
        error_code ec;
        size_t len = co_await socket.async_read_some(  // (2)
            buffer(data), redirect_error(use_awaitable, ec));
        if (ec) {
            if (ec == asio::error::eof) {
                cerr << "Session done\n";
```

① Linux 环境一般可以使用包管理器来快速安装，如"sudo apt install apache2-utils"（Ubuntu 或 Debian 环境）。macOS 至少从 10.12 Sierra 开始已默认安装。

```
            } else {
                cerr << "Error: " << ec.message() << "\n";
            }
            break;
        }
        co_await async_write(                          // (3)
            socket, buffer(data, len),
            redirect_error(use_awaitable, ec));
        if (ec) {
            cerr << "Error: " << ec.message() << "\n";
            break;
        }
    }
}
```

我们首先可以看到的是，代码形式恢复到与之前的同步版本里的同名函数非常相似，但里面有三处重大差异：

- 返回类型不同：(1) 这行返回类型从 void 变成了 awaitable<void>。
- 异步读函数形式不同：(2) 这行上加了 co_await 关键字，并且最后一个参数也有了变化。这里有 Asio 里面的实现细节——use_awaitable 用来标识函数应当使用协程，而 redirect_error(use_awaitable, ec) 把这两个参数合成了一个。最后一个参数也可以写 use_awaitable，此时程序功能大体相同，但出现错误时会抛异常而不是设置错误码。
- 异步写函数形式不同：(3) 这行上加了 co_await 关键字，并且最后一个参数也跟读操作有了同样的变化。

这里 processConnection 就是一个协程了。我们再跟异步代码里的 Session 类比较，就会发现 Session 里的状态切换，跟这里 co_await 的使用是一致的。协程本质上是让我们以看似同步的方式来写出异步的代码。它需要我们有异步的思维模式，但是代码会比非协程的方式更简单、更易于维护。

跟其他一些语言不同，C++ 不需要在函数声明时标识该函数为协程，但协程具有特殊的返回值，函数体里一定会用到 co_await、co_yield、co_return 中的至少一个。我们现在接受新连接的代码也是一个协程，得从 main 中独立出来（main 不可以是协程）：

```
awaitable<void> listener()                             // (1)
{
    try {
        auto executor =                                // (2)
```

```
        co_await asio::this_coro::executor;
    tcp::acceptor acceptor(executor,                // (3)
                           tcp::endpoint(tcp::v4(), 6667));
    for (;;) {
        tcp::socket socket =                        // (4)
            co_await acceptor.async_accept(use_awaitable);
        co_spawn(executor,                          // (5)
                 processConnection(std::move(socket)),
                 detached);
    }
  }
  catch (const exception& e) {
    cerr << "Exception: " << e.what() << "\n";
  }
}
```

类似地，(1) 这行标明 `listener` 具有特殊的返回值。(2) 是 Asio 实现的细节，需要取得当前协程的执行器，然后 (3) 使用执行器（而不是原先的 `io_context`）来创建 `tcp::acceptor` 对象。(4) 异步地接受连接（注意 `use_awaitable` 的使用），随后 (5) 启动一个新协程的执行。

`main` 里要执行的代码相当简单（完整代码见 `echo_server_coroutine.cpp`）：

```
asio::io_context context(1);
co_spawn(context, listener, detached);
context.run();
```

在最新的 Asio 下（我用 Asio 1.30.2 和 Boost 1.85）使用 GCC 来进行构建，这个版本取得了跟异步版本相似但略高的性能。对代码的内存行为的分析表明，协程版本跟异步版本相比，堆内存的分配次数更少，分配总量要更低。

我使用了 Asio 来演示从同步到异步到协程的变化，但请记住，协程是 C++ 语言提供的机制，而 Asio 只是一种使用了该机制的库。存在其他使用协程的库，也可以达到类似的效果。有些可能能提供更高的性能，有些可能能提供更简单的表达方式。比如，罗能为他的《C++20 高级编程》设计了非常简单易用的 asyncio 库：使用该库，`processConnection` 的核心逻辑可以极其简单：[①]

```
Task<> processConnection(Stream stream)
{
    for (;;) {
```

① 完整的示例参见：https://github.com/netcan/asyncio/blob/master/test/st/echo_server.cpp。

```
        auto data = co_await stream.read(1024);
        if (data.empty()) {
            break;
        }
        co_await stream.write(data);
    }
    stream.close();
}
```

### 17.3.2 使用协程的生成器*

在有 C++20 协程之前，Python 里的生成器功能一直很让我羡慕。比如，我们可以用下面的代码来定义一个斐波那契数列：

```
def fibonacci():
    a = 0
    b = 1
    while True:
        yield b
        a, b = b, a + b
```

即使你没学过 Python，上面这个生成斐波那契数列的代码应该也不难理解。唯一看起来让人会觉得有点奇怪的应该就是那个 yield 了。这种写法在 Python 里就叫生成器（generator），返回的是一个可迭代的对象，每次迭代就能得到一个 yield 出来的结果。这就是一种很常见的协程形式了。它使用起来也很灵活，如：

```
# 打印头 20 项
for i in islice(fibonacci(), 20):
    print(i)

# 打印小于 10000 的数列项
for i in takewhile(lambda x: x < 10000, fibonacci()):
    print(i)

# 打印不小于 10000 的第一项
for i in dropwhile(lambda x: x < 10000, fibonacci()):
    print(i)
    break
```

这些代码很容易理解：islice 是取一个范围里的头若干项；takewhile 则在范围中逐项取出内容，直到第一个参数的条件不能被满足；dropwhile 相反，跳过范围开头满足条件的若干项。三个函数的结果都可以看作 C++ 中的视图（请参考第 10 章，尤其是 10.4 节）。

我们需要重点强调的是，在代码的执行过程中，fibonacci 和它的调用代码是交叉执行的。下面我们用代码行加注释的方式标一下：

```
a = 0           # fibonacci()
b = 0           # fibonacci()
yield b         # fibonacci()
                                   print(i)         # 调用者
a, b = 1, 0 + 1 # fibonacci()
yield b         # fibonacci()
                                   print(i)         # 调用者
a, b = 1, 1 + 1 # fibonacci()
yield b         # fibonacci()
                                   print(i)         # 调用者
a, b = 2, 1 + 2 # fibonacci()
yield b         # fibonacci()
                                   print(i)         # 调用者
…
```

利用迭代器，我们在 C++ 里也可以实现出类似的功能：构造函数进行 a、b 的初始化，operator* 来取出当前的 b，operator++ 来计算下一步的 a、b，等等。下面我直接给出参考实现代码，但不再进行解释：

```
class fibonacci {
public:
    class sentinel;
    class iterator;
    iterator begin() noexcept;
    sentinel end() noexcept;
};

class fibonacci::sentinel {};

class fibonacci::iterator {
public:
    typedef ptrdiff_t difference_type;
    typedef uint64_t value_type;
    typedef const uint64_t* pointer;
    typedef const uint64_t& reference;
    typedef std::input_iterator_tag iterator_category;

    value_type operator*() const { return b_; }
    pointer operator->() const { return &b_; }
    iterator& operator++()
    {
```

```
        std::tie(a_, b_) = std::tuple(b_, a_ + b_);
        return *this;
    }
    iterator operator++(int)
    {
        auto tmp = *this;
        ++*this;
        return tmp;
    }
    bool operator==(const sentinel&) const { return false; }
    bool operator!=(const sentinel&) const { return true; }

private:
    uint64_t a_{0};
    uint64_t b_{1};
};

inline bool operator==(const fibonacci::sentinel& lhs,
                       const fibonacci::iterator& rhs)
{
    return rhs == lhs;
}
inline bool operator!=(const fibonacci::sentinel& lhs,
                       const fibonacci::iterator& rhs)
{
    return rhs != lhs;
}

inline fibonacci::iterator fibonacci::begin() noexcept
{
    return iterator();
}
inline fibonacci::sentinel fibonacci::end() noexcept
{
    return sentinel();
}
```

这样的代码可以工作，但显然实在有点啰唆。而如果利用协程的话，我们就可以跟 Python 一样轻松地写出[①]：

① 需要支持 C++23 的编译器，使用 std::generator。在只支持 C++20 的编译器下，则可以使用 cppcoro：https://github.com/andreasbuhr/cppcoro。完整的示例代码可支持这两种环境。

```
generator<uint64_t> fibonacci()
{
    uint64_t a = 0;
    uint64_t b = 1;
    for (;;) {
        co_yield b;
        std::tie(a, b) = std::tuple(b, a + b);
    }
}
```

利用 C++20 的视图，我们也同样可以重复上面的 Python 用法：

```
// 打印头 20 项
for (auto i : fibonacci() | views::take(20)) {
    cout << i << '\n';
}

// 打印小于 10000 的数列项
for (auto i : fibonacci() | views::take_while([](uint64_t n) {
                      return n < 10000;
                  })) {
    cout << i << '\n';
}

// 打印不小于 10000 的第一项
for (auto i : fibonacci() | views::drop_while([](uint64_t n) {
                      return n < 10000;
                  })) {
    cout << i << '\n';
    break;
}
```

完整的示例程序请参看 `fibonacci_generator.cpp`。

### 17.3.3 有栈和无栈协程*

并不一定要到 C++20，我们才能使用协程。事实上，Boost 里早就有了一个只要求 C++11 的 Boost.Coroutine2（这已经不是第一版了）。从概念上来讲，有栈协程跟纤程、goroutine 基本是一个概念，都是由用户自行调度的、有自己独立的栈空间的运行单元。这样做的缺点当然就是栈的空间占用和切换栈的开销了。而**无栈协程自己没有独立的栈空间**，每个协程只需要一个很小的栈帧（一般而言需要分配在堆上），空间占用小，也没有栈的切换开销。

C++20 的协程是无栈的。部分原因是有栈协程可以使用纯库方式实现，而无栈协程需要一点编译器魔法帮忙。毕竟，协程里面的局部变量都是要放到堆上而不是栈上的。

一个简单的无栈协程调用的内存布局如图 17-2 所示。可以看到，协程 *C* 本身的局部变量不占用栈，但当它调用其他函数时，会使用线程原先的栈空间。在上面的函数 *D* 的执行过程中，协程是不可以挂起的——如果控制回到 *B* 继续，*B* 可能会使用目前已经被 *D* 使用的栈空间！

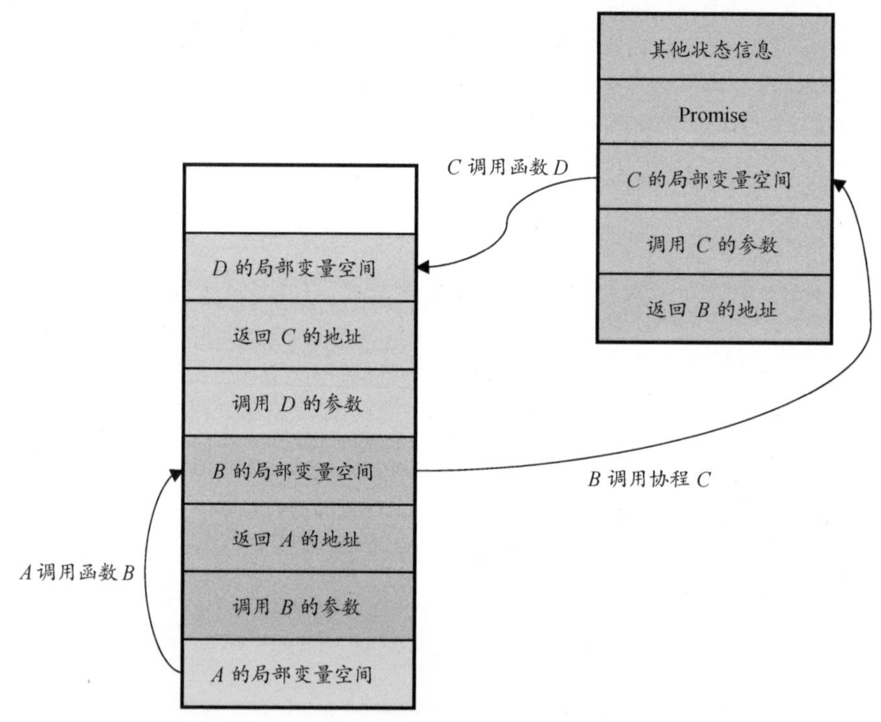


图 17-2：无栈协程调用的内存布局（另见彩插）

因此，无栈协程牺牲了一定的灵活性，换来了更紧凑的空间利用和更高的性能。有栈协程起几千个就可能占用不少内存空间，而无栈协程的数量可以轻轻松松达到亿级——毕竟，维持基本状态的开销很低，我实测下来只有一百字节左右。

根据之前 CO2① 项目作者的测试，有栈协程和无栈协程在发生上下文切换时的性能差异相当明显（图 17-3 中 CO2 和 MSVC await② 都使用无栈协程）。

① https://github.com/jamboree/co2

② 当前 C++ 标准里的协程出自微软的提案，前身就是这里的 await。

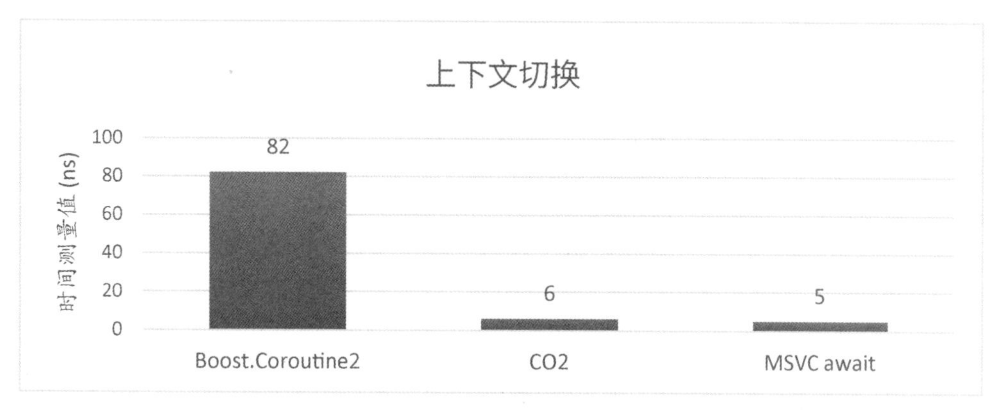


图 17-3：有栈协程和无栈协程的性能差异

## 17.4 小结

本章对异步编程进行了简单讨论，通过实际的例子，展示了异步编程的基本概念。异步编程本质上是一种状态机的变化，而异步框架则为我们处理异步任务之间的调度。跟同步编程相比，对象的生存期变得更加复杂，需要考虑的问题更多。在 C++20 之前，我们利用操作系统提供的功能已经可以写出异步的代码，但像 Asio 这样的异步框架可以为我们封装平台相关的细节，提供跨平台性。而到了 C++20 之后，利用协程机制，我们可以以类似同步的方式写出异步的协程代码，进一步方便代码的理解和维护。

有了协程，我们不仅可以很方便地实现像异步 I/O 这样的操作，其他的基于状态变化的一些任务也变得更加简单，最典型的情况就是生成器。生成器在其他语言里早就有了，C++ 通过 C++20 提供的语言机制，以及第三方库或 C++23 提供的库支持，终于补上了生成器这一空白。

协程本身不是很新的概念，C++ 也早就有提供协程功能的第三方库。但无栈协程需要把局部变量（从概念上说）放到堆上，因而需要编译器的支持。无栈协程相比有栈协程在灵活性方面稍逊，但在性能上具有明显的优势。

本章对异步编程只是一个初步的讨论，希望能够给读者一个初步的概念。进一步的学习仍需要读者阅读 Asio 的文档（可惜的是，Asio 网络编程的书虽然有，都有点过时了，此处不再推荐），以及关注协程这一仍处于发展中的 C++ 新特性，包括使用协程的新的第三方库。

# 第 18 章　探索 C++ 的工具

在讨论了整整 17 章的 C++ 编程之后，本章转向一个跟工程相关的话题，为大家介绍一些工具。本章从基本的编译器开始，讨论一系列常用工具——用好它们会让开发过程变得更加高效。

## 18.1 编译器

### 18.1.1 主流编译器简介

编译器是 C++ 程序员的基本工具。目前最主流的编译器有三种，它们是 MSVC、GCC 和 Clang。

#### MSVC

三种编译器里资格最老的就是 MSVC 了。据微软员工在 2015 年的一篇博客，在 MSVC 的代码里还能找到 1982 年写下的注释[①]。这意味着 MSVC 是历史最悠久、发展最成熟，但也是历史包袱最大的编译器。

微软的编译器在传统代码的优化方面做得一直不错，但对模板的支持则是它的软肋，在 Visual Studio 2015 之前尤其不行——之前模板问题数量巨大，之后就好多了。而 2018 年 11 月 MSVC 宣布终于能够编译 range-v3 库，也成了一件值得庆贺的事[②]。此外，微软对代码的“容忍度”一直有点高（默认情况下），能接受 C++ 标准认为非法的代码，这至少对写跨平台的代码而言，绝不是一件好事。

MSVC 当然也有领先的地方。它对 C++ 标准库的实现一直不算慢，较早就提供了比较健壮的线程、正则表达式等功能。在并发方面，微软也比较领先，并主导了协程的技术规格书。微软一开始支持 C++ 标准的速度比较慢，但慢慢地，微软已经把全面支持 C++ 标准当作了目标，并在 2018 年宣布已全面支持 C++17 标准，在 2022 年宣布已全面支持 C++20 标准。

---

① https://devblogs.microsoft.com/cppblog/rejuvenating-the-microsoft-cc-compiler/

② https://devblogs.microsoft.com/cppblog/use-the-official-range-v3-with-msvc-2017-version-15-9/

MSVC 有一个地方我一直比较喜欢，就是代码里可以写出要求链接具体什么库，而链接什么库的命令，可以由使用的第三方代码直接给出。这就使得在命令行上编译用到第三方库（如 Boost）的代码变得较为简单。在使用 GCC 和 Clang 时，用到什么库，就必须在命令行上写出来，这就迫使程序员使用更规范、也更麻烦的管理方式。具体而言，对于下面的这个最小的单元测试程序：

```
#define BOOST_TEST_MAIN
#include <boost/test/unit_test.hpp>

BOOST_AUTO_TEST_CASE(minimal_test)
{
    BOOST_CHECK(1 + 1 == 2);
}
```

使用 GCC 或 Clang 时你需要输入类似下面这样的命令：

```
c++ -DBOOST_TEST_DYN_LINK test.cpp -lboost_unit_test_framework
```

而 Windows 下使用 MSVC 你只需要输入：

```
cl /DBOOST_TEST_DYN_LINK /EHsc /MD test.cpp
```

一下子就简单多了。

另外，Visual Studio 社区版恐怕可以算是 Windows 上最好的免费 C++ 集成开发环境了——前提是你不在开发商业软件应用（那是被禁止的用途）。在自动完成功能和调试功能上 Visual Studio 做得特别好，为其他的免费工具所不及。如果你开发的 C++ 程序主要在 Windows 上运行，那 MSVC 就应该是首选。不过，如果你希望代码能在 Windows 以外的平台运行或者希望使用其他编译器来产生最优化的代码，那最好在开发时使用 `/Za` 命令行选项来关闭微软的扩展，并用 `/Zc:__cplusplus /Zc:preprocessor /permissive-` 来提高标准符合度。

MSVC 可以使用 `/std:c++17` 这样的语法来指定使用 C++ 标准。除了可以指定 C++14/17/20 等标准外（不能指定早于 C++14 的标准），MSVC 还额外支持 `/std:c++latest`，表示使用 MSVC 支持的最新 C++ 标准草案里的内容（有一定风险，因为有可能以后不会进入标准）。

### GCC

GCC 的第一个版本发布于 1987 年，是由自由软件运动的发起人 Richard Stallman（常常被缩写为 RMS）亲自写的。因而，从诞生伊始，GCC 就带着很强的意识形态，承担着振兴自由软件的任务。在GNU/Linux平台上，GCC自然是首选的编译器。自由软件的开发者，大部分也选择了GCC（不过，商业软件开发者使用GCC也完全没有问题）。由于GCC是用GPL发布的，任何对GCC的修改都必须以GPL协议发布。这就迫使想修改GCC的人要为GCC做出贡献。这对自由软件当然是件好事，但对一家公司来讲就未必了。此外，如果你想拆出GCC的一部分来做其他事情，比如对代码进行分析，那也绝不是件容易的事。这些问题，实际上就是迫使苹果公司在LLVM/Clang上投资的动机了。

作为应用最广的自由软件之一，GCC无疑是非常成熟的软件。某些实验性的功能，比如对概念的支持，也最早出现在GCC上。对C++标准的支持，GCC一直跟得非常紧，但是，由于自由软件依靠志愿者的工作，而非项目经理或产品经理的管理，对不同功能的优先级跟商业产品往往不同。这也造就了GCC和MSVC上各有不同的着重点，优化编译结果的性能优劣取决于具体的程序类型。

早期GCC在出错信息的友好程度上一直做得不太好。但Clang的出现促进了与GCC之间的良性竞争，如今，GCC的错误信息反而最为友好。如果遇到程序编译出错在Clang里看不明白，我会试着用GCC再编译看看——在某些情况下，可能GCC的出错信息会更加清晰。

GCC对标准的符合程度较高，但它也有一些自己的扩展，有些在软件开发中已非常重要。如果可移植性也很重要（特别是需要跟MSVC兼容），可以使用`-pedantic`选项来对非标准的代码写法进行告警。此外，指定标准也会影响代码的行为，如“`-std=c++17 -pendantic`”会导致使用GNU扩展就有告警，但使用“`-std=gnu++17 -pendantic`”则不会。

在可预见的将来，GCC会一直是开发自由/开源软件的编译器的标准。

### Clang

在三个编译器里，最新的就是Clang。作为LLVM项目的一部分，它最早发布在2007年，然后流行程度一路飙升，到现在成了一个通用的跨平台编译器。其中有不少苹果的支持——因为苹果对GCC的许可要求不满意，苹果把LLVM开发者Chris Lattner招致麾下（2005—2017）。期间，他为苹果设计开发了全新的语言Swift，而Clang的C++支持也得到了飞速的发展。

作为后来者，它最早对C++代码的错误信息做出了极大的改善（之后GCC也做了大量改善，我认为，目前两者的错误信息友好度都好于MSVC）。在行为上，Clang在很大程度上跟GCC兼容（如“`-std=…`”之类的常见选项，包括GNU扩展）。在语言层面，Clang对标准的支持也相当好，尤其在其发展的早期；但遗憾的是，近年来Clang对于新C++标准的支持速度比较慢，不及MSVC和GCC。

Clang 目前在 macOS 下是默认的 C/C++ 编译器。在 Linux 和 Windows 下当然也都能安装：这种情况下，Clang 默认会使用平台上的主流 C++ 库，也就是在 Linux 上使用 libstdc++，在 Windows 上使用 MSVC 的 C++ 标准库。只有在 macOS 上，Clang 才会自动使用其原生 C++ 库 libc++；其他平台上则需要使用"-stdlib=libc++"来手工指定。顺便说一句，如果你想阅读一下现代 C++ 标准库的参考实现的话，libc++ 的可读性最好——不过，任何一个软件产品都不以源代码可读性为第一考量，跟教科书里的代码示例比，libc++ 肯定是要复杂得多。

此外注意一下，苹果开发工具里带的 Clang 是苹果自己维护的一个分支，版本号和苹果的 Xcode 开发工具版本号一致，和开源项目 Clang 的版本号没有关系。要想使用最新版本的 Clang，最方便的方式是使用 Homebrew① 安装 LLVM：

```
brew install llvm
```

安装完之后，新的 `clang` 和 `clang++` 工具在 Homebrew 的目录下，和系统原有的命令不会发生冲突。你如果需要使用这些新工具，就需要改变路径的顺序，或者自己创建命令的别名（alias）。

由于 Clang 有非常好的模块性，有很多工具是基于 Clang 开发的，如做静态检查的 Clang-Tidy、格式化代码的 Clang-Format 和用作语言服务器的 clangd（语言服务器帮助编辑器进行自动完成、错误检查之类的工作）。这个我们后面会再讨论。

### 18.1.2 优化选项

不同的编译器有不同的优化选项，一般而言，至少有不开启优化（默认）、开启优化（`-O1`）和大幅优化（`-O2`）三种；GCC/Clang 还提供比 `-O2` 更高的 `-O3`②。编译器可能还会提供很多其他精调优化的选项（请自行查阅编译器文档）。

当没有开启优化时，编译器一般会原封不动按代码原来写成的样子来生成二进制代码，以方便调试。一旦打开了优化，取决于不同的优化选项，编译器可以对代码进行各种不同的变换，来减少时间和/或空间开销——只要外界观察到的结果"等效"即可。比如：

- 对小函数进行内联
- 消除不必要的栈帧（stack frame）代码

① https://brew.sh/

② CMake 在使用 `-DCMAKE_BUILD_TYPE=Release` 时，默认就对 GCC/Clang 使用 `-O3`。

- 消除编译器认为不可能执行的代码[①]
- 消除不必要的局部变量
- 合并对全局变量的多次写入
- 把循环展开成顺序执行的形式
- 把多个相同的常量合并成一个
- 把普通的计算代码变成单指令多数据代码（vectorization[②]）

这里，我们讨论一下两种不同类型的优化，给读者一个初步的概念。

其一，内联优化。在现代 C++ 代码里，提倡使用圈复杂度（cyclomatic complexity）较低的小函数，在标准库里就是如此。在这种情况下，内联可以去除调用小函数的开销，大大提升程序的性能。如果禁止内联，性能会有数量级式的降低。以 GCC 为例，我比较了 C++ 标准库的 `sort` 和 C 标准库的 `qsort`：在关闭优化时，我在某一测试场景下得到了 1:2.5 的性能差异；打开 `-O2` 优化但禁止内联（`-fno-inline`）时，性能差异仍基本不变；但打开 `-O2`（允许内联）时，两者的性能差异突变成 3.5:1！内联对于 `qsort` 基本没有影响（属于意料之中），但让 `sort` 的性能提升了八倍以上。

其二，局部变量消除。我在很久很久以前做过一个测试，想比较手工循环清零和 `memset` 清零性能有没有差异。当时测出的结果是：不开优化，`memset` 比较快；开了优化，则是循环比较快[③]。这个令人郁闷的结果的原因就是：当时的编译器对于有 `memset` 的代码做了高效的清零动作；但对于局部变量的手工循环清零，编译器看到代码里后续没有读取这个局部变量，索性就把它彻底优化没了。

打开优化的另一个“可怕”的后果是会暴露出未定义行为。含有未定义行为的代码，有时候在没有打开优化的情况下运行得好好的，一旦打开优化就会出各种奇奇怪怪的问题。如果你遇到此类的问题，请好好检查一下代码。下面提到的 ASan、UBSan、valgrind 等工具也会提供很大的帮助。

### 18.1.3 告警选项

编译器的告警非常重要，常常能够发现很多常见问题。在这方面，默认告警做得最好的应该是 Clang 了。但不管哪种编译器，把告警级别开得更高，一般能够发现更多的问题。

---

① 这有时候会产生合法但令人吃惊的编译结果，比如，当代码中存在未定义行为时。

② 通常翻译为“向量化”，但 vector 跟我们通常理解的（数学里的）向量关系非常远。

③ 当时的结果；目前主流编译器下的结果都已经不是如此。

对于 GCC 和 Clang，告警选项不使用数字。两个编译器里都有很多细粒度的告警控制，一般使用“-Wall -Wextra”可以发现很多常见问题（注意 -Wall 并不是打开所有的告警选项，而是打开大部分），但有时候我们仍需要启用更多的选项，如前面 3.5 节提到过的 -Wdeprecated-copy-dtor。

对于 MSVC，告警级别通常使用数字来表示，默认告警级别是 /W1，对于实际的项目，通常可以考虑开高到 /W3 或 /W4。MSVC 还有一个打开所有告警的选项 /Wall，但这个选项跟 GCC/Clang 的作用很不相同，是真打开所有告警，会导致大量误告警，因而至少不建议常规使用。

此外，打开 /W3 或更高级别的告警时，MSVC 会对“不安全”的 C 函数使用进行告警。这个告警本身是有意义的，但要小心，它推荐的“安全”函数不是 C++ 标准的一部分，在 C 标准里也属于可选项，并且在 Linux/macOS 上都没有实现。如果你有跨平台需求，就应该寻找其他的解决方案，如 C++ 里的对应功能、第三方库，或者自己去实现更安全的写法。对于非产品项目，直接使用“/D_CRT_SECURE_NO_WARNINGS”抑制这个告警也许是最简单的方式。

在实际工程项目中，遇到告警我们往往希望跟遇到错误一样严肃对待。此时我们需要让编译器把告警当作错误：MSVC 应当使用选项 /WX，而 GCC/Clang 应当使用选项 -Werror。对于真正的误告警，我们可以在代码里进行屏蔽（应当使用注释来说明理由）。下面展示了简单的屏蔽示例[①]：

```
// MSVC 语法
#pragma warning(push)
#pragma warning(disable: 4705)
需屏蔽告警的代码
#pragma warning(pop)

// GCC/Clang 语法
#pragma GCC diagnostic push
#pragma GCC diagnostic ignored "-Wuninitialized"
需屏蔽告警的代码
#pragma GCC diagnostic pop
```

### 18.1.4 编译器的其他重要功能

使用编译器可以生成供人查看的汇编代码，这样我们可以手工检查是不是达到了需要

① 需要把告警内容替换成真正的告警，对跨平台的代码需要进一步加上对编译器的判断。

的优化程度。在 MSVC 下，我们可以使用选项 /Fa；在 GCC 和 Clang 下，我们可以使用选项 -S。（不过，对于小的代码片段，如果不涉及保密问题的话，使用 18.4 节的方式在线查看汇编结果可能是一种更灵活的手段。）

在只使用上面的汇编输出选项的情况下，MSVC 的输出最友好，含有较多源代码中的信息。不过，GCC 下也可以使用 -fverbose-asm 选项输出更多跟源代码相关的信息，方便查看汇编代码和源代码的关系。

在希望进行向量化优化的时候，让编译器直接告诉你有没有进行向量化，会比检查汇编代码更简单些。GCC 提供的选项 -fopt-info-vec-optimized，以及 Clang 的选项 -Rpass=loop-vectorize，可以支持这一功能。

### 18.1.5 标准库的调试模式

主流编译器的标准库实现都有调试模式，在开启之后能够捕获更多的错误。不同的标准库实现有不同的启用方式，需要分别处理：

- 对于 MSVC，只需要启用调试构建即可（命令行选项是 /MTd 或 /MDd）[①]。
- GCC/libstdc++ 可以定义 _GLIBCXX_DEBUG 宏[②]。
- Clang/libc++ 可以定义 _LIBCPP_DEBUG 宏[③]。注意在 Linux 下 Clang 编译器默认使用 GCC 的标准库 libstdc++，而不是 libc++——除非你显式指定“-stdlib=libc++”命令行选项。

不同的标准库实现有自己的设计决策，因此行为也各不相同，具体行为请参见相关文档。比如，GCC 的 libstdc++ 为了保持调试版本和发布版本之间的二进制兼容，不能检查对 string::end() 的解引用（但仍可以检查对 vector::end() 的解引用）[④]。

下面是一个展示迭代器越界的例子（past_the_end_iterator.cpp）：

```
1 #include <iostream>  // std::cout
2 #include <string>    // std::string
3 #include <vector>    // std::vector
4
5 using namespace std;
6
```

① https://learn.microsoft.com/en-us/cpp/standard-library/iterator-debug-level

② https://gcc.gnu.org/onlinedocs/libstdc++/manual/using_macros.html

③ https://releases.llvm.org/12.0.0/projects/libcxx/docs/DesignDocs/DebugMode.html

④ https://gcc.gnu.org/onlinedocs/libstdc++/manual/debug_mode_design.html

```
 7 int main()
 8 {
 9     cout << boolalpha;
10
11     string s{"Hello"};
12     cout << "(*s.end() == '\\0'): " << (*s.end() == '\0') << '\n';
13
14     vector v{1, 2, 3};
15     cout << "*v.end() = " << *v.end() << '\n';
16 }
```

直接编译运行的话，程序看起来似乎正常：

```
(*s.end() == '\0'): true
*v.end() = 0
```

但这里两处对 `end()` 的解引用都属于未定义行为，尤其后者是实实在在的访问越界。如果使用下面的命令行编译：

```
g++ -std=c++17 -g -D_GLIBCXX_DEBUG past_the_end_iterator.cpp
```

我们在运行结果程序时就会看到类似下面的输出：

```
(*s.end == '\0'): true
…/safe_iterator.h:…

Error: attempt to dereference a past-the-end iterator.
…
```

如果挂上 GDB 来运行，我们就可以看到崩溃点是在第 16 行的解引用（`*v.end()`）上。这个解引用动作导致了一个主动的崩溃（`abort()`）动作。

如果启用 MSVC 或 Clang 的标准库调试模式，我们则会看到程序在第 12 行的解引用（`*s.end()`）上崩溃。同样，在调试器里我们可以定位到出错行。

## 18.2 Clang 系列工具

LLVM 项目除了贡献了一个很棒的编译器框架和一个很棒的 C/C++ 编译器，还有一系列非常有用的小工具。本节我们就来快速讨论一下。

### 18.2.1 Clang-Format

程序如何格式化，是一个让人很头痛的问题。有了 Clang-Format 之后，至少这个问题在很大程度上可以交给一个自动化系统去做。我在个人项目上仍没有完全百分百按照 Clang-Format 的结果行事，因为有时候我不希望两个相似的函数或对象仅因为名字长度不同就出现不同的排版。但是，对于多人合作的项目，直接按 Clang-Format 的结果来，是最简单的避免团队内部在如何格式化代码上进行争吵的方法——我们只需要预先把规则定下来就行了。

一般我们使用 Clang-Format 需要一个配置文件。这个文件使用 YAML 格式，应当放在源代码所在目录或它的一个父目录里。Clang-Format 会自动从源代码所在目录一级级往上查找，直到找到名为 `.clang-format` 的配置文件（否则就使用默认格式，一般不能令人满意）。因为 Clang-Format 能真正理解 C++ 代码，它相当智能，可以像人一样，根据具体情况和剩余空间来格式化，比如：

```
void function(int arg1, int arg2,
              int arg3);

void longFunctionName(int arg1,
                      int arg2,
                      int arg3);

void aVeryLongFunctionName(
    int arg1, int arg2, int arg3);
```

代码行长，以及很多其他选项，都可以配置。比如，下面是我的配置文件里跟花括号位置相关的选项：

```
BraceWrapping:
  AfterClass:       false
  AfterControlStatement: false
  AfterEnum:        false
  AfterFunction:    true
  AfterNamespace:   false
  AfterObjCDeclaration: false
  AfterStruct:      false
  AfterUnion:       false
  BeforeCatch:      true
  BeforeElse:       false
  IndentBraces:     false
  SplitEmptyRecord: false
```

本书的示例代码就使用这样的风格：“{”和“}”在大部分地方尽量不折行，但函数定义开始的“{”前会折行，`catch` 语句前的“}”也会折行。

建议所有读者使用这个工具。如果觉得配置的说明文档太长，那就从我的配置文件开始吧。有可能你只需要修改行长这一个选项（根据书页宽度设置的行长略偏窄）。

此外，你可以在网上找到名为 `run-clang-format.py`① 的脚本，能够用于项目持续集成，可以在代码格式不符合规范时报错。

### 18.2.2 Clang-Tidy

Clang-Tidy 是 LLVM 项目提供的静态扫描工具。它的功能比较多，可以提醒你使用了危险的写法，警告你违反了 C++ 核心指南，让你现代化代码，或者提高代码的可读性。我们通常也会提供一个 YAML 配置文件来告诉 Clang-Tidy 该如何检查代码（或者命令行传参，但相对不推荐这种方式）。这个规则文件名为 `.clang-tidy`，查找方式也跟 Clang-Format 相同。

下面我们来看一个例子（`clang-tidy-demo.cpp`）：

```
 1 #include <stddef.h>  // NULL
 2
 3 struct St1 {
 4     int v1;
 5     int v2;
 6 };
 7
 8 struct St2 {
 9     int v1{};
10     int v2;
11 };
12
13 struct St3 {
14     int v1{};
15     int v2{};
16 };
17
18 class Shape {
19 public:
20     ~Shape() = default;
21 };
22
23 class ShapeWrapper {
24 public:
25     explicit ShapeWrapper(Shape* ptr = NULL) : ptr_(ptr) {}
26     ~ShapeWrapper() { delete ptr_; }
```

① https://github.com/Sarcasm/run-clang-format

```
27     Shape* get() const { return ptr_; }
28
29 private:
30     Shape* ptr_;
31 };
32
33 int main()
34 {
35     St1 st1;
36     St2 st2;
37     St3 BadName;
38 }
```

使用Clang-Tidy 18和我的配置文件（见代码库），代码产生了下列告警：

- cppcoreguidelines-pro-type-member-init：第8行（因为第10行缺了“{}”），第35行（声明变量时没有初始化）。注意定义St1完全没有成员初始化器，本身不算问题（否则C的结构体没法用了）；但St2部分初始化成员，那就不行了。
- cppcoreguidelines-special-member-functions：第18行和第23行，原因都是只有析构函数而没有拷贝构造函数和拷贝赋值运算符。
- modernize-use-nullptr：第25行，原因是使用了NULL，建议改为nullptr。
- readability-identifier-naming：第37行，原因是我配置了变量名的大小写风格（VariableCase）为lower_case，小写字母加下划线，BadName不符合。

使用Clang-Tidy还需要注意的地方是，额外的命令行参数应当跟在命令行最后的“--”后面。比如，如果要扫描一个C++头文件foo.h，我们就需要明确告诉Clang-Tidy这是C++文件（默认.h是C文件）。如果我们还需要包含父目录下的common目录，语言标准使用了C++17，命令行就应该是下面这个样子：

```
clang-tidy foo.h -- -x c++ -std=c++17 -I../common
```

Clang-Tidy检查代码的行为跟编译器相似，需要有正确的包含路径和编译选项。它的运行速度通常比编译慢很多。对于一个完整的项目，我们一般需要让它看到并利用编译数据库文件①，同时可考虑使用LLVM项目里自带的run-clang-tidy.py脚本来并行地进行检查。

① https://clang.llvm.org/docs/JSONCompilationDatabase.html

### 18.2.3 clangd

clangd 是 LLVM 项目提供的 C++ 语言服务器。它提供了代码补全、诊断、代码重构等功能，并可以作为后端集成到各种流行的开发环境/编辑器中。这个工具我们一般不直接使用，而是需要通过其他工具集成到开发环境/编辑器里。clangd 的安装说明页面①给出了常见环境的集成方式，如 Vim、Visual Studio Code 等。

clangd 集成了 Clang-Format 和 Clang-Tidy。在使用 clangd 的环境里，我们通常可以很容易地对代码进行格式化，并直接看到代码问题——包括部分 Clang-Tidy 检查。我日常使用安装了 YouCompleteMe 的 Vim，可以直接在编辑器里看到 18.2.2 节的例子里的所有错误。不过，对于某些较为复杂的问题，有可能 clangd 无法报告，但手工运行 Clang-Tidy 仍然能够发现。因此，clangd 不能完全取代 Clang-Tidy 的使用。

## 18.3 运行期检查工具

Clang-Tidy 是非常重要的静态扫描工具。但是，仍然有很多问题在编译期很难甚至不可能发现。这时候，运行期检查工具就会非常有用。这里我们来看一下几个常见的运行期检查工具。

### 18.3.1 valgrind

valgrind 是一个 Linux/Unix 上的工具套件（一般可直接通过包管理器安装），里面包含了各种运行期检查工具，其中最重要的大概就是内存错误检测器了，能够发现内存访问越界、释放后使用、内存泄漏等常见问题。比如，对于 18.1.5 节给出的 `past_the_end_-iterator.cpp`，valgrind 能直接发现问题。如果我们编译时使用 `-g` 加入调试信息的话，valgrind 能清晰地报告第 16 行有非法读（Invalid read of size 4），读的地址紧贴在之前在第 15 行分配的 12 字节后面。

valgrind 也支持其他一些有用的功能，如检测多线程之间的数据竞争等。有兴趣的读者请自行查看文档。

### 18.3.2 AddressSanitizer（ASan）

valgrind 虽然很强大，但它有两个大缺点：一是慢（使用后执行速度只有正常情况的

① https://clangd.llvm.org/installation

几十分之一），二是跨平台性欠佳。而 AddressSanitizer（ASan）则是一个主流编译器都支持的能快速进行内存检查的净化器（sanitizer）。在 MSVC、GCC 和 Clang 下面，我们都可以同样使用命令行选项“-fsanitize=address”在程序运行时自动进行内存检查，且程序运行速度只下降约一半。

对于 past_the_end_iterator.cpp，ASan 能跟 valgrind 一样发现问题。考虑它对运行速度的影响较低，非常适合直接将其集成到单元测试之类的场景里，以便尽早发现问题。

ASan 有些功能默认没打开，或者不是所有平台都支持，不过，至少在 Linux 下，支持还是比较全的。比如，GCC 从 版本 13 开始在 Linux 上默认开启了 ASan 的函数返回后使用栈上参数的检查①，而在 macOS 下我实测发现 Clang 通过指定环境变量运行程序“ASAN_OPTIONS=detect_stack_use_after_return=1 ./可执行文件”，也能够检测返回后的栈使用；但 MSVC 下则不支持该功能。又如，ASan 在 Linux 下直接就能够检测到内存泄漏，但在 macOS 和 Windows 下都不行。

### 18.3.3 UndefinedBehaviorSanitizer（UBSan）

类似地，通过使用命令行选项“-fsanitize=undefined”，我们可以在 GCC 和 Clang 下启用对部分未定义行为的检查②（很遗憾，MSVC 不支持该功能）。比如，对于下面的简单程序：

```
#include <climits>
#include <iostream>

int main()
{
    int n = INT_MAX;
    n++;
    std::cout << n << '\n';
}
```

GCC 和 Clang 都能干脆地报出：

```
test.cpp:7:6: runtime error: signed integer overflow: 2147483647 + 1 cannot
be represented in type 'int'
-2147483648
```

① https://gcc.gnu.org/gcc-13/changes.html

② 完整检查清单见 https://clang.llvm.org/docs/UndefinedBehaviorSanitizer.html。

同样，这个检查挺适合放到单元测试中。但是，应当注意一般不推荐同时使用多个净化器，而应当使用多个配置，一次只使用一个。

### 18.3.4 ThreadSanitizer（TSan）

我们要介绍的最后一个净化器是 ThreadSanitizer（TSan）。当前的 GCC 和 Clang 都支持该工具，可以在运行期发现数据竞争问题。比如，对于 16.2.3 节的 `bad_threaded_-increment.cpp`，TSan 能够发现问题，并报告哪两个线程在哪个位置上发生了数据竞争。

数据竞争的复现具有更大的不确定性，同时 TSan 对运行性能的影响比较大。我们可能应选择使用专门的集成测试来检测数据竞争（单元测试可能并不适合使用 TSan）。

## 18.4 Compiler Explorer

我们已经提到过，编译器都有输出汇编代码的功能：在 MSVC 上可使用 `/Fa`，在 GCC 和 Clang 上可使用 `-S`。不过，要把源代码和汇编对应起来，就需要一定的功力了。在这点上，Compiler Explorer（godbolt.org）可以提供很大的帮助。它配置了多个不同的编译器，提供了常见的第三方库（如 Boost、Catch2、range-v3 和 cppcoro），可以过滤掉编译器产生的汇编中开发者一般不关心的部分，并能够使用颜色和提示来帮助你关联源代码和产生的汇编。使用这个网站，你不仅可以快速查看你的代码在不同编译器里的优化结果，还能快速分享结果。本书之前也已经多次使用该网站来分享代码片段和相关的结果。

作为一个在线工具，它最大的好处是你可以直接尝试使用你可能本地没有安装的各种编译器来试验代码片段的行为。我本机的 CPU 仍然是 x86-64，但我可以用它来检验代码在各种不同平台上的结果，而不需要自己在本地安装任何工具。比如，图 18-1 显示了两种不同方式的 `atomic<T>::fetch_add` 在 x86-64 和 ARM 上生成的汇编代码①。我们可以看到，对于 x86-64，这里使用宽松内存序还是序列一致内存序没有区别，但对于 ARM 就有区别了——编译器在后者的情况下会插入额外的“`dmb ish`”指令。

① https://godbolt.org/z/f7frKKhGz

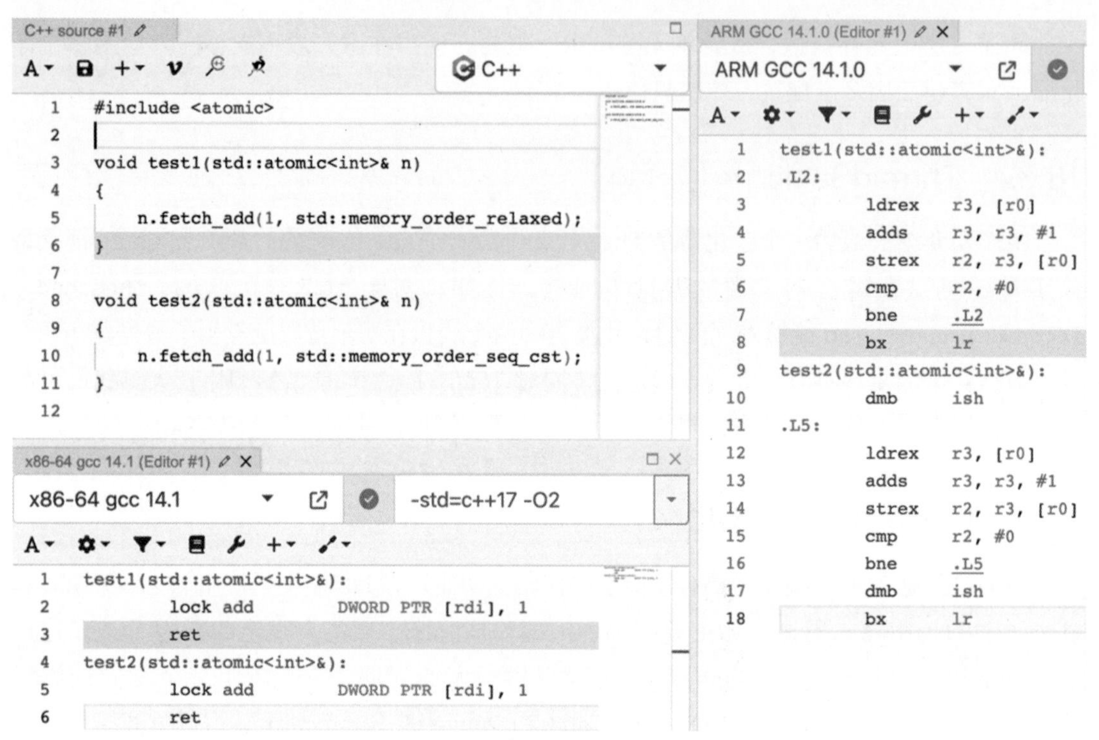


图 18-1：fetch_add 在不同平台下生成的代码（另见彩插）

## 18.5 小结

工欲善其事，必先利其器。本章围绕如何用好 C++ 的主题，介绍了我们在使用 C++ 进行开发过程中经常需要使用的工具，包括编译器、Clang 系列工具、运行期检查工具和在线的 Compiler Explorer。工具和编程技能本身有互补的关系，能够提高我们的开发效率。

有用的工具当然不止这一些，这些也只是我用到的工具中的一部分，是我觉得具有普适性、想推荐给大家的。每个人都需要积累自己的工具箱，并借助工具快速提升自己的编程技能。另外，别忘了我说的工具（外功）和编程技能（内功）是互补的关系。作为程序员，修炼好内功仍然是最重要的事情——只有这样才能在不管什么武器在手的情况下（有时候你并不能选择你可以使用什么工具），都做好自己的开发工作。

# 结束语

本书到此就结束了。但这只是本书的终点，而不是我写作分享 C++ 知识的终点，更不是你学习的终点。本书讨论了用好 C++ 需要的大部分知识，但在熟练掌握基本技能之后，我们一定会走向下一步，主动地去打造提升开发效率的工具——毕竟，标准库并没有提供我们需要的所有工具，不是吗？期待我们在本系列的第二本书见。

# 推荐阅读材料

## C 语言


- Kernighan, B. W.; Ritchie, D. M. 1988. *The C Programming Language*, 2nd ed. Prentice Hall.
  中文版：《C 程序设计语言（第 2 版·新版）》（徐宝文、李志译，机械工业出版社）。
- King, K. N. 2008. *C Programming: A Modern Approach*, 2nd ed. W. W. Norton & Company.
  中文版：《C 语言程序设计：现代方法（第 2 版·修订版）》（吕秀锋、黄倩译，人民邮电出版社）。


## STL 和泛型编程


- Stepanov, A. 2005–2006. Notes for the Programming course at Adobe. `http://stepanovpapers.com/notes.pdf`.
- Stepanov, A; Rose, D. 2015. *From Mathematics to Generic Programming*. Addison-Wesley.
  中文版：《数学与泛型编程：高效编程的奥秘》（爱飞翔译，机械工业出版社）。


## C++ 标准库


- Josuttis, N. 2012. *The C++ Standard Library—A Tutorial and Reference*, 2nd ed. Addison-Wesley.
  中文版：《C++ 标准库（第 2 版）》（侯捷译，电子工业出版社）。


## 并发编程


- Butenhof, D. 1997. *Programming with POSIX Threads*. Addison-Wesley.
  中文版：《POSIX 多线程程序设计》（于磊、曾刚译，中国电力出版社）。

- Herlihy, M.; Shavit, N.; Luchangco, V.; Spear, M. 2020. *The Art of Multiprocessor Programming*, 2nd ed. Morgan Kaufmann.
  中文版：《多处理器编程的艺术（原书第 2 版）》（江红、余青松、余靖译，机械工业出版社）。
- Williams, A. 2018. *C++ Concurrency in Action*, 2nd ed. Manning Publishing.
  中文版：《C++ 并发实战（第 2 版）》（吴天明译，人民邮电出版社）。


## 最佳实践


- Grimm, R. 2022. *C++ Core Guidelines Explained: Best Practices for Modern C++*. Addison-Wesley.
  中文版：《C++ Core Guidelines 解析》（吴咏炜、何荣华、张云潮、杨文波译，清华大学出版社）。
- Meyers, S. 2014. *Effective Modern C++: 42 Specific Ways to Improve Your Use of C++11 and C++14*. O'Reilly Media.
  中文版：《Effective Modern C++（中文版）》（高博译，中国电力出版社）。
- Sutter, H. 2014. Back to the Basics! Essentials of Modern C++ Style.
  `https://youtu.be/xnqTKD8uD64` (video),
  `https://tinyurl.com/suttercppcon2014pdf` (pdf).


## 历史和演化


- Stroustrup, B. 1994. *The Design and Evolution of C++*. Addison-Wesley.
  中文版：《C++ 语言的设计与演化》（裘宗燕译，机械工业出版社）。
- Stroustrup, B. 2020. Thriving in a Crowded and Changing World: C++ 2006–2020. *Proceedings of the ACM on Programming Languages*, **4**, HOPL, Article 70 (2020). `https://doi.org/10.1145/3386320`.
  中文版：《在纷繁多变的世界里茁壮成长：C++ 2006—2020》（吴咏炜、杨文波、张云潮等译）。`https://github.com/Cpp-Club/Cxx_HOPL4_zh/`。

# 索　引

**X**



**Y**



**Z**